1+X 证书制度试点培训用书

Web 前端开发
实训案例教程（中级）

北京新奥时代科技有限责任公司　主编

電子工業出版社
Publishing House of Electronics Industry
北京•BEIJING

内 容 简 介

本书是与《Web 前端开发职业技能等级标准》配套的实践教材，教材中所有应用技术专题和项目代码均在主流浏览器中运行通过。

本书结合高校计算机相关专业 Web 前端开发方向课程体系、企业 Web 前端开发岗位能力模型和《Web 前端开发职业技能等级标准》，形成 Web 前端开发三位一体知识地图，以实践能力为导向，以企业真实应用为目标，遵循企业软件工程标准和技术，以任务为驱动，对 HTML5、CSS3、JavaScript、jQuery、Bootstrap、MySQL、PHP、Laravel、AJAX、JSON、RESTful API 等 Web 前端开发中的重要知识单元，结合实际案例和应用环境进行了分析和设计，并对每个重要知识单元进行了详细介绍，力求使读者真正掌握这些知识，从而在实际场景中加以应用。

全书分为两部分：第一部分为实验，采用技术专题进行知识单元训练，可以对应课程练习或实验，针对不同的知识单元设计实验项目，重点训练每个知识单元的内容；第二部分为综合实践，可以对应课程设计或综合实践，用一个“淘兴趣”项目贯穿 Web 前端开发核心知识，此项目会应用到中级标准中所包含的核心知识单元，而且是参照企业中真实项目标准进行开发的。

本书适合作为《Web 前端开发职业技能等级标准》的实践教学参考用书，也适合作为对 Web 前端开发感兴趣的读者的编程指导用书。

图书在版编目（CIP）数据

Web 前端开发实训案例教程：中级 / 北京新奥时代科技有限责任公司主编. —北京：电子工业出版社，2019.10

ISBN 978-7-121-37865-2

Ⅰ. ①W… Ⅱ. ①北… Ⅲ. ①网页制作工具－高等学校－教材 Ⅳ. ①TP393.092.2

中国版本图书馆 CIP 数据核字（2019）第 258750 号

责任编辑：胡辛征　　特约编辑：田学清
印　　刷：三河市鑫金马印装有限公司
装　　订：三河市鑫金马印装有限公司
出版发行：电子工业出版社
　　　　　北京市海淀区万寿路 173 信箱　　邮编：100036
开　　本：787×1092　1/16　印张：23.5　字数：631 千字
版　　次：2019 年 10 月第 1 版
印　　次：2023 年 7 月第 7 次印刷
定　　价：69.00 元

凡所购买电子工业出版社图书有缺损问题，请向购买书店调换。若书店售缺，请与本社发行部联系，联系及邮购电话：（010）88254888，88258888。

质量投诉请发邮件至 zlts@phei.com.cn，盗版侵权举报请发邮件至 dbqq@phei.com.cn。

本书咨询联系方式：（010）88254361，hxz@phei.com.cn。

前 言

为了帮助读者学习和掌握《Web 前端开发职业技能等级标准》（中级）中涵盖的实践技能，工业和信息化部教育与考试中心 1+X 项目组组织企业工程技术人员编写了本书。本书按照标准中涉及的核心技能要求精心设计了技术专题，这些技术专题全部按照企业项目开发思路进行分析和设计。

除此之外，笔者还设计了一个分享领域网站案例，以提高读者的 Web 前端开发应用实践能力。在编写过程中，我们以引导读者理解 Web 前端开发中的知识单元与项目需求和技术对接为目标，采用迭代开发思路进行开发。

全书分为实验（技术专题）和综合实践（淘兴趣项目）两部分，每一部分设定实践目标，以任务为驱动，采用迭代开发思路进行开发，共 21 章。

第 1 章是实践概述，主要描述本书的实践目标、实践知识地图和实施安排。

第 2 章至第 20 章是实验部分，针对 HTML5、CSS3、JavaScript、jQuery、Bootstrap、MySQL、PHP、Laravel、AJAX、JSON、RESTful API 等核心知识单元设计了技术专题，每一个技术专题针对一次实验项目进行训练，内容包括实验目标、实验任务、设计思路和实验实施（跟我做），最大程度覆盖 Web 前端开发中级实践内容。

第 21 章是综合实践部分，设计了“淘兴趣”实践案例，完整贯穿 Web 前端开发核心知识，阐释了如何在真实企业项目中应用 Web 前端开发核心知识，并通过“迭代开发”方式详细讲解了实践项目的开发过程。整个项目根据技术选型和功能模块，分为五大阶段，分别为“第一阶段 PHP 页面混合式”“第二阶段移动端响应式页面”“第三阶段 AJAX+JSON”“第四阶段 RESTful API”“第五阶段 Laravel”，层层递进。通过技术专题和案例综合训练，使读者能够达到中级 Web 前端工程师水平。

参与本书编写工作的有北京新奥时代科技有限责任公司和武汉市软酷网络科技有限公司。

由于编者的水平和时间有限，本书难免存在不足之处，敬请读者批评和指正。

编 者

目 录

第1章 实践概述

1.1 实践目标

本教材围绕工业和信息化部教育与考试中心发布的《Web 前端开发职业技能等级标准》（中级）设计内容，通过“1 套技术专题+1 个项目案例”，综合训练 Web 前端开发应用能力。通过学习和实践本教材中提供的技术专题和案例，以期达到以下实践目标。

（1）掌握 HBuilder 开发工具的安装与使用，掌握 XAMPP 开发环境的安装与使用。

（2）掌握 HTML5、CSS3、JavaScript、jQuery 等核心知识的应用。

（3）掌握 Bootstrap 栅格系统、基本样式、组件、插件的使用方法，并能开发响应式页面。

（4）掌握 PHP 程序设计，能使用 PHP 制作动态网页，重点技能包括 PHP 的基本语法、数据类型、数据输出、编码规范、常量、变量、PHP 运算符、数据类型转换、PHP 语句（条件判断语句、循环控制语句）、数组、函数、面向对象编程、Session、Cookie 等。

（5）掌握使用 Laravel 框架构建动态网站的方法。

（6）掌握 MySQL 数据库的基本操作，能使用 PHP 进行 MySQL 数据库编程。

（7）理解基本的 RESTful API 设计方法，能应用 API 与后端进行交互。

（8）理解 XML 和 JSON 数据格式，掌握使用 AJAX 技术实现异步刷新、异步获取数据的方法。

（9）具备动态网页设计、开发、调试、维护等能力，综合应用上述 Web 前端开发技术开发“淘兴趣”动态网站。

（10）遵循企业 Web 标准设计和开发过程，培养良好的工程能力，提高 PC 端动态网站开发和移动端动态网站开发实践能力，达到中级 Web 前端开发工程师水平。

1.2 实践知识地图

根据工业和信息化部教育与考试中心发布的《Web 前端开发职业技能等级标准》（中级）中的要求，设计 HTML5、CSS3、JavaScript、jQuery、Bootstrap、MySQL、PHP、Laravel、AJAX、RESTful API 相关知识单元，并绘制如下知识地图。

1．HTML5 知识地图

在《Web 前端开发职业技能等级标准》（初级）标准基础上，HTML5 加强的内容包括文档声明、页面结构、页面视口、新的语义和结构元素、页面增强标签、全局属性、多媒体标签、表单等，知识地图如图 1-1 所示。

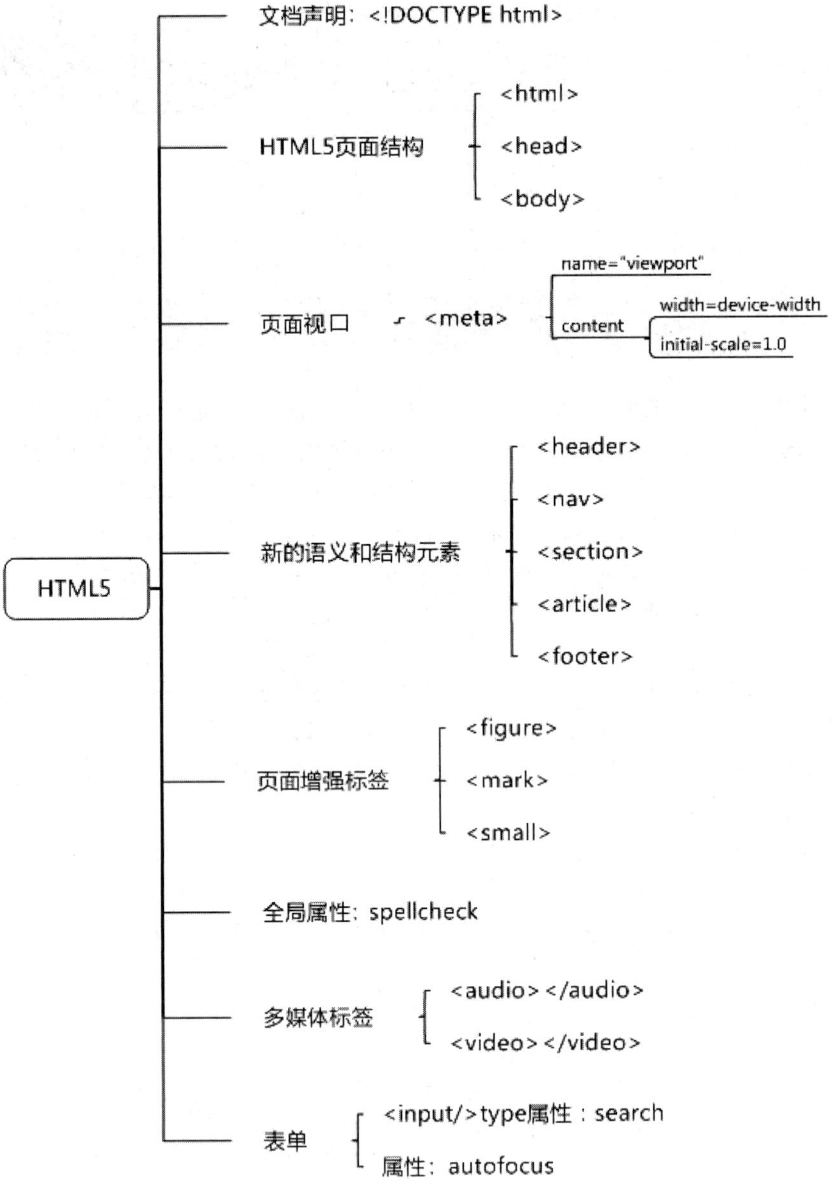

图 1-1

2．CSS3 知识地图

在《Web 前端开发职业技能等级标准》（初级）标准基础上，CSS3 更新和加强的内容包括选择器、相对长度单位、盒子模型、弹性布局、多列布局、背景特性、线性渐变、过渡等，知识地图如图 1-2 所示。

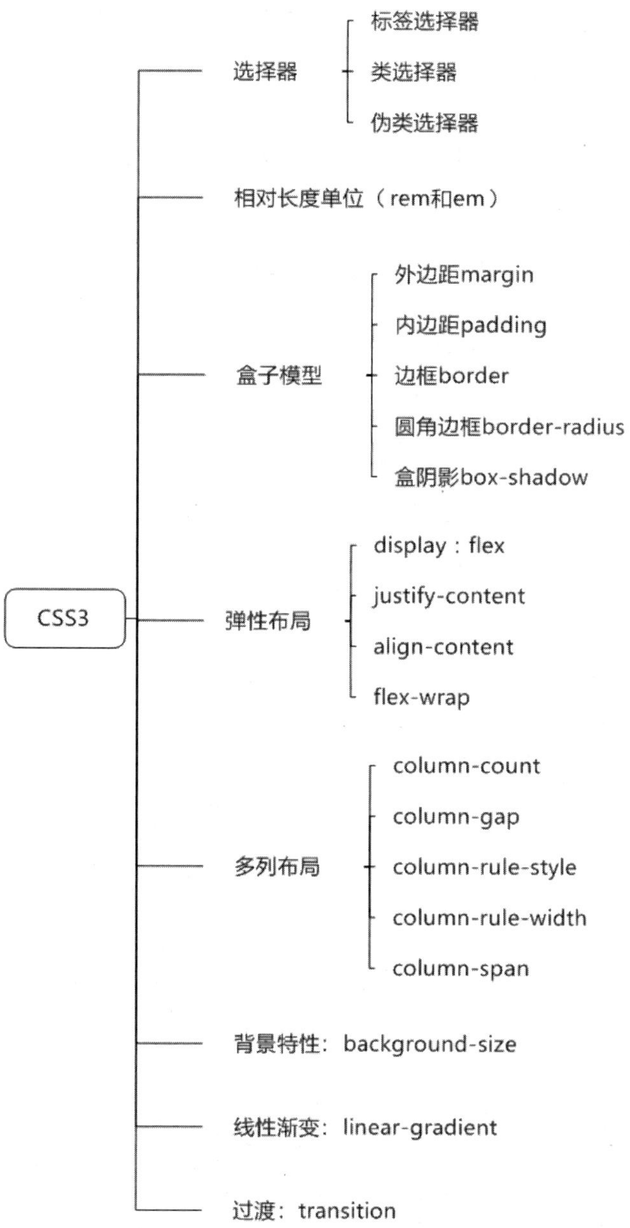

图 1-2

3．JavaScript 知识地图

在《Web 前端开发职业技能等级标准》（初级）标准基础上，JavaScript 更新和加强的内容包括 JavaScript 文件的创建和引入、变量、运算符、语句、函数、数组、面向对象、事件、DOM 操作、正则表达式、JavaScript 发送 AJAX 请求等，知识地图如图 1-3 所示。

4．jQuery 知识地图

在《Web 前端开发职业技能等级标准》（初级）标准基础上，jQuery 加强的内容包括 jQuery 的下载和引入、选择器、事件、动画、DOM 操作、UI 插件、jQuery 发送 AJAX 请求等，知识地图如图 1-4 所示。

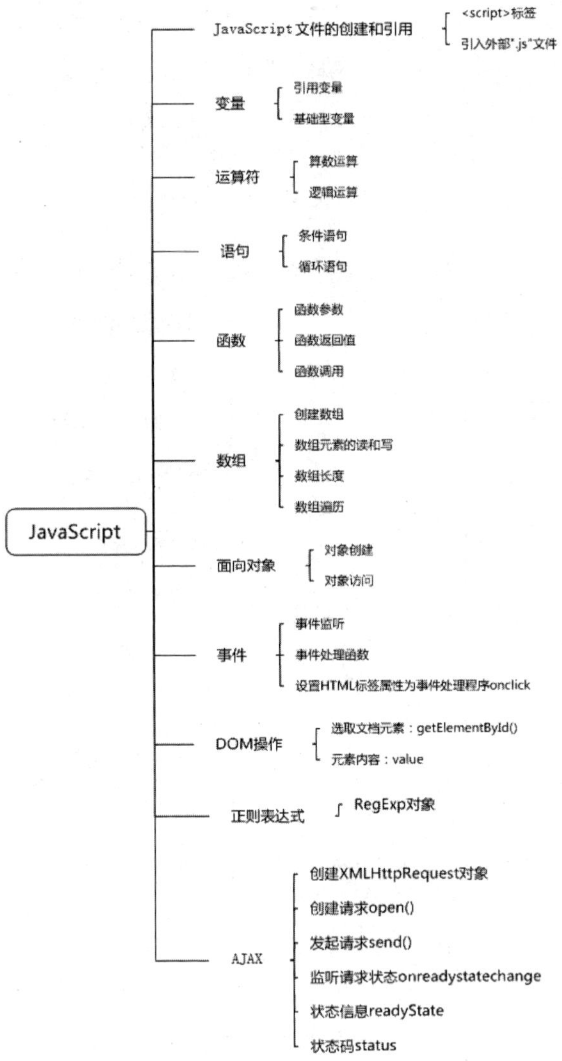
JavaScript
JavaScript文件的创建和引用
<script>标签
引入外部".js"文件
变量
引用变量
基础型变量
运算符
算数运算
逻辑运算
语句
条件语句
循环语句
函数
函数参数
函数返回值
函数调用
数组
创建数组
数组元素的读和写
数组长度
数组遍历
面向对象
对象创建
对象访问
事件
事件监听
事件处理函数
设置HTML标签属性为事件处理程序onclick
DOM操作
选取文档元素：getElementById()
元素内容：value
正则表达式
RegExp对象
AJAX
创建XMLHttpRequest对象
创建请求open()
发起请求send()
监听请求状态onreadystatechange
状态信息readyState
状态码status

图 1-3

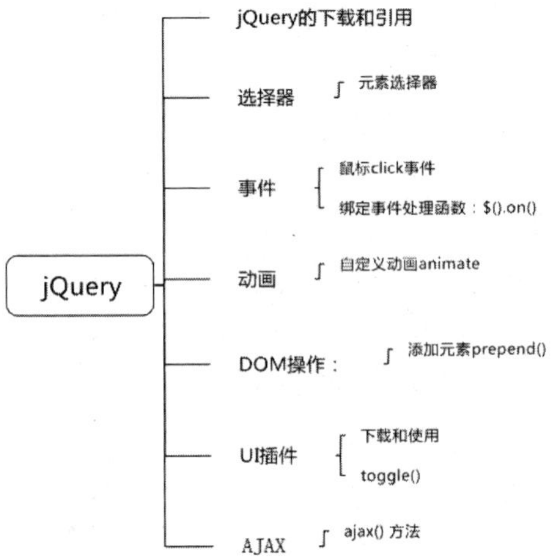
jQuery
jQuery的下载和引用
选择器
元素选择器
事件
鼠标click事件
绑定事件处理函数：$().on()
动画
自定义动画animate
DOM操作：
添加元素prepend()
UI插件
下载和使用
toggle()
AJAX
ajax() 方法

图 1-4

5. Bootstrap 知识地图

Bootstrap 的内容包括下载和引入、栅格系统布局、基本样式、组件、下拉菜单插件、响应式等，知识地图如图 1-5 所示。

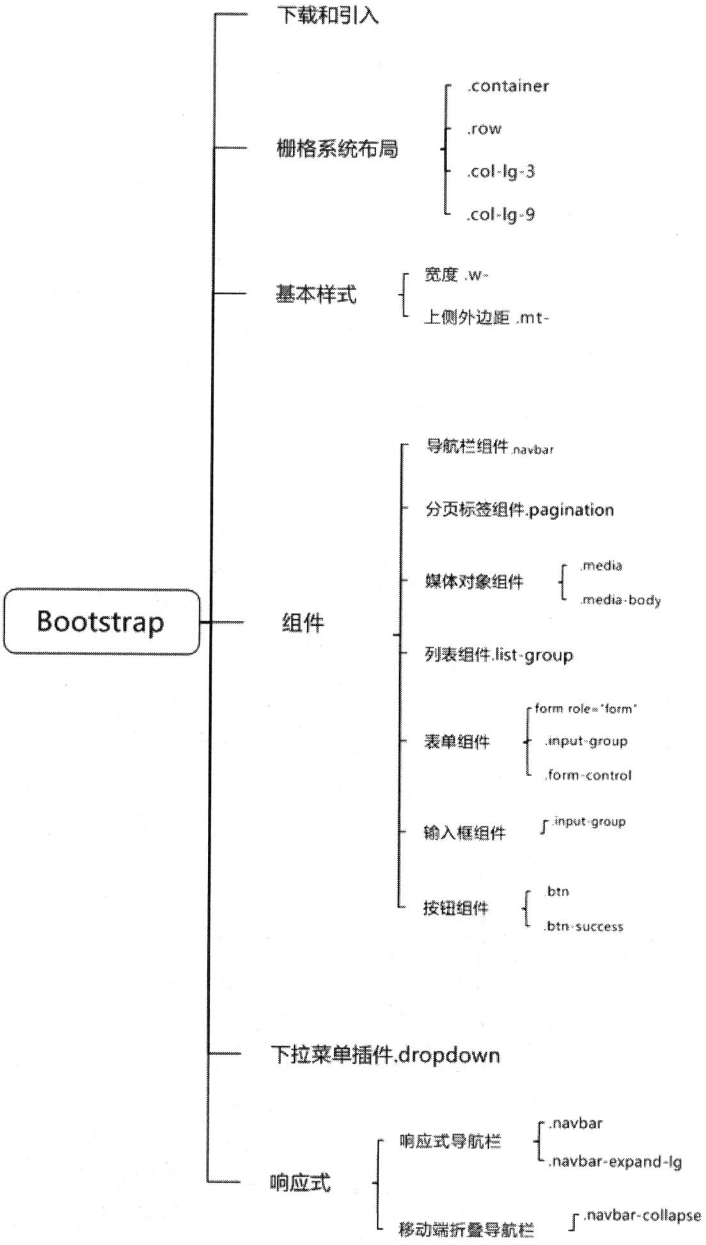

图 1-5

6. MySQL 知识地图

MySQL 的内容包括 MySQL 下载和安装、登录 MySQL 客户端、MySQL 命令、数据库定义语句、数据库控制语句、触发器、索引、视图、事务、数据库备份和还原、存储过程等，知识地图如图 1-6 所示。

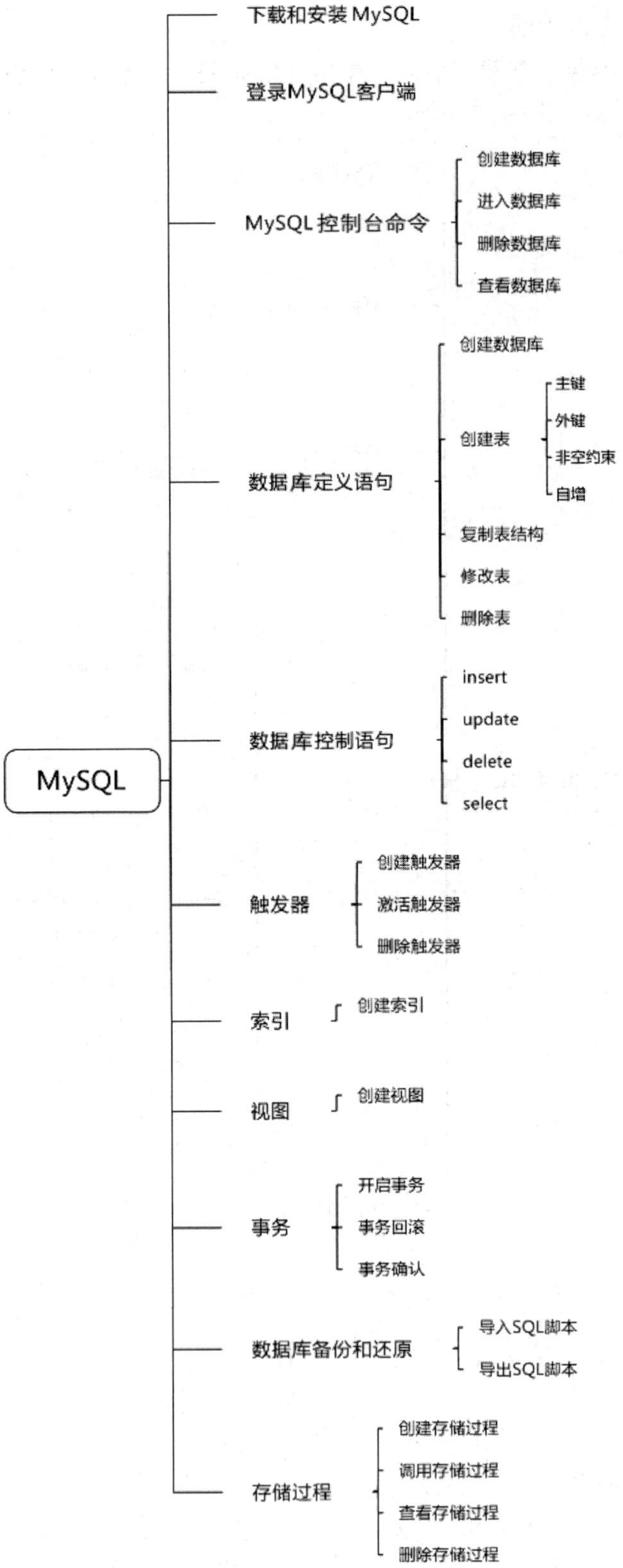
MySQL
下载和安装MySQL
登录MySQL客户端
MySQL控制台命令
创建数据库
进入数据库
删除数据库
查看数据库
数据库定义语句
创建数据库
创建表
主键
外键
非空约束
自增
复制表结构
修改表
删除表
数据库控制语句
insert
update
delete
select
触发器
创建触发器
激活触发器
删除触发器
索引
创建索引
视图
创建视图
事务
开启事务
事务回滚
事务确认
数据库备份和还原
导入SQL脚本
导出SQL脚本
存储过程
创建存储过程
调用存储过程
查看存储过程
删除存储过程

图 1-6

7. PHP 知识地图

PHP 的内容包括 PHP 基本语法、运算符、语句、函数、数组、面向对象、文件包含、表单、Cookie、Session、MySQL 数据库编程等，知识地图如图 1-7 所示。

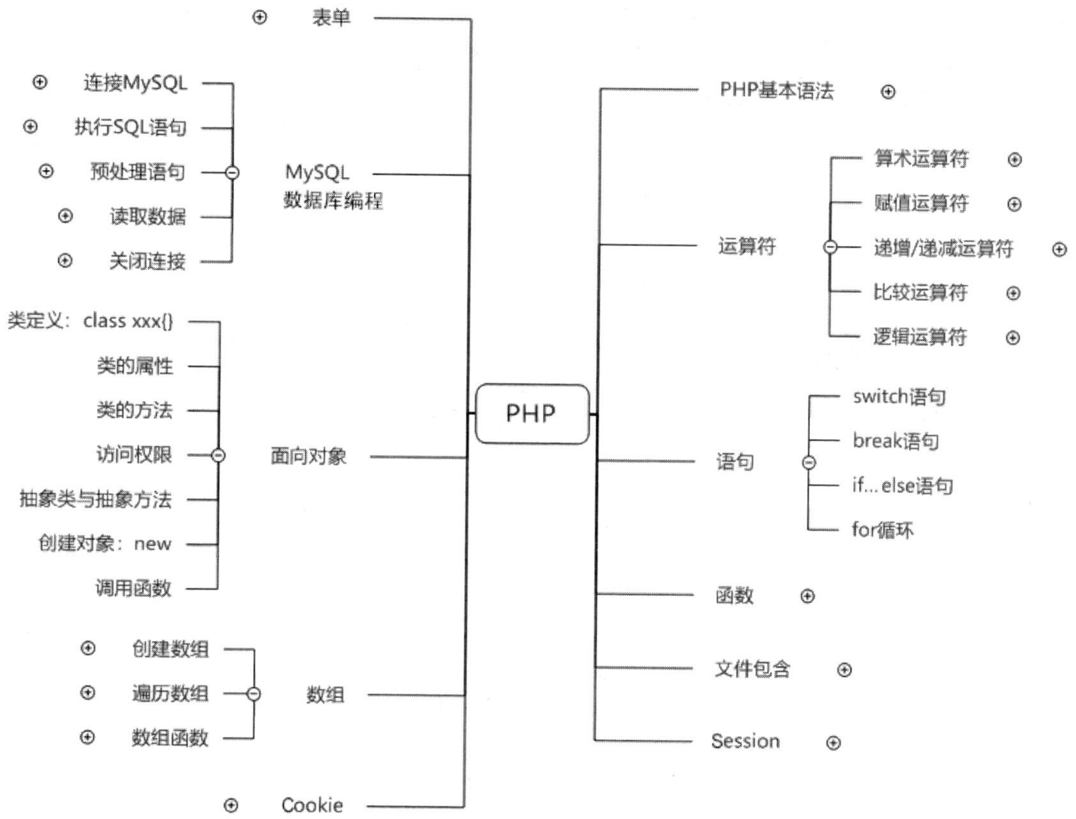

图 1-7

8. Laravel 知识地图

Laravel 的内容包括 Composer 工具、创建 Laravel 工程、HTTP 层、路由、中间件、控制器、Blade 模板引擎、视图＆模板、数据库等，知识地图如图 1-8 所示。

9. AJAX 知识地图

AJAX 的内容包括 XMLHttpRequest 对象、创建请求、发起请求、监听请求状态、判断状态信息和状态码、响应数据、XML 格式数据、JSON 格式数据、DOM 操作等，知识地图如图 1-9 所示。

10. RESTful API 知识地图

RESTful API 的内容包括接口设计、PHP 接口实现、AJAX 请求接口、返回结果、DOM 操作等，知识地图如图 1-10 所示。

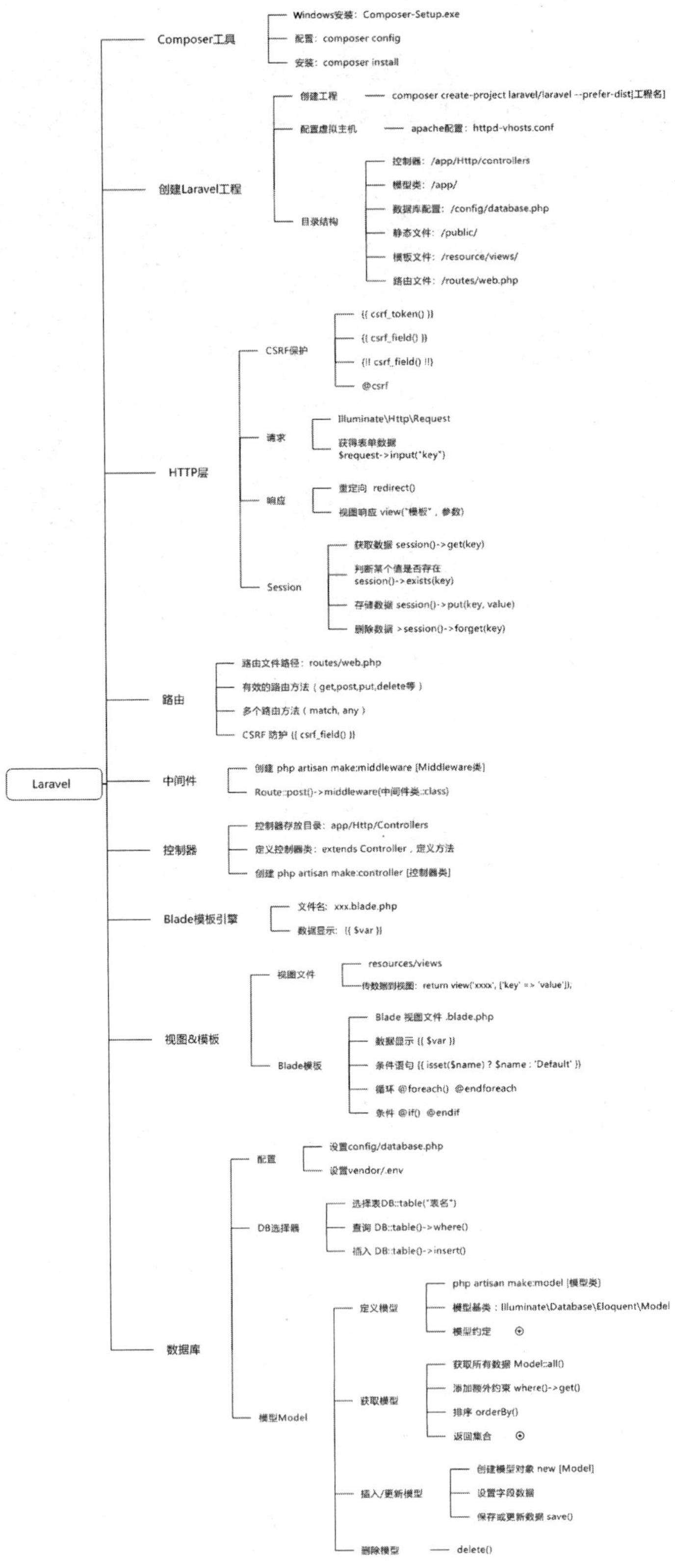
Laravel
Composer工具
Windows安装：Composer-Setup.exe
配置：composer config
安装：composer install
创建Laravel工程
创建工程
composer create-project laravel/laravel --prefer-dist[工程名]
配置虚拟主机
apache配置：httpd-vhosts.conf
目录结构
控制器：/app/Http/controllers
模型类：/app/
数据库配置：/config/database.php
静态文件：/public/
模板文件：/resource/views/
路由文件：/routes/web.php
HTTP层
CSRF保护
{{ csrf_token() }}
{{ csrf_field() }}
{!! csrf_field() !!}
@csrf
请求
Illuminate\Http\Request
获得表单数据
$request->input("key")
响应
重定向 redirect()
视图响应 view("模板"，参数)
Session
获取数据 session()->get(key)
判断某个值是否存在
session()->exists(key)
存储数据 session()->put(key, value)
删除数据 >session()->forget(key)
路由
路由文件路径：routes/web.php
有效的路由方法（get,post,put,delete等）
多个路由方法（match, any）
CSRF 防护 {{ csrf_field() }}
中间件
创建 php artisan make:middleware [Middleware类]
Route::post()->middleware(中间件类::class)
控制器
控制器存放目录：app/Http/Controllers
定义控制器类：extends Controller，定义方法
创建 php artisan make:controller [控制器类]
Blade模板引擎
文件名：xxx.blade.php
数据显示：{{ $var }}
视图&模板
视图文件
resources/views
传数据到视图：return view('xxxx', ['key' => 'value']);
Blade模板
Blade 视图文件 .blade.php
数据显示 {{ $var }}
条件语句 {{ isset($name) ? $name : 'Default' }}
循环 @foreach() @endforeach
条件 @if() @endif
数据库
配置
设置config/database.php
设置vendor/.env
DB选择器
选择表DB::table("表名")
查询 DB::table()->where()
插入 DB::table()->insert()
模型Model
定义模型
php artisan make:model [模型类]
模型基类：Illuminate\Database\Eloquent\Model
模型约定
获取模型
获取所有数据 Model::all()
添加额外约束 where()->get()
排序 orderBy()
返回集合
插入/更新模型
创建模型对象 new [Model]
设置字段数据
保存或更新数据 save()
删除模型
delete()

图 1-8

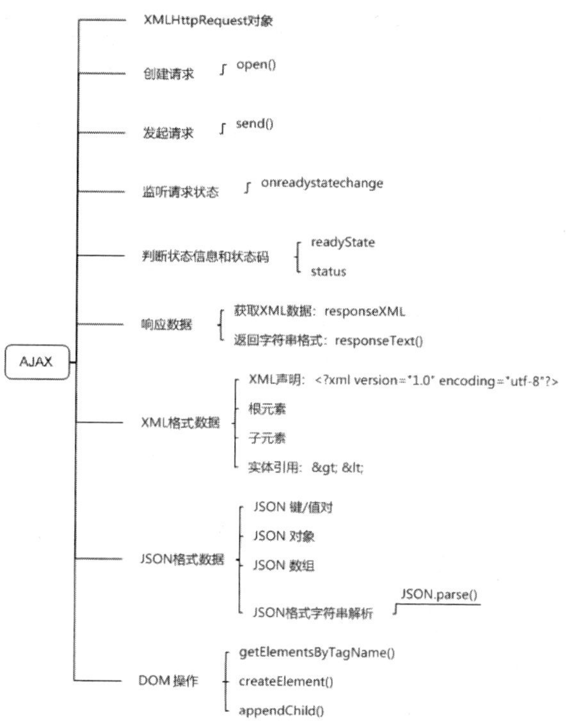
AJAX
XMLHttpRequest对象
创建请求
open()
发起请求
send()
监听请求状态
onreadystatechange
判断状态信息和状态码
readyState
status
响应数据
获取XML数据：responseXML
返回字符串格式：responseText()
XML格式数据
XML声明：<?xml version="1.0" encoding="utf-8"?>
根元素
子元素
实体引用：> <
JSON格式数据
JSON 键/值对
JSON 对象
JSON 数组
JSON格式字符串解析
JSON.parse()
DOM 操作
getElementsByTagName()
createElement()
appendChild()

图 1-9

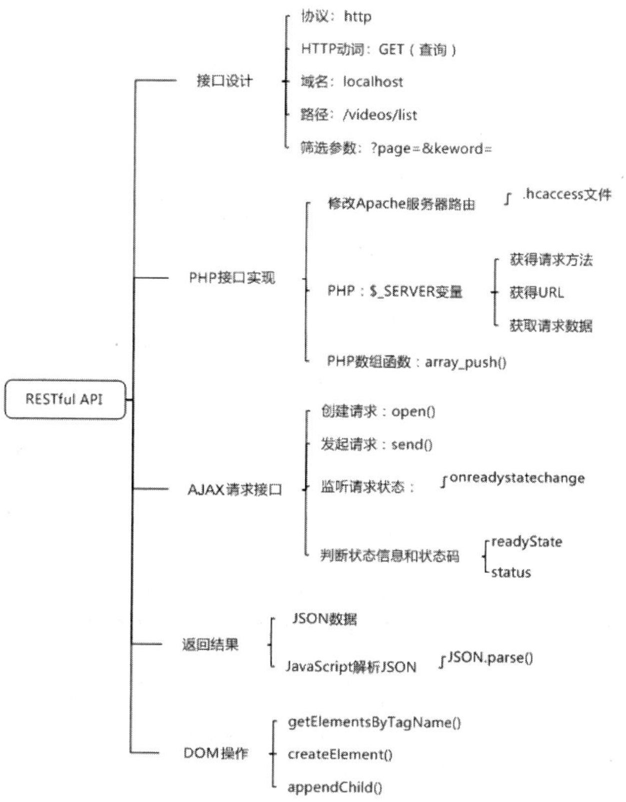
RESTful API
接口设计
协议：http
HTTP动词：GET（查询）
域名：localhost
路径：/videos/list
筛选参数：?page=&keword=
PHP接口实现
修改Apache服务器路由
.hcaccess文件
PHP：$_SERVER变量
获得请求方法
获得URL
获取请求数据
PHP数组函数：array_push()
AJAX请求接口
创建请求：open()
发起请求：send()
监听请求状态：
onreadystatechange
判断状态信息和状态码
readyState
status
返回结果
JSON数据
JavaScript解析JSON
JSON.parse()
DOM操作
getElementsByTagName()
createElement()
appendChild()

图 1-10

1.3 实施安排

本教材的内容主要分为实验（技术专题）和综合实践两部分，围绕《Web 前端开发职业技能等级标准》（中级）（以下简称中级标准）中的知识点，先通过技术专题讲解 Web 前端开发各知识单元内容，再通过“淘兴趣”项目综合实践，来训练读者结合各知识单元内容综合解决企业项目应用的能力。

实验（技术专题）部分采用静态网页和动态网页开发的方式，讲解中级标准中的知识单元内容，并为项目储备技术知识；综合实践部分（“淘兴趣”项目）采用动态网页开发的方式，综合讲解整个中级标准核心知识。

1.3.1 实验（技术专题）部分

参照《Web 前端开发职业技能等级标准》（中级）中的技能和知识点，结合企业实际岗位情况，选取 HTML5、CSS3、JavaScript、jQuery、Bootstrap、MySQL、PHP、Laravel、AJAX、JSON、RESTful API、XAMPP 等工具，安排 19 个技术专题，分别讲解相关知识。每个技术专题为 1 个小型项目，围绕知识点设计，每个技术专题包括实验目标、实验任务、设计思路和实验实施（跟我做）。实验（技术专题）部分的安排如表 1-1 所示。

表 1-1

序号	职业技能	技术专题名称	训练知识点	对应标准
1	/	HBuilder	1. HBuilder 下载和安装 2. 安装 PHP 插件 3. 创建 Web 项目工程	/
2	2-1-1 能熟练使用 HTML 编写静态网页 2-1-2 能使用 CSS 设计网站页面样式 2-2-1 能使用 CSS3 新特性美化网站页面样式和结构 2-2-2 能运用 HTML 各种标签美化原有静态网页 2-3-1 能使用 CSS3 新特性设计网站页面样式和结构	小说网首页	1. HTML 基本结构 （1）文档声明 （2）标签：<html>、<head>、<body> 2. 文本标签 （1）标题标签：<h1>、<h3> （2）段落标签：<p></p> （3）行内元素标签：<span></span> 3. 超链接 （1）超链接标签：<a></a> （2）属性：href、target 4. 图片标签：<img> 5. HTML5 全局属性：spellcheck 6. HTML5 语义化标签：<header>、<footer>、<main>、<nav>、<section>、<article> 7. HTML5 页面增强标签：<figure>、<mark>、<small> 8. HTML5 表单 （1）<input>type 属性：search （2）按钮：<button></button> （3）属性：autofocus	2-1-1-K1 掌握并熟练应用 HTML 文本标签、头部标记、页面创建超链接、创建表格表单功能 2-1-2-K2 掌握 CSS 的选择器、单位、字体样式、文本样式、颜色、背景的使用方法 2-1-2-K3 掌握 CSS 的区块、网页布局属性的使用方法 2-2-1-K1 掌握 CSS3 选择器在页面中插入各种盒子模型、背景样式的使用方法 2-2-2-K2 掌握 HTML 在网页中嵌入多媒体、使用框架结构，以及网页中使用表格创建表单的使用方法 2-3-1-K1 掌握 CSS3 特性、动画效果、多列布局及弹性布局的使用方法

续表

序号	职业技能	技术专题名称	训练知识点	对 应 标 准
2	2-1-1 能熟练使用 HTML 编写静态网页 2-1-2 能使用 CSS 设计网站页面样式 2-2-1 能使用 CSS3 新特性美化网站页面样式和结构 2-2-2 能运用 HTML 各种标签美化原有静态网页 2-3-1 能使用 CSS3 新特性设计网站页面样式和结构	小说网首页	9．边框：border-radius 10．单位：像素（px）、百分比（%）、相对长度单位（rem 和 em） 11．字体：font-size、font-weight 12．文本样式 （1）水平对齐：text-align （2）文本修饰：text-decoration 13．颜色表示方法：十六进制的颜色值 14．背景色：background 15．伪类：a:link、a:visited、a:hover、a:active 16．弹性布局：display:flex、justify-content、align-content、flex-wrap 17．多列布局：column-count、column-gap、column-rule-style、column-rule-width、column-span 18．盒子模型：边框 border、外边距 margin、内边距 padding 19．盒阴影：box-shadow 20．背景特性：background-size 21．渐变功能：background:linear-gradient (to right,red,orange) 22．过渡效果：transition	2-1-1-K1 掌握并熟练应用 HTML 文本标签、头部标记、页面创建超链接、创建表格表单功能 2-1-2-K2 掌握 CSS 的选择器、单位、字体样式、文本样式、颜色、背景的使用方法 2-1-2-K3 掌握 CSS 的区块、网页布局属性的使用方法 2-2-1-K1 掌握 CSS3 选择器在页面中插入各种盒子模型、背景样式的使用方法 2-2-2-K2 掌握 HTML 在网页中嵌入多媒体、使用框架结构，以及网页中使用表格创建表单的使用方法 2-3-1-K1 掌握 CSS3 特性、动画效果、多列布局及弹性布局的使用方法
3	2-1-3 能使用 JavaScript 开发网站交互效果页面 2-4-3 能使用 JavaScript 开发网站交互效果页面	房贷计算器	1．JavaScript 文件的创建和引入 （1）<script>标签 （2）引入外部.js 文件 2．变量：引用变量、基础型变量 3．运算符：算数运算符、逻辑运算符 4．函数：函数参数、函数返回值、函数调用 5．数组：创建数组、数组元素的读和写、数组长度、数组遍历 6．面向对象：对象创建、对象访问 7．事件：事件监听、事件处理函数、设置 HTML 的标签属性为事件处理程序 onclick 8．DOM 操作 （1）选取文档元素：getElementById() （2）元素内容：value 9．正则表达式：RegExp 对象	2-1-3-K4 掌握 JavaScript 基础语言、函数、面向对象功能的使用方法 2-4-3-K3 掌握 JavaScript 基础语言、函数、面向对象功能的使用方法
4	2-1-4 能使用 jQuery 开发网站交互效果页面	留言页面	1．jQuery 的下载和引入 2．选择器：元素选择器 3．事件 （1）鼠标 click 事件 （2）绑定事件处理函数$().on()	2-1-4-K5 掌握 jQuery 中选择器、插件、事件和动画功能的使用方法

续表

序号	职业技能	技术专题名称	训练知识点	对 应 标 准
4	2-1-4 能使用jQuery开发网站交互效果页面	留言页面	4．UI插件 （1）下载和使用 （2）切换：toggle() 5．动画 自定义动画：animate 6．DOM操作 添加元素：prepend()	2-1-4-K5 掌握jQuery中选择器、插件、事件和动画功能的使用方法
5	2-1-5 能使用Bootstrap框架开发页面 2-4-4 能使用Bootstrap 框架开发页面	注册页面	1．Bootstrap的下载和引入 2．Bootstrap导航栏组件：.navbar 3．Bootstrap表单：form role="form"、.input-group、.form-control 4．Bootstrap按钮：.btn、.btn-success 5．Bootstrap输入框组：.input-group 6．基本样式：宽度.w-、上侧外边距.mt-	2-1-5-K6 掌握Bootstrap中布局、组件、基本样式、插件的使用方法 2-4-4-K4 掌握Bootstrap中布局、组件、基本样式、插件的使用方法
6	2-1-5 能使用Bootstrap 框架开发页面 2-4-4 能使用Bootstrap 框架开发页面 ——响应式开发	分类信息页面（响应式）	1．栅格系统布局：.container、.row、.col-lg-3、.col-lg-9 2．插件：下拉菜单.dropdown 3．组件 （1）分页标签组件.pagination （2）媒体对象组件.media、.media-body （3）列表组件.list-group 4．响应式 （1）响应式导航栏.navbar、.navbar-expand-lg （2）移动端折叠导航栏.navbar-collapse	
7	2-3-2 能使用MySQL数据库进行基本的数据管理工作 2-6-1 能使用MySQL数据库进行基本的数据管理工作 ——MySQL环境	MySQL基本操作	1．XAMPP的下载和安装 2．登录MySQL客户端 3．MySQL控制台命令：创建数据库、进入数据库、删除数据库、查看数据库	2-3-2-K2 掌握MySQL数据库中创建表、设置约束、设置自增型字段、复制表结构、修改表、修改字段、修改约束条件、修改表名、删除表、插入/修改/查询/存储数据，以及触发器、事务、视图的使用方法 2-6-1-K1 掌握MySQL中创建表、设置约束、设置自增型字段、复制表结构、修改表、修改字段、修改约束条件、修改表名、删除表、插入/修改/查询/存储，以及使用触发器、事务、视图的方法
8	2-3-2 能使用MySQL 数据库进行基本的数据管理工作	试题信息管理	1．数据库定义语句（DDL） （1）创建数据库 （2）创建表：主键、外键、非空约束、自增 （3）删除表 2．数据库查询语句（DQL）：select	

续表

序号	职业技能	技术专题名称	训练知识点	对 应 标 准
8	2-6-1 能使用 MySQL 数据库进行基本的数据管理工作 ——MySQL 应用	试题信息管理	3. 数据控制语句（DCL）：insert/update/delete 4. 触发器：创建触发器、激活触发器、删除触发器 5. 索引：创建索引 6. 视图：创建视图 7. 事务：开启事务、事务回滚、事务确认 8. 数据库备份和还原：导入 SQL 脚本、导出 SQL 脚本 9. 存储过程：创建存储过程、调用存储过程、查看存储过程、删除存储过程	2-3-2-K2 掌握 MySQL 数据库中创建表、设置约束、设置自增型字段、复制表结构、修改表、修改字段、修改约束条件、修改表名、删除表、插入/修改/查询/存储数据，以及触发器、事务、视图的使用方法 2-6-1-K1 掌握 MySQL 中创建表、设置约束、设置自增型字段、复制表结构、修改表、修改字段、修改约束条件、修改表名、删除表、插入/修改/查询/存储，以及使用触发器、事务、视图的方法
9	2-3-3 PHP 制作动态网页 2-6-2 PHP 制作动态网页 ——开发环境	第一个 PHP 程序	1. PHP 开发环境 2. PHP 文件 3. 基本的 PHP 语法 4. 编码规范	2-3-3-K3 掌握 PHP 的基础操作、数组、函数、面向对象、基本语法、数据类型、数据输出、编码规范、常量、变量、PHP 运算符、数据类型转换、条件判断语句、循环控制语句、跳转语句和终止语句、一维数组、二维数组、遍历与输出数组的使用方法，并掌握 PHP 操作 MySQL 数据库、管理 MySQL 数据库中数据的方法 2-3-3-S4 能使用 Session、Cookie 开发动态网站 2-6-2-K2 掌握 PHP 的基础操作、数组、函数、面向对象、基本语法、数据类型、数据输出、编码规范、常量、变量、PHP 运算符、数据类型转换、条件判断语句、循环控制语句、跳转语句和终止语句、一维数组、二维数组、遍历与输出数组的使用方法，并掌握 PHP 操作 MySQL 数据库、管理 MySQL 数据库中数据的方法 2-6-2-S3 能使用 Session、Cookie 开发动态网站
10	2-3-3 PHP 制作动态网页 2-6-2 PHP 制作动态网页 ——基本语法	日期计算器	1. PHP 基本语法 （1）<?php ?> （2）导入文件 include_once （3）输出 echo "xxx"; 2. 变量 3. 控制语句 （1）switch 语句 （2）break 语句 （3）if...else 语句 （4）for 循环语句 4. 运算符：算数运算符、赋值运算符、递增运算符、比较运算符、逻辑运算符 5. 函数 （1）创建函数 （2）函数参数 （3）函数调用 （4）返回值 6. 数值数组 （1）创建：array() （2）数组函数：in_array() 7. 表单 （1）$_POST 请求 （2）表单方法：$_SERVER["REQUEST_METHOD"]	

续表

序号	职业技能	技术专题名称	训练知识点	对 应 标 准
11	2-3-3 PHP 制作动态网页 2-6-2 PHP 制作动态网页 ——动态 Web 网站	购物车	1．PHP 基本语法 2．控制语句：if...else 语句，switch 语句 3．运算符：赋值运算符、比较运算符、逻辑运算符 4．遍历数组：foreach 5．数组函数：array_push()、array_column()、array_sum()、unset() 6．Session 操作 7．$_GET、$_POST 超级全局变量 8．包含文件：require()	2-3-3-K3 掌握 PHP 的基础操作、数组、函数、面向对象、基本语法、数据类型、数据输出、编码规范、常量、变量、PHP 运算符、数据类型转换、条件判断语句、循环控制语句、跳转语句和终止语句、一维数组、二维数组、遍历与输出数组的使用方法，并掌握 PHP 操作 MySQL 数据库、管理 MySQL 数据库中数据的方法 2-3-3-S4 能使用 Session、Cookie 开发动态网站 2-6-2-K2 掌握 PHP 的基础操作、数组、函数、面向对象、基本语法、数据类型、数据输出、编码规范、常量、变量、PHP 运算符、数据类型转换、条件判断语句、循环控制语句、跳转语句和终止语句、一维数组、二维数组、遍历与输出数组的使用方法，并掌握 PHP 操作 MySQL 数据库、管理 MySQL 数据库中数据的方法 2-6-2-S3 能使用 Session、Cookie 开发动态网站
12	2-3-3 PHP 制作动态网页 2-6-2 PHP 制作动态网页 ——面向对象	在线投票系统	1．对象的特性：行为、形态、表示 2．类定义：class Page {} 3．创建对象：$x = new Page; 4．调用成员方法：$this、$this->function_name()、$this->var_name 5．构造函数：function __construct ([mixed $args [, $...]]){} 6．继承：class Child extends Parent{} 7．方法重写 8．访问控制：public、protected、private 9．抽象类：abstract class AbstractClass{} 10．调用基类构造函数：parent::__construct()	
13	2-3-3 PHP 制作动态网页 ——MySQL 数据库编程	学生成绩管理	1．PHP 基本语法 2．MySQL 数据库操作 （1）连接 MySQL：new mysqli($servername, $username, $password, $dbname); （2）关闭连接：$conn->close(); （3）创建数据库：$conn->query($sql) （4）插入数据 （5）插入多条数据：$conn->multi_query($sql) （6）预处理语句：$conn->prepare()、$stmt->bind_param()、$stmt->execute() （7）读取数据：while($row = $result->fetch_assoc()) {} 3．Session 操作 （1）启动会话：session_start() （2）存储 Session 变量：$_SESSION[key]= value; （3）销毁 Session：unset()、session_destroy() 4．Cookie 操作 5．$_POST 超级全局变量 6．AJAX 异步请求 7．JSON 数据：json_encode()	

续表

序号	职业技能	技术专题名称	训练知识点	对 应 标 准
14	2-3-4 RESTful API 规范设计	视频列表	1．接口设计 （1）协议：http （2）HTTP 动词：GET（查询） （3）域名：localhost （4）路径：/videos/list （5）筛选参数：?page=&keword= 2．AJAX 请求接口 （1）XMLHttpRequest 对象 （2）创建请求：open() （3）发起请求：send() （4）监听请求状态：onreadystatechange （5）判断状态信息和状态码：readyState、status （6）获取 XML 数据：responseText 3．PHP 实现接口 （1）修改 Apache 服务器路由.hcaccess 文件 （2）PHP：$_SERVER 变量 （3）获取请求方法 （4）获取 url （5）获取请求数据 （6）PHP 数组函数：array_push() 4．返回结果 （1）返回字符串格式：responseText() （2）JSON 数据 （3）JavaScript 解析 JSON：JSON.parse() 5．DOM 操作 （1）getElementsByTagName() （2）createElement() （3）appendChild()	2-3-4-K4 掌握基本的 API 设计方法 2-3-4-S5 能根据 HTTP 协议方法定义操作，能使用 API 进行数据筛选、支持大型二进制资源的部分响应与后端进行交互
15	2-3-5 AJAX 制作动态网页	阅读器	1．XMLHttpRequest 对象 2．创建请求：open() 3．发起请求：send() 4．监听请求状态：onreadystatechange 5．判断状态信息和状态码：readyState、status 6．响应数据 （1）获取 XML 数据：responseXML （2）返回字符串格式：responseText 7．XML 格式 （1）XML 声明：<?xml version="1.0" encoding="utf-8"?> （2）根元素 （3）子元素 （4）实体引用：> <	2-3-5-K5 掌握使用 AJAX 技术实现异步刷新、异步获取数据的方法 2-3-5-S6 能熟练使用 AJAX 中的 XML、JSON 数据格式与网站后端进行数据交互

续表

序号	职业技能	技术专题名称	训练知识点	对 应 标 准
15	2-3-5 AJAX 制作动态网页	阅读器	8．JSON 格式 （1）JSON 键/值对 （2）JSON 对象 （3）JSON 数组 （4）JSON 格式字符串解析：JSON.parse() 9．PHP 接口：变量、数组、输出 10．DOM 操作 （1）getElementsByTagName() （2）createElement() （3）appendChild()	2-3-5-K5 掌握使用AJAX技术实现异步刷新、异步获取数据的方法 2-3-5-S6 能熟练使用 AJAX 中的 XML、JSON 数据格式与网站后端进行数据交互
16	2-3-6 Laravel 框架构建动态网站 ——开发环境	第一个 Laravel 程序	1．开发环境配置：XAMPP + HBuilder 开发工具及虚拟主机配置 2．Blade 模板 （1）模板目录：resources/views （2）模板文件：*.blade.php （3）显示：view() 3．路由 （1）路由文件：routes/web.php （2）路由函数：Route::get()	2-3-6-K6 掌握使用 Laravel 框架构建动态网站的方法 2-3-6-S7 能熟练使用 Laravel 的路由、控制器、Blade 模板、前端组件构建动态网站
17	2-3-6 Laravel 框架构建动态网站 ——动态网站	在线答题	1．PHP 基本语法 （1）面向对象：类、定义 static 变量、定义常量、访问权限、方法和属性、对象 （2）基本语法：基本数据类型、控制语句、一维数组、二维数组 2．控制器类 （1）使用 artisan 创建控制器类 php artisan make:controller [Controller 类] （2）手动创建控制器类 class XXController extends Controller{} 3．Blade 模板 （1）*.blade.php （2）显示模板：view("模板文件名,不包含 blade.php") （3）模板语法{{ $var }} 4．路由：Route::get()、Route::post()、传参数	
18	2-3-6 Laravel 框架构建动态网站 ——数据库编程	个人博客	一、HTTP 层 1．路由：Route::get()、Route::post() 2．中间件：Middleware （1）创建 php artisan make:middleware [Middleware 类] （2）Route::post()->middleware(中间件类::class)	

续表

序号	职业技能	技术专题名称	训练知识点	对 应 标 准
18	2-3-6 Laravel 框架构建动态网站 ——数据库编程	个人博客	3．CSRF 保护：{{ csrf_token() }}、{{ csrf_field() }}、{!! csrf_field() !!}、@csrf 4．控制器 （1）基类 Controller （2）创建 php artisan make:controller [控制器类] 5．请求 （1）Illuminate\Http\Request （2）获得表单数据 $request->input("key") 6．响应 （1）重定向：redirect() （2）视图响应：view("模板",参数) 7．Session （1）获取数据：session()->get(key) （2）判断某个值是否存在：session()->exists(key) （3）存储数据：session()->put(key, value) （4）删除数据：>session()->forget(key) 二、视图&模板 1．视图文件：resources/views 2．Blade 模板 （1）Blade 视图文件：.blade.php （2）数据显示：{{ $var }} （3）条件语句：{{ isset($name) ? $name : 'Default' }} （4）循环：@foreach()　@endforeach （5）条件：@if()　@endif 三、数据库 1．MySQL （1）设置 config/database.php （2）设置 vendor/.env 2．Eloquent ORM （1）定义模型 • php artisan make:model [模型类] • 模型基类：Illuminate\Database\Eloquent\Model （2）模型约定 • 关联到模型的数据表：protected $table = '表名'; • 表明模型是否应该被打上时间戳：public $timestamps = false; • 设置允许写入的数据字段：protected $fillable = ['字段名',...];	2-3-6-K6 掌握使用 Laravel 框架构建动态网站的方法 2-3-6-S7 能熟练使用 Laravel 的路由、控制器、Blade 模板、前端组件构建动态网站

续表

序号	职业技能	技术专题名称	训练知识点	对 应 标 准
18	2-3-6 Laravel框架构建动态网站 ——数据库编程	个人博客	（3）获取模型 • 获取所有数据：Model::all() • 添加额外约束：where()->get() • 排序：orderBy() （4）返回集合 • Illuminate\Database\Eloquent\Collection • Collection->first() （5）插入/更新模型 • 创建模型对象：new [Model] • 设置字段数据 • 保存或更新数据：save() （6）删除模型：delete()	2-3-6-K6 掌握使用 Laravel 框架构建动态网站的方法 2-3-6-S7 能熟练使用 Laravel 的路由、控制器、Blade 模板、前端组件构建动态网站
19	2-6-3 使用 AJAX 创建动态网页 2-4-1 能熟练使用 HTML5 编写移动端静态网页 2-4-2 能使用 CSS3 特性设计网站页面样式和结构 2-5-1 能熟练使用 HTML5 编写静态网页 2-5-2 能使用 CSS3 新特性改变网站页面样式和结构	天气预报（移动端页面）	1. HTML5 页面视口：width=device-width、initial-scale=1.0 2. HTML5 语义化标签：<header>、<footer>、<nav>、<section>、<article> 3. HTML5 页面增强标签：<mark> 4. CSS3 弹性布局：display:flex、justify-content、align-content、flex-wrap 5. CSS3 相对长度单位：rem 和 em 6. CSS3 过渡效果：transition 7. CSS3 圆角边框：border-radius 8. XMLHttpRequest 对象 9. 创建 AJAX 请求：open() 10. 发起 AJAX 请求：send() 11. 监听 AJAX 请求状态：onreadystatechange 12. 判断 AJAX 请求状态信息和状态码：readyState、status 13. AJAX 获取响应数据 （1）获取 XML 数据：responseXML （2）返回字符串格式：responseText 14. JSON 格式 （1）JSON 键/值对 （2）JSON 对象 （3）JSON 数组 （4）JSON 格式字符串解析：JSON.parse() 15. PHP 接口变量、数组、输出 16. DOM 操作 （1）getElementsByTagName() （2）createElement() （3）appendChild()	2-6-3-K3 掌握使用 AJAX 技术实现异步刷新、异步获取数据的方法 2-6-3-S4 能熟练使用 AJAX 中的 XML、JSON 数据格式与网站后端进行数据交互 2-4-1-K1 掌握 HTML5 新增全局属性、结构化与页面增强元素、表单标签、多媒体元素的使用方法 2-4-2-K2 掌握 CSS3 选择器、边框特性、颜色、字体、盒阴影、背景特性、盒子模型、渐变功能的使用方法 2-5-1-K1 理解 HTML5 新增全局属性、结构化与页面增强元素、表单标签、多媒体元素的使用方法 2-5-2-K2 掌握 CSS3 选择器在页面中插入各种盒子模型、背景样式的使用方法 2-5-2-S2 能熟练使用 CSS3 的选择器、盒子模型、过渡、动画等属性美化网页 2-5-2-S3 使用 em/rem/vw/vh 等单位开发移动端网页，达到美化网页的效果

1.3.2　综合实践部分

1．案例组织结构

课程对应案例，按企业标准进行建设，结合瀑布模型、RUP 模型、增量开发思想，内容包括需求、设计、实现（每个功能迭代实现）、工作任务等。

2．案例介绍

项目选取的“淘兴趣”平台，为 Web 动态网页程序，采用 HBuilder 和 XAMPP 工具开发，技术选型为“界面原型 + HTML5 + CSS3 + JavaScript + jQuery + Bootstrap + MySQL + PHP + AJAX + RESTful API+ Laravel”。“淘兴趣”是一个兴趣讨论的平台，用户可以注册和登录。在“淘兴趣”中，用户可以看到各种各样的趣点，通过选择具体趣点，可以查看趣点的详细信息和其他用户发布的微博。用户可以评论微博，也可以通过订阅趣点来发布自己的微博。

3．案例阶段划分

根据训练知识点划分，项目分为五个阶段：第一阶段主要训练 PHP 页面混合式开发相关应用；第二阶段主要训练移动端响应式页面开发；第三阶段主要训练 AJAX+JSON 相关应用；第四阶段主要训练 RESTful API 相关应用；第五阶段主要训练 Laravel 相关应用。

“淘兴趣”的内容安排如表 1-2 所示。

表 1-2

编号	阶段	模块	功能	实 践 内 容	训练知识点
1		页面设计	页面设计	典型页面设计和实现	Bootstrap 框架 1．网格系统 2．表单、表格 3．导航栏组件 4．下拉插件
2	第一阶段 PHP 页面混合式	创建工程	创建工程	1．下载并安装 XAMPP 集成套件 2．下载并安装 HBuilder 开发工具 3．使用 HBuilder 开发工具创建“淘兴趣”项目 4．创建数据库脚本 5．PHP 公共类：实体类、数据库连接类	1．XAMPP 集成套件的安装 2．HBuilder 开发工具的安装 3．网站的部署和运行 4．MySQL 数据库：脚本建库 5．PHP 面向对象：类定义 6．PHP 操作 MySQL 数据库：mysqli 连接数据库
3		系统管理	管理员登录	通过输入管理员账号和密码登录后端管理系统。单击“退出登录”按钮则清除管理员登录状态，并返回到登录页面。未登录的管理员不可以进入后端管理系统	1．超级全局变量：$_POST、$_GET 2．PHP 面向对象：类定义、继承 3．PHP 数组 4．PHP 操作 MySQL 数据库：mysqli 连接数据库、预处理、执行 SQL 语句 5．Session 操作 6．Cookie 操作

续表

编号	阶段	模块	功能	实践内容	训练知识点
4	第一阶段 PHP页面混合式	系统管理	趣点类别管理	管理员登录后可以查看趣点类别	1. 超级全局变量：$_POST、$_GET 2. PHP面向对象：类定义、继承 3. PHP数组 4. PHP操作MySQL数据库：mysqli连接数据库、预处理、执行SQL语句 5. Session操作 6. Cookie操作
5		用户注册	用户注册	游客访问系统，可以通过注册成为系统的用户，获得使用系统部分功能的权利	1. 超级全局变量：$_POST 2. PHP面向对象：类定义、继承 3. PHP操作MySQL数据库：mysqli连接数据库
6		用户登录	用户登录	已注册的用户可以通过登录来进入系统。单击“退出”按钮，可以清除用户登录状态，返回到登录页面	1. PHP全局变量：$_POST 2. PHP面向对象 3. Session、Cookie 4. 页面跳转、header()函数 5. PHP操作MySQL数据库
7		个人中心	显示用户信息	显示用户的信息，包括用户昵称和用户头像等	1. 超级全局变量：$_GET 2. PHP面向对象 3. 页面跳转、header()函数
8		首页	首页	淘兴趣系统的首页，显示最热兴趣列表，可通过导航栏进入用户管理页面、兴趣搜索页面、登录注册页面等	1. 超级全局变量：$_GET 2. PHP面向对象 3. PHP数组 4. 页面跳转、header()函数 5. Bootstrap框架：Bootstrap组件、tab插件
9		趣点管理	创建趣点	登录后用户可以在个人中心创建自己的趣点	1. PHP全局变量：$_POST 2. PHP面向对象 3. Session、Cookie 4. 页面跳转、header()函数 5. PHP操作MySQL数据库
10			搜索趣点	1. 可通过内容搜索相关的趣点 2. 显示趣点详细信息和相关的微博列表，且可以关注用户列表	1. 超级全局变量：$_GET 2. PHP面向对象 3. PHP数组 4. 页面跳转、header()函数
11	第一阶段 PHP页面混合式	趣点管理	订阅趣点	登录后用户可以订阅感兴趣的趣点，则可显示在个人的趣点页面，在用户个人首页，可以显示用户订阅的趣点列表	1. 超级全局变量：$_GET 2. PHP面向对象 3. PHP数组 4. 页面跳转、header()函数 5. Bootstrap框架：Bootstrap组件、tab插件

续表

编号	阶段	模块	功能	实 践 内 容	训练知识点
12	第一阶段 PHP 页面混合式	微博管理	微博管理	1．用户登录后，可以发布微博（图片、视频） 2．显示微博的详细信息（图片、视频）	1．超级全局变量：$_GET 2．PHP 面向对象 3．PHP 数组 4．页面跳转、header()函数 5．Bootstrap 框架：Bootstrap 组件、下拉插件
13	第二阶段 移动端响应式页面	首页	首页	1．首页 2．个人中心页面	1．Bootstrap 框架：网格系统、响应式导航栏 2．移动端页面
14	第三阶段 AJAX+JSON	用户注册	用户注册	游客访问系统，可以通过注册成为系统的用户，获得使用系统部分功能的权利	1．AJAX （1）创建 XMLHttpRequest 对象 （2）open()、send()函数 （3）onreadystatechange()函数 2．JSON 数据
15		用户登录	用户登录	已注册的用户可以通过登录来进入系统。单击“退出”按钮，可以清除用户登录状态，返回到登录页面	1．AJAX （1）创建 XMLHttpRequest 对象 （2）open()、send()函数 （3）onreadystatechange()函数 2．JSON 数据
16		趣点管理	趣点管理	1．用户登录后在个人中心可以创建自己的趣点 2．可通过内容搜索相关的趣点 3．显示趣点详细信息和相关的微博列表，且可以关注用户列表 4．用户登录后可以订阅感兴趣的趣点，则可显示在个人的趣点页面 5．在用户个人首页，可以显示用户订阅的趣点列表	1．AJAX （1）创建 XMLHttpRequest 对象 （2）open()、send()函数 （3）onreadystatechange()函数 2．JSON 数据
17		微博管理	微博管理	1．用户登录后，可以发布微博（图片、视频） 2．显示微博的详细信息（图片、视频），评论列表，关注用户列表等	1．AJAX （1）创建 XMLHttpRequest 对象 （2）open()、send()函数 （3）onreadystatechange()函数 2．JSON 数据
18	第四阶段 RESTful API	搜索趣点	搜索趣点	1．可通过内容搜索相关的趣点 2．显示趣点详细信息和相关的微博列表，且可以关注用户列表	1．RESTful API 2．AJAX 3．JSON
19	第五阶段 Laravel	用户注册	用户注册	游客访问系统，可以通过注册成为系统的用户，获得使用系统部分功能的权利	Laravel：路由、控制器、模板、数据库操作
20	第五阶段 Laravel	用户登录	用户登录	已注册的用户可以通过登录来进入系统。单击“退出”按钮，可以清除用户登录状态，返回到登录页面	Laravel：路由、控制器、模板、数据库操作

第 2 章 开发工具（HBuilder）

2.1 实验目标

（1）掌握 HBuilder 的下载和安装方法。
（2）掌握 HBuilder 中的 Aptana php 插件的安装方法。
（3）掌握 HBuilder 创建 Web 项目工程和创建页面的方法。

2.2 实验任务

（1）下载并安装 HBuilder 开发工具。
（2）在 HBuilder 中安装 PHP 插件 Aptana php，用于编写 PHP 网页和代码。
（3）使用 HBuilder 创建一个 Web 项目工程。
（4）使用 HBuilder 在项目工程中创建一个 index.html 页面，并在 Chrome 浏览器中显示。

2.3 设计思路

（1）开发工具选用 HBuilder。
（2）在 HBuilder 中安装 PHP 插件，用于编写 PHP 网页和代码。
（3）进行网页开发，使用工程进行管理，应用 HBuilder 创建一个 Web 项目工程。
（4）在 Web 工程中，创建一个 index.html 页面。

2.4 实验实施（跟我做）

2.4.1 步骤一：下载并安装 HBuilder

1. 下载 HBuilder

（1）进入 HBuilder 官方网站首页，单击“DOWNLOAD”按钮下载 HBuilder，如图 2-1 所示。

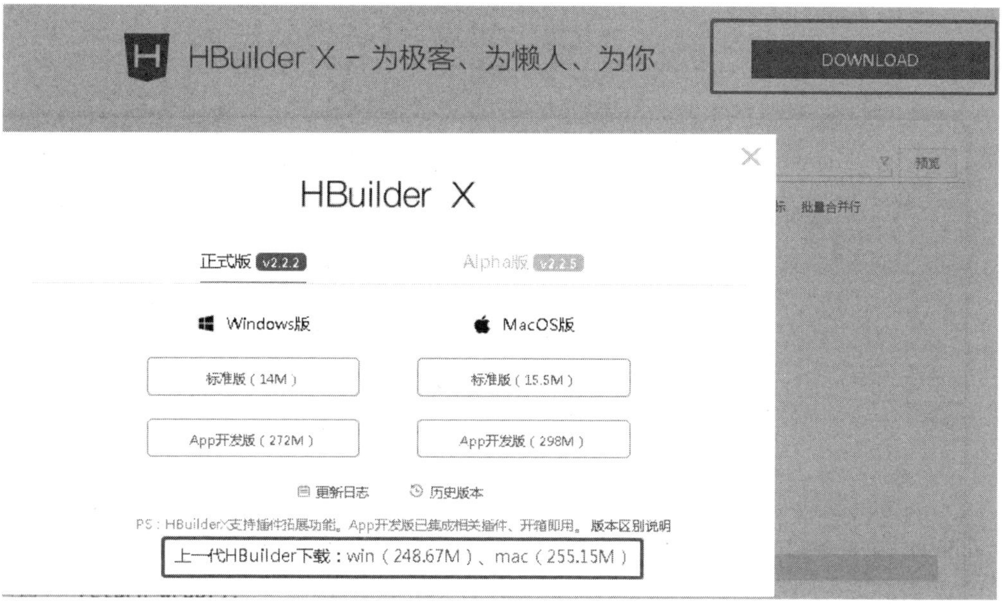

图 2-1

（2）下载后得到压缩文件 HBuilder.9.1.29.windows.zip。

2．安装 HBuilder（解压下载文件后即可使用）

解压 HBuilder.9.1.29.windows.zip 到一个目录下，如解压到 E 盘根目录下，解压后将生成 E:\HBuilder，即 HBuilder 的文件夹，文件目录如图 2-2 所示。

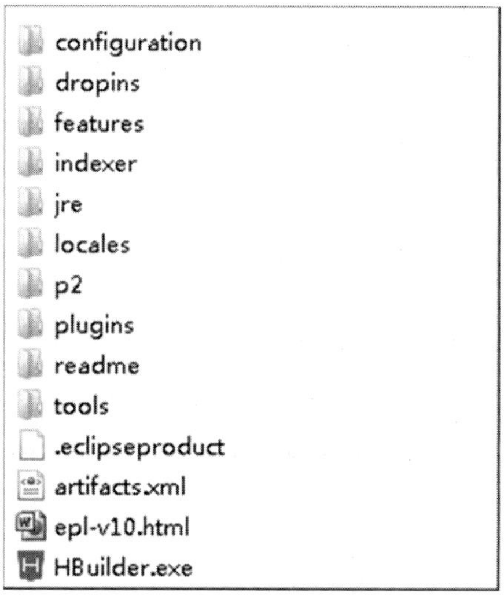

图 2-2

2.4.2　步骤二：HBuilder 主界面

（1）在文件夹下运行 E:\HBuilder\HBuilder.exe，即可启动 HBuilder，出现 HBuilder 主界面，如图 2-3 所示。

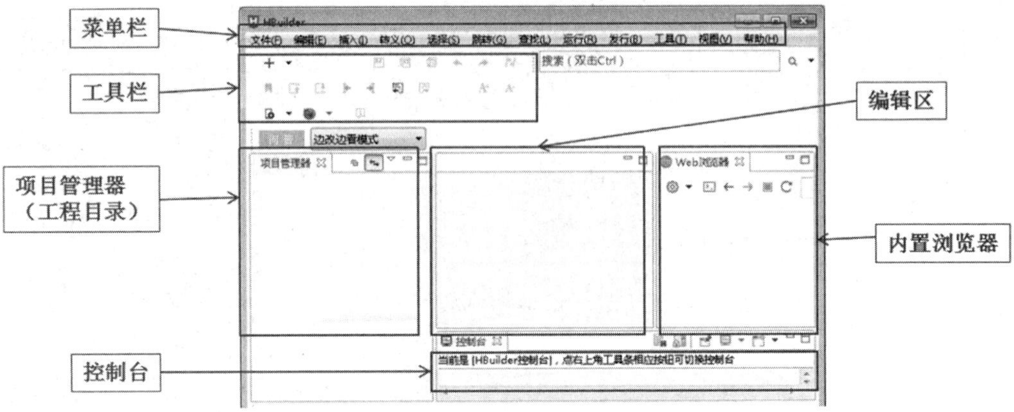

图 2-3

（2）创建页面的一般步骤如下。

- 创建 Web 项目工程；
- 在项目工程中创建文件，包括页面文件和项目文件夹等；
- 编辑页面文件等。

创建页面的步骤如图 2-4 所示。

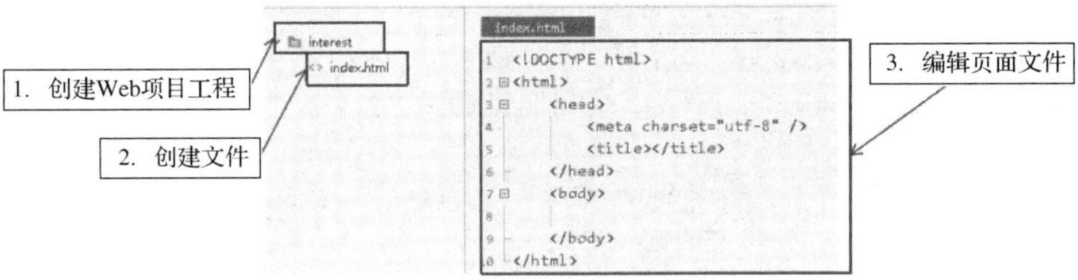

图 2-4

2.4.3 步骤三：在 HBuilder 中安装 PHP 插件

在后面的章节中，需要使用 PHP 开发 Web 项目，因此需要安装对应的 PHP 插件。

（1）在 HBuilder 主界面上，选择“工具”→“插件安装”命令，如图 2-5 所示。

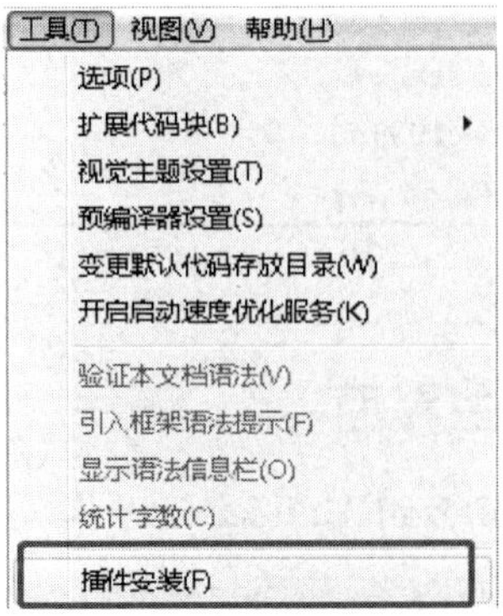

图 2-5

（2）出现如图 2-6 所示的插件安装界面，勾选“Aptana php 插件”复选框，单击“安装”按钮，进行自动安装。

图 2-6

2.4.4　步骤四：创建 Web 项目工程

（1）在 HBuilder 主界面上，选择“文件”→“新建”→“Web 项目”命令（也可按 Ctrl+N 组合键，然后选择“Web 项目”命令），如图 2-7 所示。

（2）在“创建 Web 项目”窗口中，A 处填写创建项目的名称，B 处填写项目保存路径（更改此路径 HBuilder 会记录，下次默认使用更改后的路径），C 处选择使用的模板（可点击“自定义模板”超链接），如图 2-8 所示。

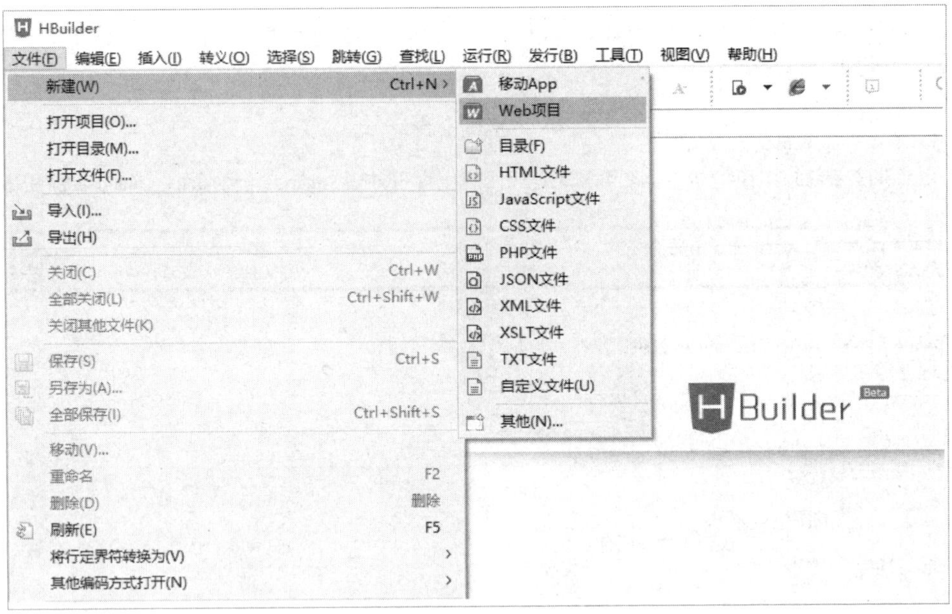

图 2-7

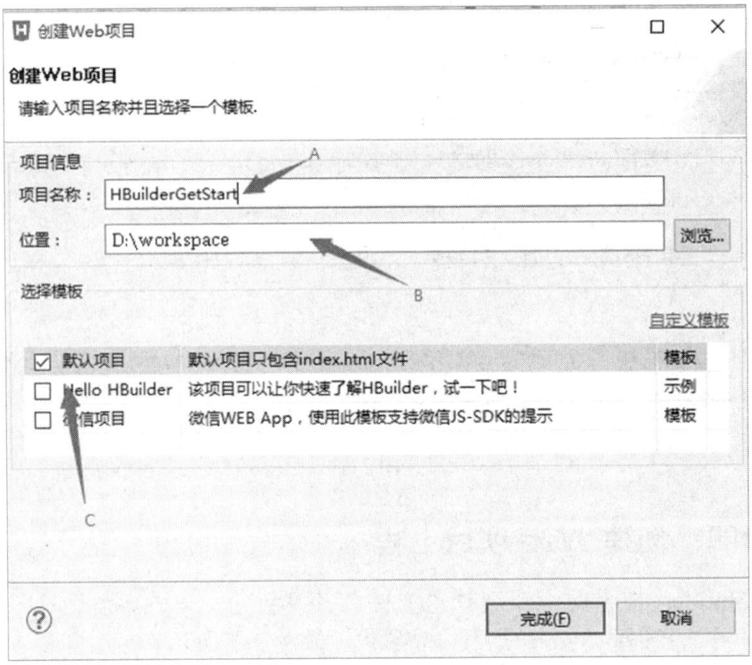

图 2-8

2.4.5 步骤五：创建 HTML 页面

（1）在创建的 Web 项目中，选择“文件”→“新建”→“HTML 文件”命令，如图 2-9 所示。

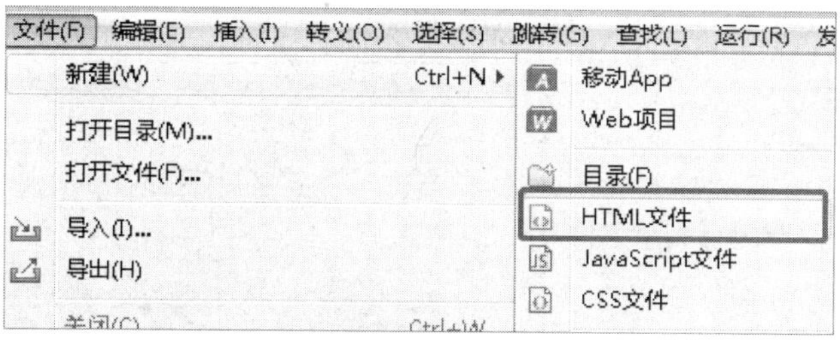

图 2-9

（2）在弹出的“创建文件向导”窗口中，在“文件名”输入框中输入扩展名为“.html”的文件名，并选择“html5”模板，单击“完成”按钮即可生成 index.html 文件，如图 2-10 所示。

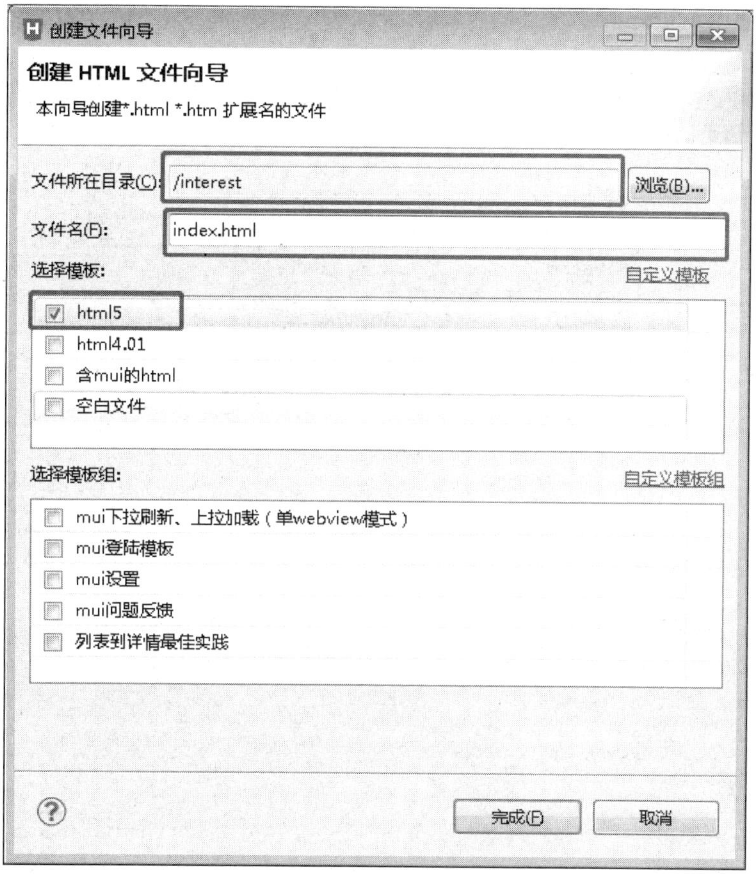

图 2-10

2.4.6　步骤六：编辑 html 文件

在项目管理器中选中创建的 html 文件，编辑区则显示该文件中的代码，文件中已经自动生成 HTML5 基本结构，此时可在编辑区对代码进行编辑，如图 2-11 所示。

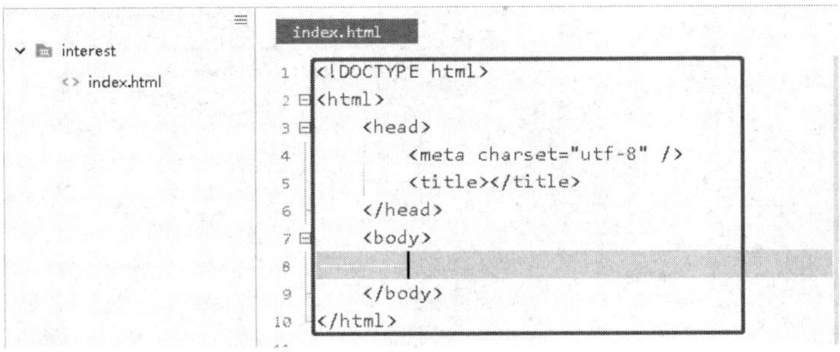

图 2-11

2.4.7 步骤七：运行

此处推荐使用 Chrome 浏览器运行 html 网页，首先需要在计算机上安装 Chrome 浏览器。

在 HBuilder 主界面上，选择“运行”→“浏览器运行”→“Chrome”命令，运行页面即可，如图 2-12 所示。

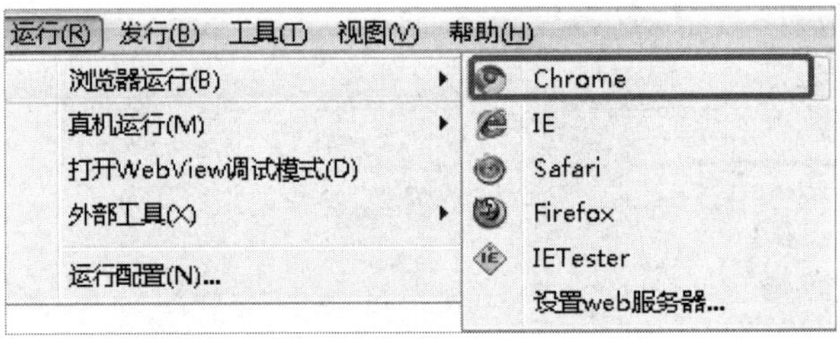

图 2-12

第3章 Web 静态网页开发（小说网首页）

3.1 实验目标

（1）掌握 HTML5 新增语义元素的使用方法。
（2）掌握 HTML5 新增全局属性的使用方法。
（3）掌握 HTML5 页面增强元素的使用方法。
（4）掌握 HTML5 表单标签新增属性的使用方法。
（5）掌握 CSS3 选择器的使用方法。
（6）掌握 CSS3 背景样式的使用方法。
（7）掌握 CSS3 盒子模型、盒阴影的使用方法。
（8）掌握 CSS3 渐变功能的使用方法。
（9）掌握 CSS3 多列布局及弹性布局的使用方法。
（10）综合应用 HTML5 和 CSS3 开发“小说网首页”。

知识地图如图 3-1 所示。

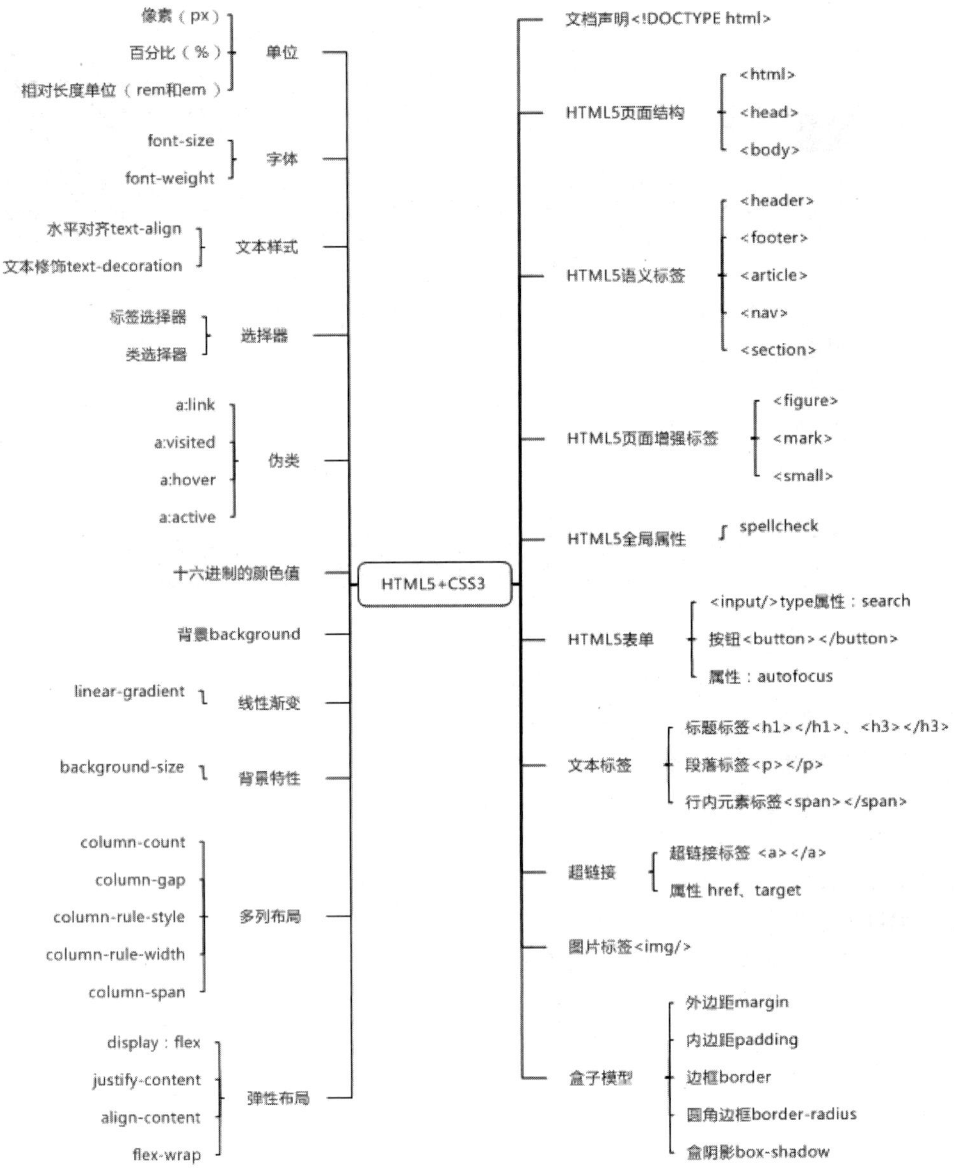

图 3-1

3.2 实验任务

（1）设计和制作小说网的首页，页面内容包括页头、正文和页脚三部分，其中正文内容有“网站介绍”“小说列表”“分页栏”。

- 页头：包含 Logo、导航栏和搜索栏。
- 网站介绍：显示小说网文字介绍。

- 小说列表：显示小说图文列表。
- 分页栏：显示页码。
- 页脚：显示“关于小说”“友情链接”“联系我们”“帮助中心”超链接。

页面效果如图 3-2 所示。

图 3-2

（2）每本小说的介绍由“封面”和“小说介绍”组成，左侧是“封面”，右侧的“小说介绍”由“小说名字”“小说作者”“小说简介”三部分组成，如图 3-3 所示。

（3）在分页栏中单击页码切换不同的小说列表页，单击页码“1”，切换到小说列表 1（list1.html），单击页码“2”，切换到小说列表 2（list2.html），以此类推，如图 3-4 所示。

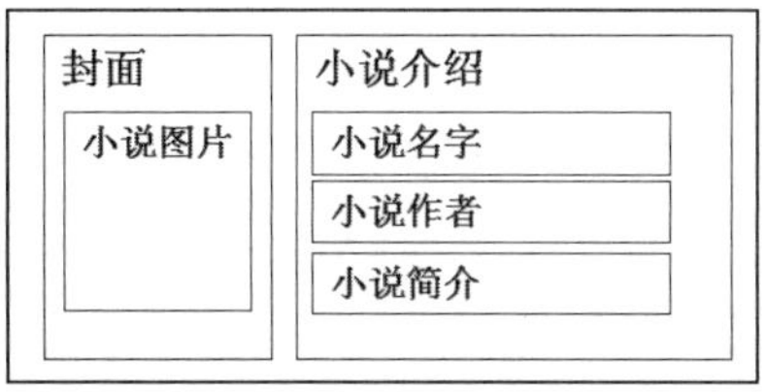

图 3-3

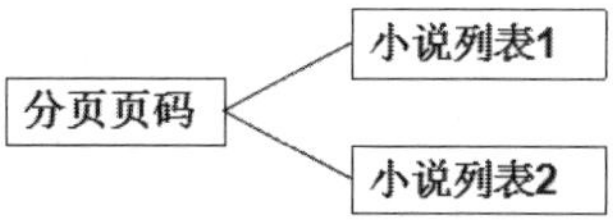

图 3-4

- 小说列表 1（list1.html）的页面布局和内容如图 3-5 所示。

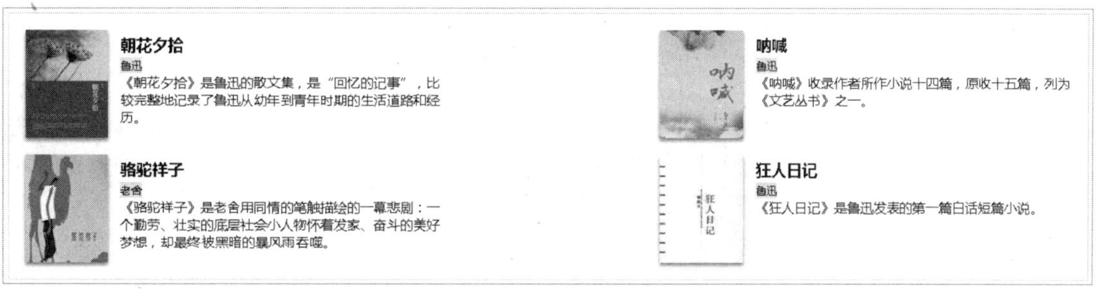

图 3-5

- 小说列表 2（list2.html）的页面布局和内容如图 3-6 所示。

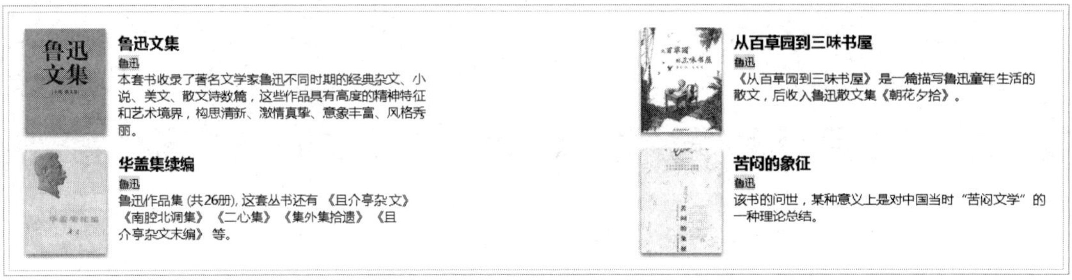

图 3-6

3.3 设计思路

1）创建工程

在 HBuilder 中创建工程 novels，文件设计如表 3-1 所示。

表 3-1

类　型	文　件	说　明
html 文件	index.html	首页
	list1.html	小说列表页 1
	list2.html	小说列表页 2
css 文件	css/reset.css	初始化样式
	css/index.css	首页样式
	css/list.css	小说列表样式
image 文件夹	logo.png 等	Logo、小说封面图片

2）首页（index.html）总体布局设计

首页整体分为上、中、下 3 部分，使用 HTML5 语义化标签<header>、<article>、<section>、<footer>搭建页面主体结构。结构如图 3-7 所示。

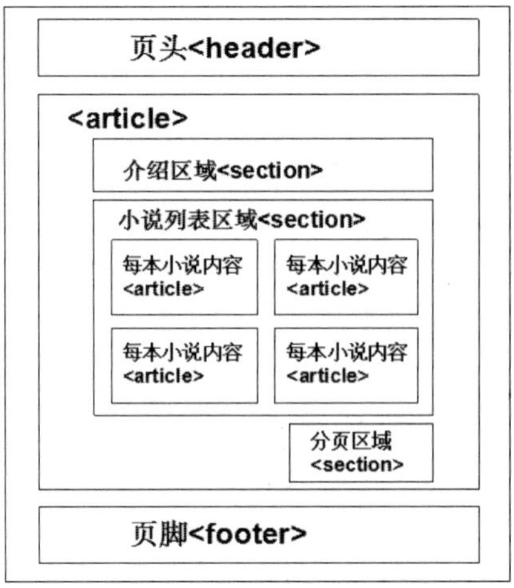

图 3-7

3）首页（index.html）页头设计

（1）页头由 Logo、导航栏和搜索框三部分组成，使用 flex 弹性布局，使三个组成部分在一行显示，垂直方向居中。

（2）头部搜索框由 form 表单构成，搜索框使用 border-radius 设置为圆角边框。

（3）背景色采用渐变色 linear-gradient(to right, red , orange)，含义为从左至右由红到橙渐变。结构如图 3-8 所示。

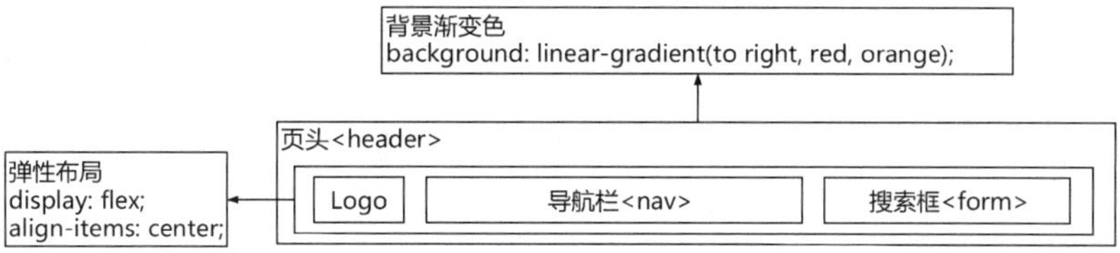

图 3-8

4）首页（index.html）正文设计

（1）网站介绍设计。

首页（index.html）正文中“网站介绍”由“标题”和“内容”两部分组成，其中“内容”部分使用多列布局（column-count）来设置被分割的列数，使用 column-gap 来设置列之间的间隔。结构如图 3-9 所示。

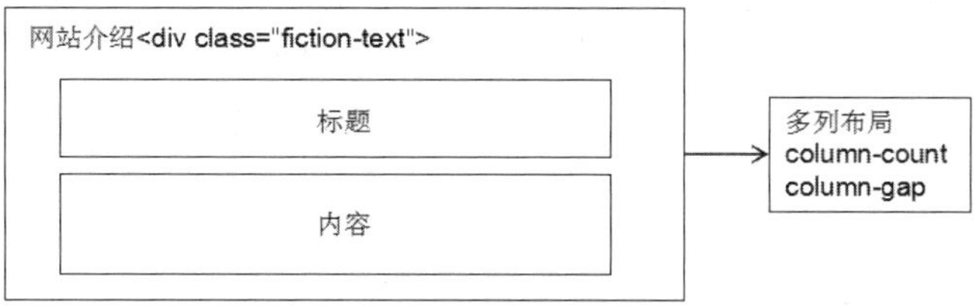

图 3-9

（2）小说列表设计。

小说列表 list1.html 和 list2.html 使用 flex 弹性布局。每本小说使用 flex 弹性布局，使用 justify-content 设置每本小说左右两端对齐，使用 align-items 设置交叉轴上垂直居中对齐，使用 flex-wrap 设置换行显示。结构如图 3-10 所示。

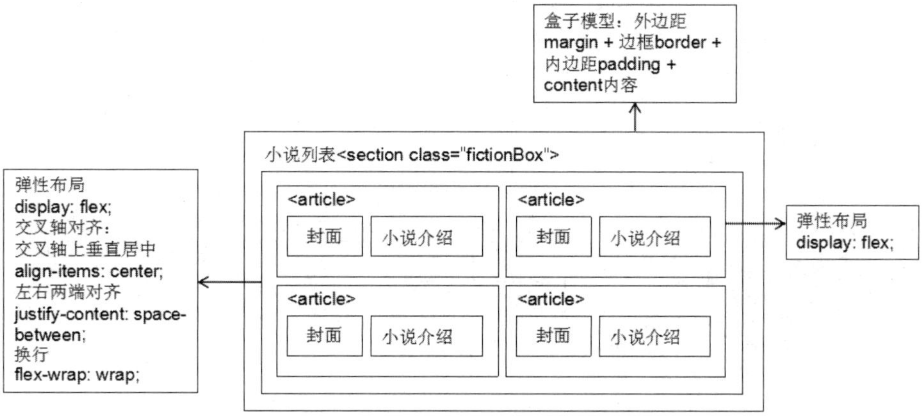

图 3-10

小说列表盒子模型设计如图 3-11 所示。

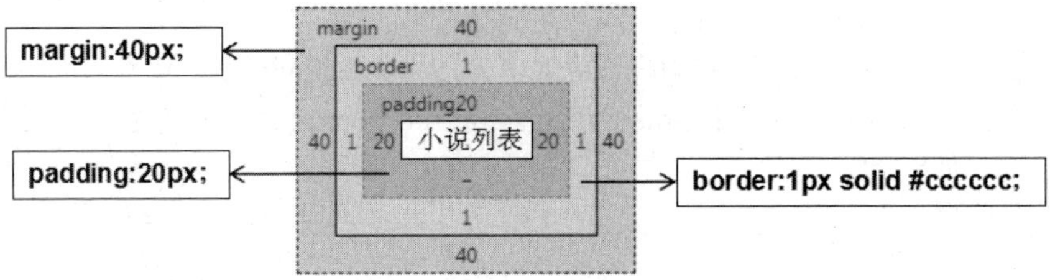

图 3-11

（3）每本小说内容设计。

- 每本小说内容由“封面”和“小说介绍”组成。
- 使用 box-shadow 设置“封面”阴影。
- 每本小说内容使用 flex 弹性布局，让“封面”和“小说介绍”在一行显示，如图 3-3 所示。

（4）分页设计。

- 首页（index.html）分页栏使用浮动布局，使页码列表<ul>右浮动。
- 通过设置 display 属性的值为 inline，将列表项<li>标签由原来的块级标签变为行内标签，使页码在一行显示。
- 页码 1 和页码 2 分别链接到对应的 list1.html 和 list2.html。

结构如图 3-12 所示。

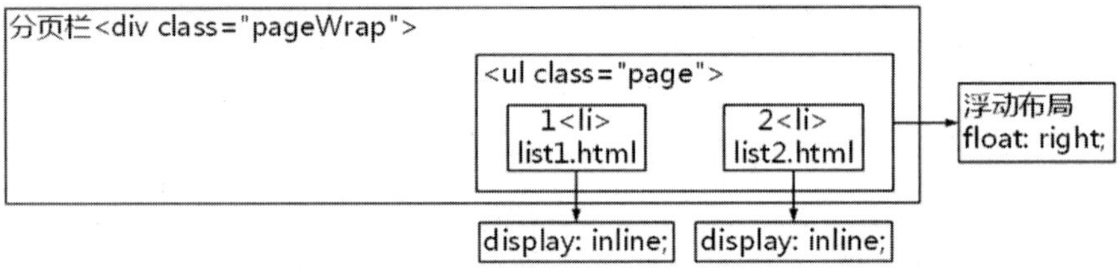

图 3-12

5）首页（index.html）页脚设计

（1）页脚由 4 个<a>标签超链接组成。

（2）通过给<footer>标签设置 text-align 属性值为 center，使超链接居中显示。

结构如图 3-13 所示。

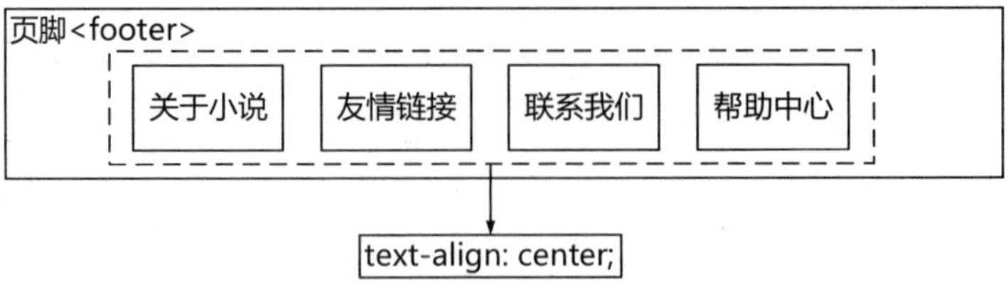

图 3-13

3.4 实验实施（跟我做）

3.4.1 步骤一：创建工程

（1）创建名为 novels 的新工程，创建 css 文件夹用于存放 css 文件，创建 image 文件夹用于存放图片，如图 3-14 所示。

（2）准备首页 Logo 图片 logo.png，以及小说封面图片 8 张，将图片均放入 image 文件夹中，如图 3-15 所示。

图 3-14

图 3-15

3.4.2 步骤二：制作首页

1. 创建页面

在项目中创建一个 index.html 页面，修改<title>标签内容为“小说网”。

```
<!DOCTYPE html>
<html>
   <head>
       <meta charset="utf-8">
       <title>小说网</title>
   </head>
   <body>
   </body>
</html>
```

2. 搭建页面结构

在<body>标签中使用语义化标签<header>、<article>和<footer>，搭建页面结构。

```
<body>
   <!-- 页头 -->
   <header>
   </header>
   <!-- 正文 -->
   <article>
   </article>
   <!-- 页脚 -->
   <footer>
```

```
    </footer>
</body>
```

3. 页头内容制作

（1）在<header>标签中创建页头内容，使用语义化标签<nav>制作导航栏，设置搜索框表单元素<input>的 type 属性值为 search，设置 spellcheck 属性值为 true。

```
<header>
 <div class="container headBar">
  <!-- Logo -->
  <div class="logo"></div>
  <!-- 导航栏 -->
  <nav>
   <a href="" class="navItem active">首页</a>
   <a href="" class="navItem">分类</a>
   <a href="" class="navItem">排行榜</a>
   <a href="" class="navItem">个性小说</a>
  </nav>
  <!-- 搜索框 -->
  <form class="search-wrap">
   <input type="search" spellcheck="true"/>
   <button type="submit">搜索</button>
  </form>
 </div>
</header>
```

（2）页头部分运行效果如图 3-16 所示。

图 3-16

4. 正文内容制作

在<article>标签内创建正文内容，正文部分有网站介绍、小说列表和分页栏。

（1）创建网站介绍部分。

```
<!-- 正文 -->
<article class="container">
 <!-- 网站介绍 -->
 <div class="fiction-text">
  <h1>网站介绍</h1>
  <p> 小说网创建于 2008 年，原名一起看小说网，是集创作、阅读于一体的在线阅读网站。我们以“让每个人都享受创作的乐趣”为出发点，提供玄幻奇幻、都市言情、武侠仙侠、青春校园、穿越架空、惊悚悬疑、经典文学、二次元等小说，读者可在线阅读及免费下载。</p>
 </div>
</article>
```

（2）创建小说列表部分，使用<iframe>标签来展示小说列表内容。

```
<article class="container">
    <!-- 网站介绍 -->
    <!-- 小说列表 -->
    <section class="iframeWrap">
          <iframe name="Iframe" src="" border="0" frameborder="0"></iframe>
    </section>
</article>
```

（3）创建分页栏，设置页码列表中<a>标签的 target 属性值为<iframe>标签中 name 的属性值。

```
<article class="container">
    <!-- 网站介绍 -->
    <!-- 小说列表 -->
    <!-- 分页栏 -->
    <section class="pageWrap">
        <ul class="page">
            <li><a href="" target="Iframe">1</a></li>
            <li><a href="" target="Iframe">2</a></li>
        </ul>
    </section>
</article>
```

（4）正文部分运行效果如图 3-17 所示。

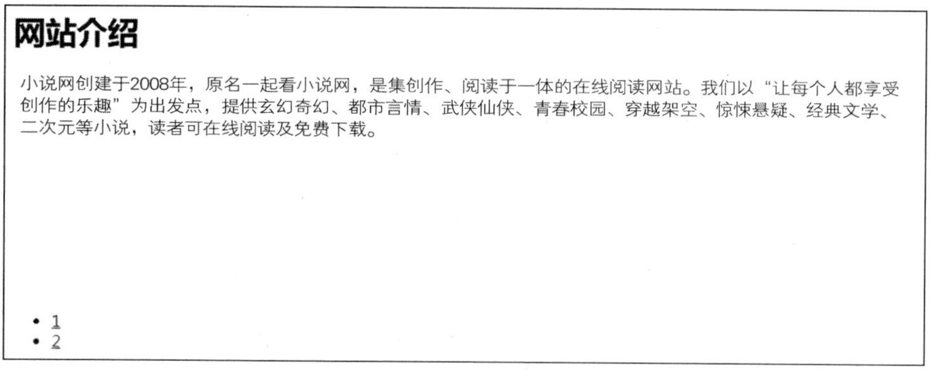

图 3-17

5. 页脚内容制作

（1）使用<footer>标签创建页脚内容。

```
<!-- 页脚 -->
<footer>
    <a href="">关于小说</a> |
    <a href="">友情链接</a> |
    <a href="">联系我们</a> |
    <a href="">帮助中心</a>
</footer>
```

（2）页脚部分运行效果如图 3-18 所示。

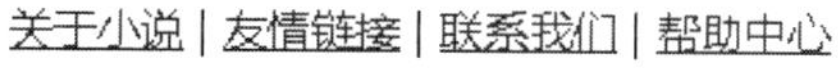

图 3-18

3.4.3 步骤三：制作小说列表页面

（1）制作第 1 页小说列表（list1.html）。

在项目中创建 list1.html 文件，使用<section>标签和<article>标签搭建页面结构，每个<article>标签表示一组小说图文信息。

```
<!DOCTYPE html>
<html>
    <head>
        <meta charset="utf-8">
```

```
        <title>小说网</title>
    </head>
    <body>
        <section class="fictionBox">
            <!-- 小说图文信息 -->
            <article></article>
            <article></article>
            <article></article>
            <article></article>
        </section>
    </body>
</html>
```

（2）制作每本小说内容。

在<article>标签中创建小说图文信息，使用页面增强标签<small>和<mark>显示小说作者，其中<mark>标签用来高亮显示作者名。

```
<article>
 <!-- 小说图片 -->
 <figure class="fictionImg">
  <img src="./image/1.jpg" alt="朝花夕拾">
 </figure>
 <div class="fictionInfo">
  <!-- 小说名字 -->
  <h3>朝花夕拾</h3>
  <!-- 小说作者 -->
  <small class="fictionTip">
   <mark>鲁迅</mark> |
  </small>
  <!-- 小说简介 -->
  <p>
 《朝花夕拾》是鲁迅的散文集，是“回忆的记事”，比较完整地记录了鲁迅从幼年到青年时期的生活
道路和经历。
  </p>
 </div>
</article>
……
```

（3）运行效果如图 3-19 所示。

（4）制作第 2 页小说列表（list2.html）。

在项目中创建 list2.html 中，复制 list1.html 中<section class="fictionBox">的内容，修改小说图文信息，包括小说图片、小说名字、小说作者、小说简介等内容。

```
<section class="fictionBox">
    <!-- 小说图文信息 -->
    <article>...
      <!-- 小说图片 -->
      <figure class="fictionImg">
        <img src="./image/5.jpg" alt="鲁迅文集">
      </figure>
      <!-- 小说名字 -->
      <h3>鲁迅文集</h3>
      <!-- 小说作者 -->
      <small class="fictionTip">
       <mark>鲁迅</mark>
      </small>
      <!-- 小说简介 -->
```

```
      <p> ... </p>
    </article>
    <article>...</article>
    <article>...</article>
    <article>...</article>
</section>
```

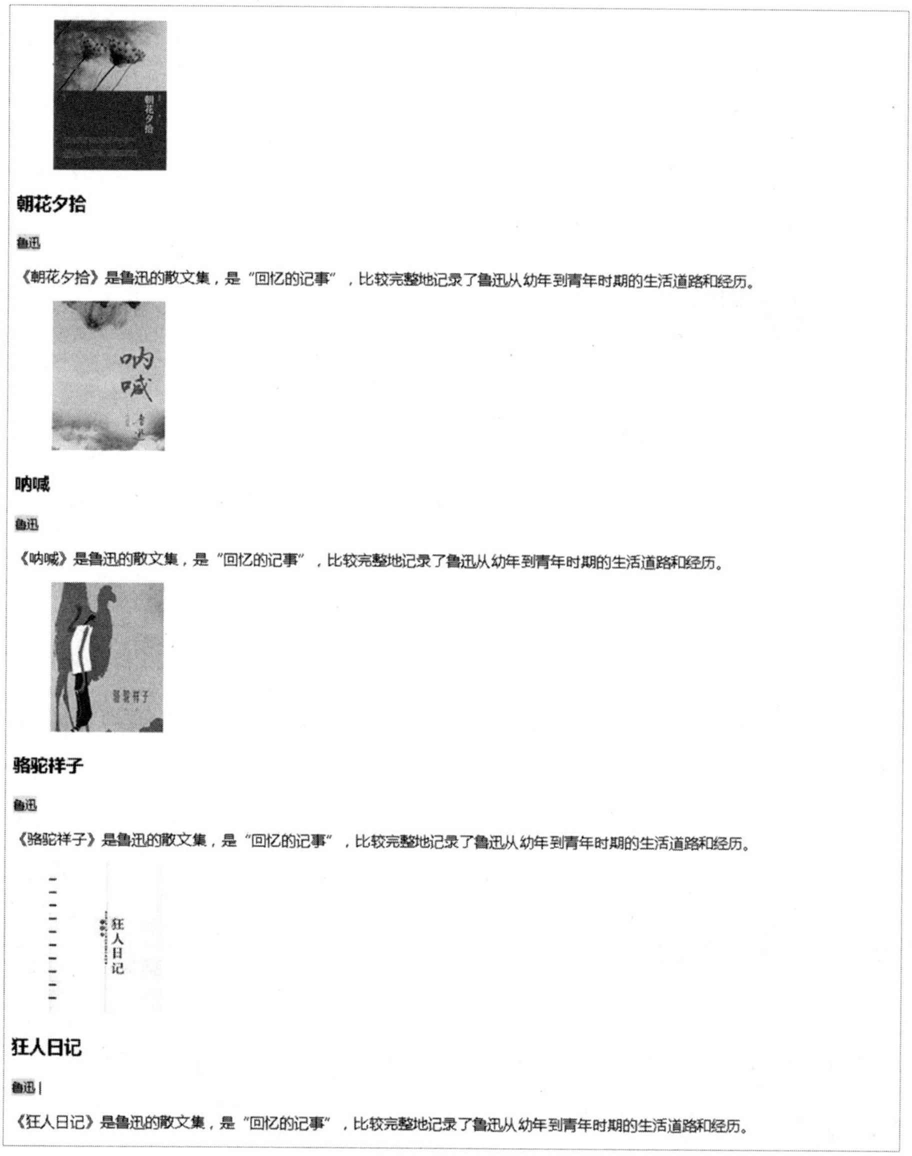

图 3-19

3.4.4　步骤四：加载小说列表页面

（1）设置 index.html 文件中<iframe>标签的 src 属性值为 list1.html，使打开首页时默认加载 list1.html。

```
<iframe name="Iframe" src="list1.html" border="0" frameborder="0"></iframe>
```

（2）分别设置分页栏中<a>标签的 href 属性值为 list1.html 和 list2.html。

```
<li><a href="list1.html" target="Iframe" class="pageItem">1</a></li>
<li><a href="list2.html" target="Iframe" class="pageItem">2</a></li>
```

（3）页面效果如图 3-20 所示。

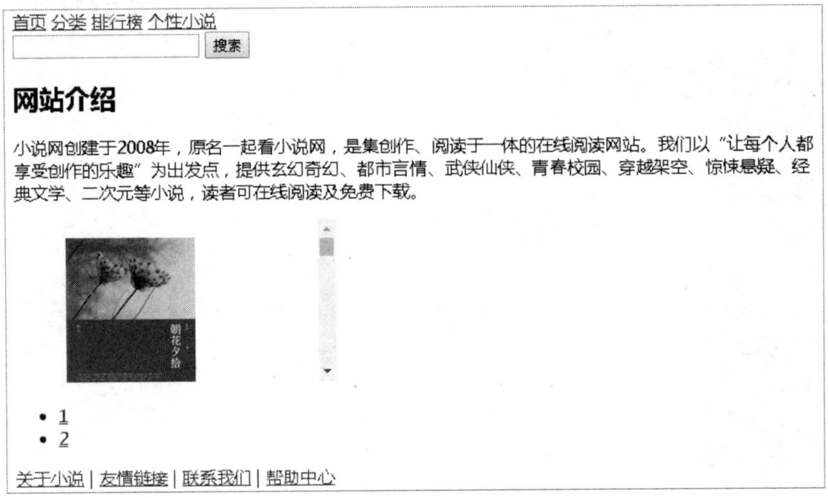

图 3-20

3.4.5　步骤五：添加样式美化首页

1. 创建初始化样式

在项目中的 css 文件夹中创建初始化样式文件，命名为 reset.css。

设置所有元素的内外边距为 0，取消超链接的下画线，设置超链接的字体颜色，取消列表项目样式的默认符号。

```
/* 边距初始化 */
* {
 margin: 0;
 padding: 0;
}
/* 超链接样式初始化，取消默认的下画线 */
a {
 text-decoration: none;
}
/* <li>标签样式初始化 取消默认<li>标签前面的符号 */
ul li {
 list-style: none;
}
```

2. 创建首页样式

在 css 文件夹中创建首页样式文件，命名为 index.css，并在首页分别引入两个样式文件。

```
<link rel="stylesheet" type="text/css" href="css/reset.css" />
<link rel="stylesheet" type="text/css" href="css/index.css" />
```

3．编辑 index.css 文件

1）页头部分样式

（1）设置页头背景色为从左到右由红到橙渐变，并设置为弹性布局。

```
a {
 color: #333333;
}
/* 固定宽度居中 */
.container {
 width: 80%;
 margin: 0 auto;
}
/* 页头 */
header {
 height: 60px;
 background: linear-gradient(to right, red, orange);
 font-size: 1.2em;
}
.headBar {
 display: flex;
 align-items: center;
}
```

（2）设置 Logo 的宽和高、背景图像、背景图像尺寸。图片路径和 css 文件路径采用相对路径方式。

```
/* Logo */
.logo {
 width: 145px;
 height: 46px;
 background: url(../image/logo.png) no-repeat center;
 background-size: cover;
}
```

（3）对当前选中的导航栏设置背景色和字体粗细。

```
/* 导航栏 */
nav { width: 600px;}
.navItem {
 display: inline-block;
 line-height: 60px;
 padding: 0 20px;
 color: #ffffff;
}
/* 当前选中的导航栏 */
.navItem.active {
 background: #555555;
 font-weight: 700;
}
```

（4）设置搜索框为圆角，并设置其中的 Button（按钮）背景颜色。

```
/* 搜索框 */
.search-wrap input {
 border: 0;
 width: 15rem;
 line-height: 1.75rem;
 outline-style: none;
 padding-left: 0.625rem;
```

```
border-radius: 5px;
}
.search-wrap button {
width: 3.125rem;
height: 1.75rem;
border: 0;
background-color: #555555;
color: #FFFFFF;
border-radius: 5px;
}
```

（5）页头部分样式效果如图 3-21 所示。

图 3-21

2）正文部分样式

在 index.css 文件中编辑正文部分样式。

（1）网站介绍样式，使用多列布局将网站介绍分成左右两列，介绍标题样式设置跨越所有列。

```
/* 网站介绍 */
.fiction-text {
column-count: 2;
column-gap: 40px;
column-rule-style: solid;
column-rule-width: 1px;
padding: 0 70px;
margin-top: 40px;
}
/* 介绍标题 */
.fiction-text h1 {
column-span: all;
text-align: center;
margin-bottom: 20px;
}
```

（2）小说列表样式，设置 iframe 的宽和高。

```
/* iframe 区域 */
.iframeWrap {
width: 100%;
overflow: hidden;
}
iframe {
width: 103%;
height: 450px;
}
```

（3）分页栏样式，使用浮动布局使列表右浮动，设置<li>标签中的 display 属性的值为 inline，使之变为行内元素，使用伪类（a:visited、a:link、a:hover、a:active）设置超链接样式。

```
/* 分页 */
.pageWrap {overflow: hidden;}
ul.page {
margin: 20px 0;
float: right;
```

```
}
ul.page li { display: inline;}

ul.page li a {
 padding: 8px 16px;
 border: 1px solid #CCCCCC;
}
/* 未访问的超链接 */
ul.page li a:link {color: #333333;}
/* 已访问的超链接 */
ul.page li a:visited {color: #333333;}
/* 当鼠标悬停在超链接上时 */
ul.page li a:hover {color: #FB6638;}
/* 被选择的超链接 */
ul.page li a:active {color: #FB6638;}
```

（4）正文部分页面效果如图3-22所示。

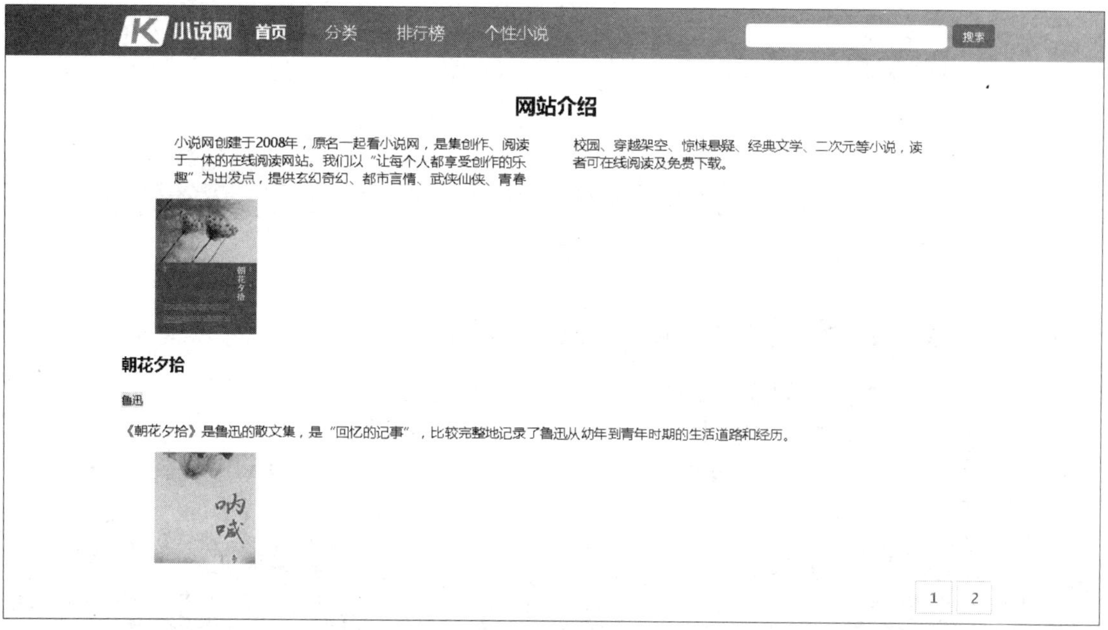

图3-22

3）页脚部分样式

（1）设置页脚部分的文本居中，并设置背景颜色和外边距。

```
/* 页脚 */
footer {
 width: 100%;
 height: 50px;
 line-height: 50px;
 text-align: center;
 background-color: #E9E9E9;
}
footer a {
 margin: 0 20px;
}
```

（2）页脚部分页面效果如图 3-23 所示。

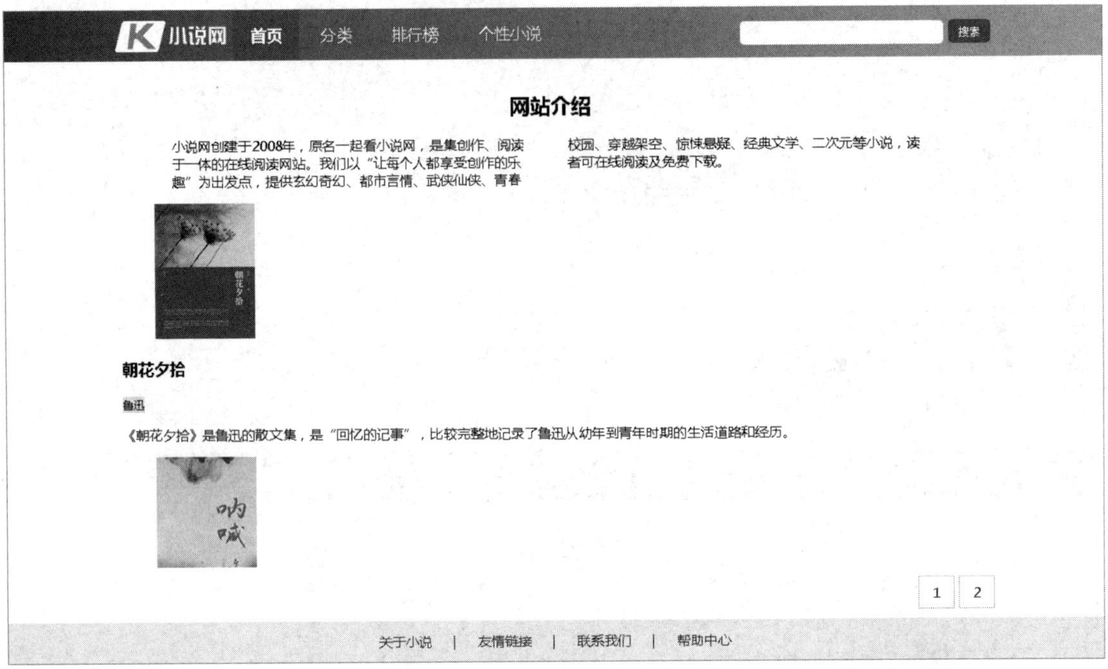

图 3-23

3.4.6　步骤六：添加样式美化小说列表页面

（1）在 css 文件夹中创建列表样式文件，命名为 list.css。

（2）编辑 list.css 文件，对列表内容进行弹性布局，并设置样式。

- 小说列表样式：使用 flex 弹性布局。

```
/* 小说列表*/
.fictionBox {
 border: 1px solid #CCCCCC;
 padding: 20px 20px 0;
 margin: 40px;
 display: flex;
 justify-content: space-between;
 align-content: center;
 flex-wrap: wrap;
}
```

- 每本小说内容样式：使用 flex 弹性布局。

```
/* 图文信息 */
.fictionBox article {
 width: 500px;
 height: 130px;
 display: flex;
 margin-bottom: 20px;
}
```

- 小说图片样式：给小说图片设置盒阴影。

```
/* 小说图片 */
```

```
.fictionImg {
 width: 100px;
 height: 130px;
 box-shadow: 0 3px 4px rgba(0, 0, 0, .5);
}
.fictionImg img {
 width: 100px;
 height: 130px;
}
```

- 小说文字信息样式。

```
/* 全部文字信息 */
.fictionInfo {
 height: 140px;
 margin-left: 15px;
 overflow: hidden;
}
/* 小说标题 */
.fictionInfo h3 {
 margin-top: 5px;
}
/* 小说内容介绍 */
.fictionTip {
 font-size: 13px;
 color: #555555;
}
.fictionTip span {
 margin: 0 8px;
 line-height: 35px;
}
```

（3）在列表页面 list1.html 中引入 list.css。

```
<link rel="stylesheet" type="text/css" href="css/reset.css"/>
<link rel="stylesheet" type="text/css" href="css/list.css"/>
```

运行效果如图 3-24 所示。

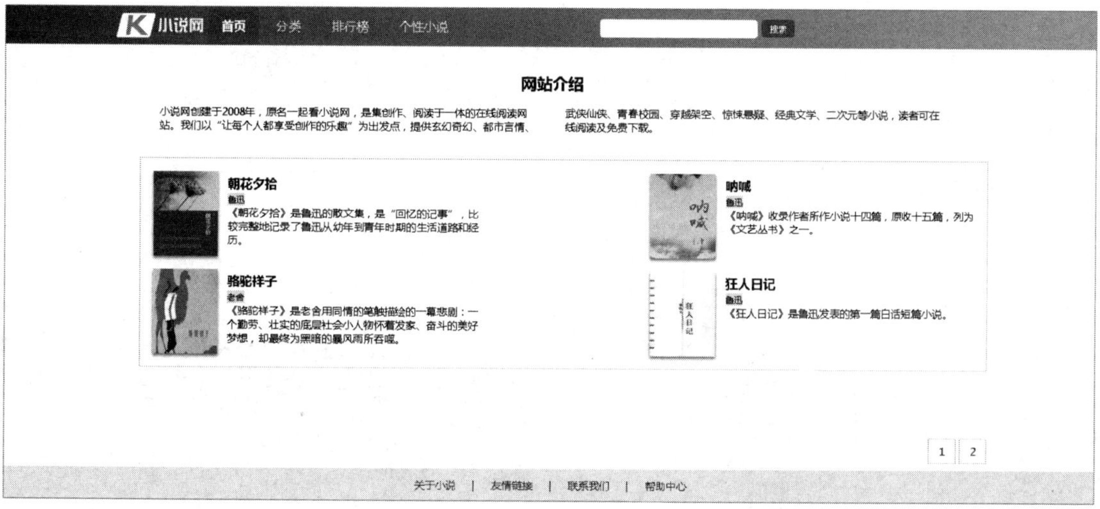

图 3-24

（4）在列表页面 list2.html 中引入 list.css。

```
<link rel="stylesheet" type="text/css" href="css/reset.css"/>
<link rel="stylesheet" type="text/css" href="css/list.css"/>
```

运行效果如图 3-25 所示。

图 3-25

第4章 JavaScript开发交互效果页面（房贷计算器）

4.1 实验目标

（1）掌握 JavaScript 基本语法和程序结构（条件、循环等）。
（2）掌握 JavaScript 函数定义和使用方法。
（3）掌握 JavaScript 数组定义和使用方法。
（4）掌握 JavaScript 面向对象定义和使用方法。
（5）掌握 JavaScript 事件定义和使用方法。
（6）熟练使用 JavaScript 进行 DOM 操作。
（7）了解正则表达式的含义和应用。
（8）综合应用 JavaScript 编程技术，开发“房贷计算器”程序。
知识地图如图 4-1 所示。

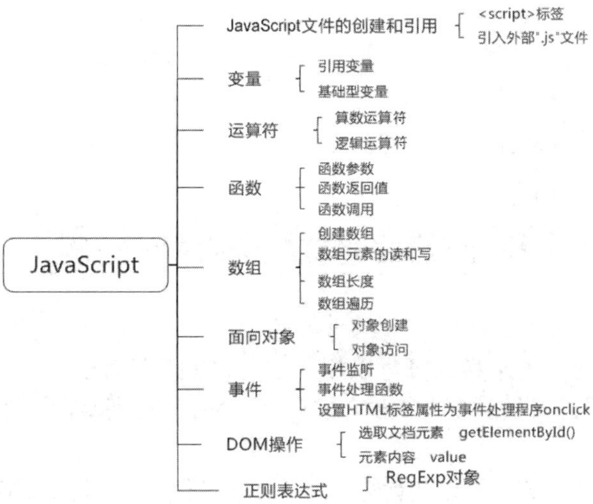

图 4-1

4.2 实验任务

制作“房贷计算器”页面，在页面中可以使用两种方式计算房贷还款金额，包括等额本金和等额本息，输入贷款金额、贷款年限、年利率，选择等额本金或等额本息方式进行计算，输出月供、总利息额、还款总额。“房贷计算器”页面布局包括三个部分，即“输入数据”区域、“计算房贷”按钮和“结果显示”区域。

1. “输入数据”区域

（1）用户可以在输入框中输入“贷款金额”和“贷款年限”，贷款金额只能输入 1 万～1000 万元，贷款年限只能输入 5～30 年。

（2）用户可以在下拉列表框中选择贷款方式和年利率，贷款方式可以选择“等额本金”和“等额本息”两种，年利率可以选择 4.9%、5.39%、5.88%、6.37%和 5.86%五种。

结构如图 4-2 所示。

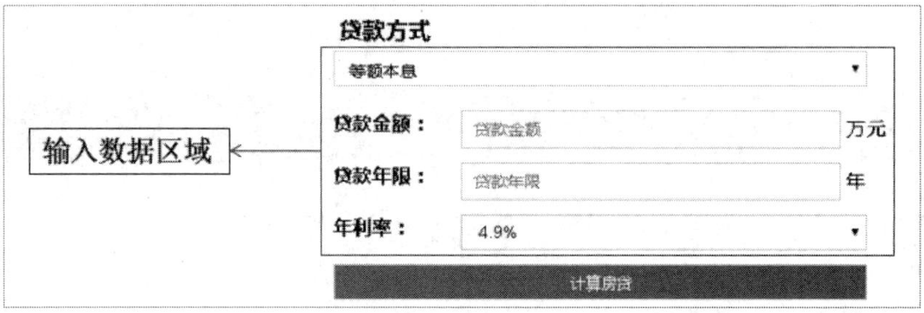

图 4-2

2. 计算贷款

单击“房贷计算器”页面的“计算房贷”按钮，获取用户选择的“贷款方式”和“年利率”，以及输入的“贷款金额”“贷款年限”数据，使用计算公式进行计算，如图 4-3 所示。

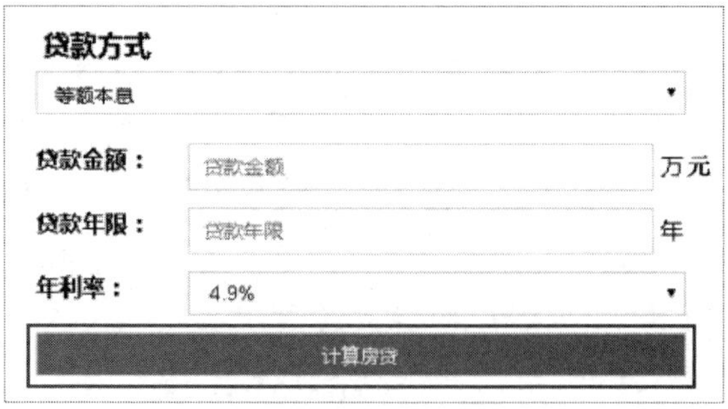

图 4-3

（1）采用等额本息方式计算：每月以相同的月供额度还款。

等额本息计算公式：月供额度=[贷款金额×月利率×(1+月利率)^{还款月数}] / [(1+月利率)$^{还款月数-1}$]。

举例如下。

- 输入：贷款金额为 50 万元，年利率为 4.9%，贷款年限为 20 年。
- 计算月利率和还款月数：月利率=4.9%/12=0.41%，还款月数=20×12=240（个）。

- 代入公式计算月供额度：月供额度=[500000×0.41%×(1+0.41%)^{240}] / [(1+0.41%)$^{240-1}$]。

（2）采用等额本金方式计算：每月以相同的额度偿还本金，由于本金总额逐月减少，每月的利息额也逐月减少，所以每月还款额也会逐月减少。

等额本金计算公式：月供额度=(贷款金额 / 还款月数)+(贷款金额−累计已还本金)×月利率。

举例如下。

- 输入：贷款金额为 50 万元，年利率为 4.9%，贷款年限为 20 年。
- 计算月利率和还款月数：月利率=4.9%/12=0.41%，还款月数=20×12=240（个）。
- 代入公式计算首月月供额度：首月月供额度=(500000 / 240)+500000×0.41%。

3. 结果显示

计算结果为月供、总利息、还款总额，完成计算后将计算结果显示到“房贷计算器”页面“计算房贷”按钮下方的结果显示区域，如图 4-4 所示。

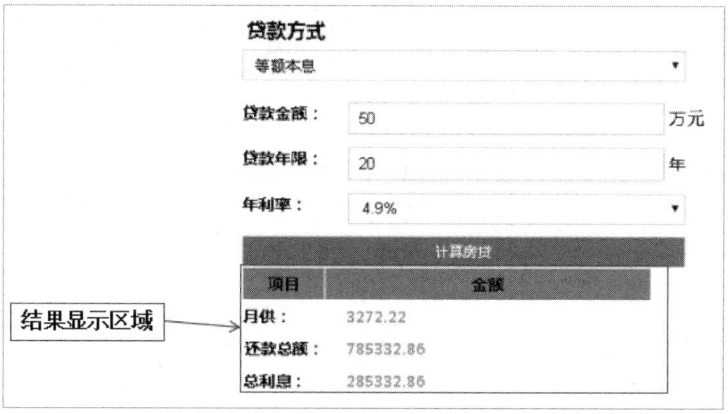

图 4-4

4.3 设计思路

1. 创建工程

创建名为 house 的新工程，在工程目录中创建 houseCal.html 文件、houseCal.js 文件、style.css 文件。文件设计如表 4-1 所示。

表 4-1

类　型	文　件	说　明
html 文件	houseCal.html	房贷计算器 html 页面
js 文件	houseCal.js	房贷计算器页面 JavaScript 文件
css 文件	style.css	房贷计算器页面 css 样式文件

2. 页面设计

（1）输入区域。

在 houseCal.html 页面中创建输入区域<div>，在输入区域<div>中用<select>标签创建“贷款方式”下拉列表框和“年利率”下拉列表框，用<input>标签创建“贷款金额”输入框、“贷款年限”输入框和“计算房贷”按钮。

（2）计算结果显示区域。

在 houseCal.html 页面中创建计算结果显示表格<table>，当计算完成后将结果添加到表格中。

（3）编辑页面样式。

在 houseCal.html 页面中引入 style.css 文件，在 style.css 文件中，用户输入区域采用默认的布局方式从上至下排列。输入区域的<input>标签和<select>标签使用 display:inline-block 样式布局。

结构如图 4-5 所示。

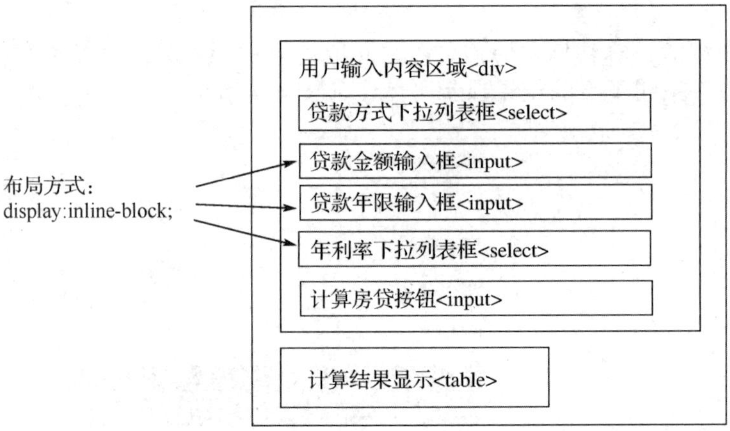

图 4-5

3．定义 house 对象

使用构造函数定义 house 对象，保存到 house.js 文件中。给 house 对象，定义属性和方法。

（1）定义输入相关属性：贷款金额 num、贷款年限 year、年利率 yearRate、贷款方式 status。

```
this.num=0,                 // 贷款金额
this.year= 0,               // 贷款年限
this.yearRate= 0,           // 年利率
this.status= 0              // 贷款方式：0 表示等额本息、1 表示等额本金
```

（2）定义输出相关的 outputinfo 属性：存储计算结果。

```
this.outputinfo={
     hkAmount: 0,           // 月供
     totalRate: 0,          // 总利息
     totalPrice: 0          // 还款总额
}
```

（3）computeMethod1 方法：等额本息计算房贷方式。

```
// 等额本息计算房贷方式
this.computeMethod1= function() {
     // 还款月数
     var month = parseInt(this.year) * 12;
     // 月利率
     var monthRate = parseFloat(this.yearRate) / 12;
     // 贷款金额
```

```
    var loansNum = parseFloat(this.num) * 10000;
    // 月供
    var hkAmount = (loansNum * monthRate * Math.pow((1 + monthRate), month))
/ (Math.pow((1 + monthRate), month) - 1)
    // 总利息=还款月数×每月月供额度-贷款金额
    var totalRate = month * hkAmount - loansNum;
    // 还款总额=总利息+贷款金额
    var totalPrice = totalRate + loansNum;
    // 将结果赋值给 outputinfo
    this.outputinfo.hkAmount = hkAmount.toFixed(2);
    this.outputinfo.totalRate = totalRate.toFixed(2);
    this.outputinfo.totalPrice = totalPrice.toFixed(2);
}
```

（4）computeMethod2 方法：等额本金计算房贷方式。

```
// 等额本金计算房贷方式
this.computeMethod2= function() {
    // 还款月数
    var month = parseInt(this.year) * 12;
    // 月利率
    var monthRate = parseFloat(this.yearRate) / 12;
    // 贷款金额
    var loansNum = parseFloat(this..num) * 10000;
    // 每月应还本金=贷款金额/还款月数
    var everymonthyh = loansNum / month;
    // 首月月供额度=(贷款金额/还款月数)+(贷款金额-累计已还本金)×月利率
    var hkAmount = loansNum / month + loansNum * monthRate;
    // 总利息=[(贷款金额/还款月数+贷款金额×月利率)+贷款金额/还款月数×(1+月利率)]/2×还
款月数-贷款金额
    var totalRate = ((everymonthyh + loansNum * monthRate) + loansNum / month *
(1 + monthRate)) / 2 * month - loansNum;
    // 还款总额 = 总利息+贷款金额
    var totalPrice = totalRate + loansNum;
    // 将结果赋值给 outputinfo;
    this.outputinfo.hkAmount = hkAmount.toFixed(2);
    this.outputinfo.totalRate = totalRate.toFixed(2);
    this.outputinfo.totalPrice = totalPrice.toFixed(2);
}
```

4．设计其他函数

在 house.js 文件中，设计获取数据函数、“计算房贷”按钮事件处理函数、结果显示函数。

（1）定义 getInputData ()函数：操作 DOM 给 house 对象的输入相关属性赋值。

（2）定义 calResult()函数：给 calButton 按钮绑定 onclick 点击事件。

（3）定义 showResult()函数：在函数中创建输出结果数组 result，将 house 对象 outputinfo 的属性值放入数组中，通过 for 循环遍历数组，给页面显示区域的<table>行和列赋值输出，将计算结果显示到表格中。

5．程序处理流程

（1）给“计算房贷”按钮（calButton）绑定 onclick 点击事件，事件处理函数为 calResult()。

（2）在 calResult()函数中调用 getInputData()函数，获取“数据输入区域”输入数据。

（3）在 calResult()函数中调用计算房贷方法：如果用户选择等额本息方式，则调用对象中的 computeMethod1 方法进行计算；如果用户选择等额本金方式，则调用 computeMethod2 方法进行计算。

（4）在 calResult()函数中调用 showResult()函数显示计算结果。

4.4 实验实施（跟我做）

4.4.1 步骤一：创建工程

创建项目名称为 house 的新工程，在项目文件夹中创建 houseCal.html 文件。

```
<!DOCTYPE html>
<html>
   <head>
      <meta charset="utf-8">
      <title>房屋贷款</title>
   </head>
   <body>
   </body>
</html>
```

4.4.2 步骤二：使用 HTML 布局页面

（1）在<div class="wrapper"></div>标签中添加用户信息。

- 贷款方式下拉列表框。

```
<h3>贷款方式</h3>
<!-- 贷款方式 -->
<select id="selectedBox">
   <option value ="0" selected>等额本息</option>
   <option value ="1">等额本金</option>
</select>
```

- 在<div class="cal-form"></div>标签中添加贷款金额输入框。

```
<!-- 用户输入的 -->
<div class="cal-form">
   <!-- 贷款金额 -->
   <div class="cal-item">
      <span class="cal-name">贷款金额：</span>
      <input class="cal-select" type="text" name="amount" placeholder="贷款
金额" id="loansAmount">
      <span>万元</span>
   </div>
</div>
```

- 在<div class="cal-form"></div>标签中添加贷款年限输入框。

```
<!-- 用户输入的 -->
<div class="cal-form">
   <!-- 贷款年限 -->
   <div class="cal-item">
      <span class="cal-name">贷款年限：</span>
      <input class="cal-select" type="text" placeholder="贷款年限" value=""
name="year" id="loansYear">
      <span>年</span>
   </div>
</div>
```

- 在<div class="cal-form"></div>标签中添加年利率下拉列表框。

```
<!-- 用户输入的 -->
<div class="cal-form">
   <!-- 年利率 -->
   <div class="cal-item">
      <span class="cal-name">年利率: </span>
      <select id="loansRate" class="cal-select">
         <option value="0.049">4.9%</option>
         <option value="0.0539">5.39%</option>
         <option value="0.0588">5.88%</option>
         <option value="0.0637">6.37%</option>
         <option value="0.0586">5.86%</option>
      </select>
   </div>
</div>
```

- 计算房贷按钮。

```
<!-- 计算房贷按钮 -->
<button id="calButton" >计算房贷</button>
```

- 计算结果显示区域。

```
<!-- 计算后的结果显示区域 -->
<table id="calResult">
   <tr>
      <th>项目</th>
      <th>金额</th>
   </tr>
</table>
```

（2）运行效果如图 4-6 所示。

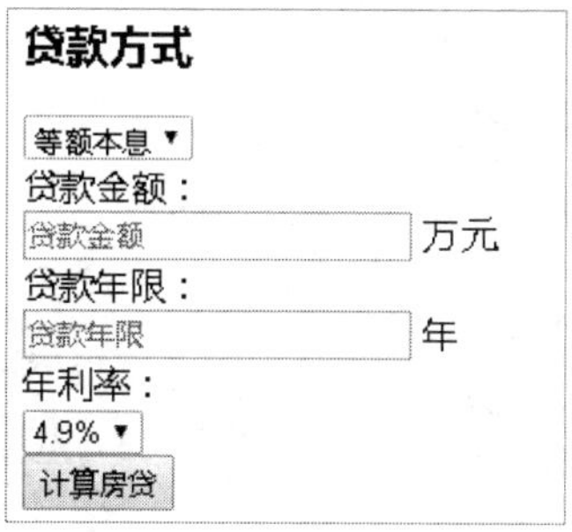

图 4-6

4.4.3　步骤三：使用 CSS 样式美化页面

（1）创建 css 文件，命名为 style.css，在 houseCal.html 文件中的</body>标签前引入文件。

```
<head>
   <link rel="stylesheet" href="style.css" type="text/css">
</head>
```

（2）在 style.css 文件中添加页面样式。

- 初始化样式，将所有元素的 margin 设置为 0、padding 设置为 0，并设置 input、select、button 的边框样式及背景透明效果。

```
/* 初始化样式 */
*{
```

```
    margin: 0;
    padding: 0;
}
/* 初始化 input、select、button 元素的样式 */
input, select, button{
    outline: none;
    border: none;
    background: transparent;
    border: 1px solid #CCCCCC;
}
```

- 页面内容样式，居中显示。

```
/* 居中显示 */
.wrapper {
    width: 30%;
    margin: 50px auto;
}
```

- 用户选择贷款方式样式。

```
/* 用户选择贷款方式 */
h3{
    margin: 5px;
}
/* 贷款方式下拉列表框 */
#selectedBox{
    width: 100%;
    height: 30px;
    line-height: 24px;
    padding: 4px 8px;
    font-size: 14px;
}
```

- 用户输入区域样式，其中输入框采用 display: inline-block 布局。

```
/* 用户输入区域 */
.cal-form {
    margin-top: 20px;
}
/* 每一行 */
.cal-item{
    margin: 12px 0;
}
/* 输入框名字 */
.cal-name{
    width: 20%;
    font-size: 16px;
    font-weight: 600;
}
/* 输入框 */
.cal-select{
    height: 30px;
    line-height: 24px;
    width: 70%;
    padding-left: 10px;
    font-size: 14px;
    display: inline-block;
}
/* 下拉列表框 */
```

```
#loansRate{
   margin-left: 16px;
   width: 79%;
}
```

- 计算房贷按钮样式。

```
/* 计算房贷按钮 */
#calButton{
   width: 100%;
   height: 30px;
   background-color: #1885F5;
   color: #FFFFFF;
   cursor: pointer;
}
```

- 计算结果显示区域样式。

```
/* 计算结果显示区域 */
#calResult tr{
   height: 30px;
   line-height: 24px;
   margin: 12px 0;
   font-size: 14px;
}
/* 计算结果表格标题 */
#calResult th{
   width: 20%;
   font-size: 16px;
   font-weight: 600;
   background-color:grey;
}
/* 计算标题 */
.cal-title{
   width: 20%;
   font-size: 16px;
   font-weight: 600;
}
/* 计算数据 */
.cal-price{
   width: 80%;
   padding-left: 20px;
   color: darkorange;
   font-weight: 600;
}
```

（3）页面效果如图 4-7 所示。

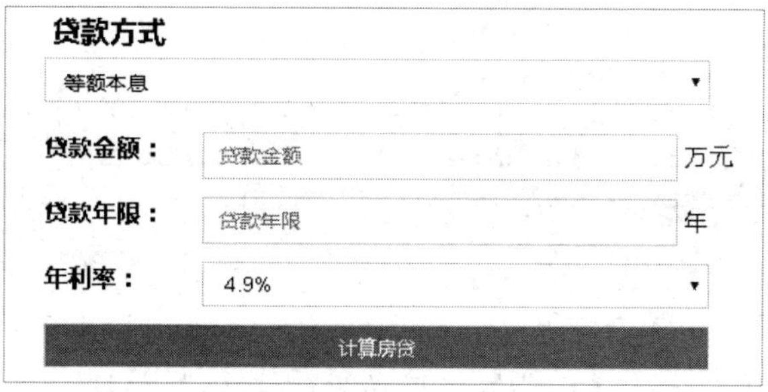

图 4-7

4.4.4 步骤四：创建 house.js 文件

（1）创建 js 文件，命名为 house.js，在 houseCal.html 文件中的</body>标签前引入文件。

```
<!-- 引入 js 文件 -->
<script src="houseCal.js"></script>
```

（2）定义 house 对象。

- 使用构造函数定义 house 对象。

```
function house() {}
```

- 定义输入相关属性：贷款金额 num、贷款年限 year、年利率 yearRate、贷款方式 status。

```
function house() {
    this.num=0,           // 贷款金额
    this.year= 0,         // 贷款年限
    this.yearRate= 0,     // 年利率
    this.status= 0        // 贷款方式：0 表示等额本息、1 表示等额本金
}
```

- 定义 outputinfo 属性：存储计算结果。

```
function house() {
    this.outputinfo = {
      hkAmount: 0,        // 月供
      totalRate: 0,       // 总利息
      totalPrice: 0       // 还款总额
    }
}
```

- 定义 computeMethod1 方法。

根据等额本息计算公式，月供额度=[贷款金额×月利率×(1+月利率)^{还款月数}]/[(1+月利率)$^{还款月数-1}$]，在对象中定义等额本息方法，计算月供、总利息、还款总额。

```
function house() {
    // 等额本息计算房贷方法
    this.computeMethod1= function() {
          // 还款月数
          var month = parseInt(this.year) * 12;
          // 月利率
          var monthRate = parseFloat(this.yearRate) / 12;
          // 贷款金额
          var loansNum = parseFloat(this.num) * 10000;
          // 月供
          var hkAmount = (loansNum * monthRate * Math.pow((1 + monthRate), month))/
(Math.pow((1 + monthRate), month) - 1)
          // 总利息=还款月数×每月月供额度-贷款金额
          var totalRate = month * hkAmount - loansNum;
          // 还款总额=总利息+贷款金额
          var totalPrice = totalRate + loansNum;
          // 将结果赋值给 outputinfo
          this.outputinfo.hkAmount = hkAmount.toFixed(2);
          this.outputinfo.totalRate = totalRate.toFixed(2);
          this.outputinfo.totalPrice = totalPrice.toFixed(2);
    }
}
```

- 定义 computeMethod2 方法。

根据等额本金计算公式，月供额度=(贷款金额/还款月数)+(贷款金额-累计已还本金)×月利率。在对象中定义等额本金方法，计算月供、总利息、还款总额。

```
function house() {
    // 等额本金计算房贷方法
    this.computeMethod2= function() {
        // 还款月数
        var month = parseInt(this.year) * 12;
        // 月利率
        var monthRate = parseFloat(this.yearRate) / 12;
        // 贷款金额
        var loansNum = parseFloat(this.num) * 10000;
        // 每月应还本金=贷款金额/还款月数
        var everymonthyh = loansNum / month;
        // 月供额度=(贷款金额/还款月数)+(贷款金额-累计已还本金)×月利率
        var hkAmount = loansNum / month + loansNum * monthRate;
        // 总利息=[(贷款金额/还款月数+贷款金额×月利率)+贷款金额/还款月数×(1+月利
率)]/2×还款月数-贷款金额
        var totalRate = ((everymonthyh + loansNum * monthRate) + loansNum /
month * (1 + monthRate)) / 2 * month - loansNum;
        // 还款总额 = 总利息+贷款金额
        var totalPrice = totalRate + loansNum;
        // 将结果赋值给 outputinfo;
        this.outputinfo.hkAmount = hkAmount.toFixed(2);
        this.outputinfo.totalRate = totalRate.toFixed(2);
        this.outputinfo.totalPrice = totalPrice.toFixed(2);
    }
}
```

- 实例化一个贷款对象。

```
// 实例化一个贷款对象
var house= new house()
```

（3）在 houseCal.js 中定义 getInputData ()函数。

操作 DOM 给 house 对象的输入属性赋值。

```
// 获取输入的值
function getInputData () {
    // 获取贷款金额
    var loansNum = document.getElementById('loansAmount').value;
    // 获取贷款年限
    var yearLimit = document.getElementById('loansYear').value;
    // 获取贷款年利率
    var loansSelect = document.getElementById('loansRate').value;
    // 监听 select 选择的是等额本息还是等额本金
    var selectObj = document.getElementById('selectedBox').value;
    // 给 house 对象中的输入属性赋值
    house.num = loansNum;
    house.year = yearLimit;
    house.yearRate = loansSelect;
    house.status = selectObj;
    return true
}
```

（4）在 houseCal.js 中定义 showResult()函数。

创建输出结果数组 result，将 house 对象的 outputinfo 属性值放入数组中，通过 for 循环遍历数组，给页面显示区域的<table>行和列赋值输出，将计算结果显示到表格中。

```
// 显示计算结果函数
function showResult () {
    // 把计算结果保存到一个数组中
```

```
    var result= [house.outputinfo.hkAmount, house.outputinfo.totalPrice,
house.outputinfo.totalRate];
    // 定义一个显示文本的数组
    var text =['月供', '还款总额', '总利息'];
    // 显示计算结果
    var html = '<tr><th>项目</th><th>金额</th></tr>';
    for (var i = 0; i < text.length; i++) {
         var tableObj = document.getElementById('calResult');
         html += '<tr class="cal-hkResult"><td class="cal-title">' + text[i] +
':</td><td class="cal-price">' + result[i] + '</td>';
         tableObj.innerHTML = html;
    }
}
```

（5）在 houseCal.js 中定义 calResult()函数。

- 给 calButton 按钮绑定 onclick 点击事件。

```
// 定义点击事件处理函数 calResult()
function calResult () {
    // 获取用户输入的值
    if (getInputData()) {
    // 判断等额本息还是等额本金，分别调用不同的方法
    if (house.status == 0) {
    house.computeMethod1();
    }else if (house.status == 1){
    house.computeMethod2();
    }
    // 显示计算结果
    showResult();
    }
}
```

- 为计算房贷按钮添加点击事件。

```
<!-- 计算房贷按钮 -->
<button id="calButton" onclick="calResult()">计算房贷</button>
```

（6）运行效果。

- 选择“等额本息”贷款方式，运行效果如图 4-8 所示。

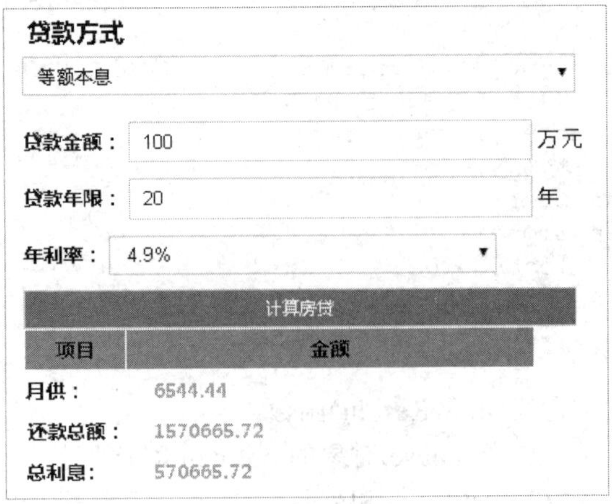

图 4-8

- 选择“等额本金”贷款方式，运行效果如图 4-9 所示。

图 4-9

4.4.5　扩展：正则表达式验证输入

1．修订 getInputData()函数

（1）定义 RegExp 对象，命名为 numReg，用于保存贷款金额验证正则表达式。

（2）定义 RegExp 对象，命名为 yearReg，用于保存贷款年限验证正则表达式。

（3）调用 RegExp 的 test()方法，验证贷款金额 num 和贷款年限 yearLimit。

```
// 获取输入的值
function getInputData () {
    // 获取贷款金额
    var num = document.getElementById('loansAmount').value;
    // 获取贷款年限
    var yearLimit = document.getElementById('loansYear').value;
    // 获取贷款年利率
    var loansSelect = document.getElementById('loansRate').value;
    // 监听 select 选择的是等额本息还是等额本金
    var selectObj = document.getElementById('selectedBox').value;
    // 设置贷款金额为 1 万～1000 万元
    var numReg = new RegExp("^([0-9]{1,3}|1000)$");
    // 设置贷款年限为 5～30 年
    var yearReg = new RegExp("^([5-9]|[12][0-9]|30)$");
    if (loansNumReg.test(loansNum) && yearLimitReg.test(yearLimit)) {
    // 验证通过，保存用户输入的数据
        house.num = loansNum;
        house.year = yearLimit;
        house.yearRate = loansSelect;
        house.status = selectObj;
        return true
    }else {
    // 验证不通过
    return false;
}
}
```

2．修改 calResult()函数

调用 getInputData()函数，根据返回值判断是否通过验证，如果验证通过，则通过判断贷款方式，调用贷款对象中的方法，显示结果，如果验证不通过，则清空显示区域内容。

```
// 定义点击事件处理函数 calResult ()
function calResult () {
    // 获取用户输入的值
    if (getInputData()) {
        // 判断等额本息还是等额本金，分别调用不同的方法
        if (house.status == 0) {
            house.computeMethod1();
        }else if (house.status == 1){
            house.computeMethod2();
        }
        // 显示计算结果
        showResult();
    }else{
        // 验证不通过，清空显示结果
        document.getElementById('calResult').innerHTML = ''
    }
}
```

第5章 jQuery开发交互效果页面（留言页面）

5.1 实验目标

（1）掌握 jQuery 和 jQuery UI 的下载和引入方法。
（2）掌握 jQuery 典型选择器的使用方法。
（3）掌握 jQuery 操作 DOM。
（4）熟悉 jQuery UI 的使用方法。
（5）掌握 jQuery 事件、动画，并能正确使用。
（6）综合应用 jQuery 编程技术，开发“留言页面”程序。
知识地图如图 5-1 所示。

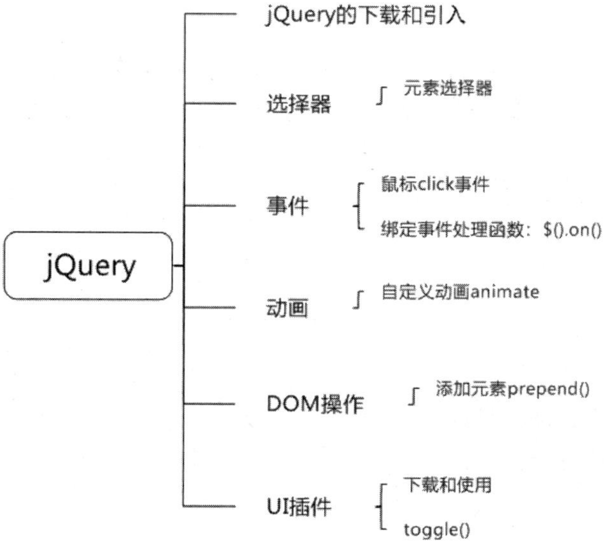

图 5-1

5.2 实验任务

（1）制作一个留言页面，页面包括留言列表、留言输入框、发布留言按钮三部分，如图 5-2 所示。在留言输入框中可以输入留言信息，留言信息输入完毕后单击“发布留言”按钮，将留言输入框中输入的信息添加到留言列表中，同时清空留言输入框中的内容。

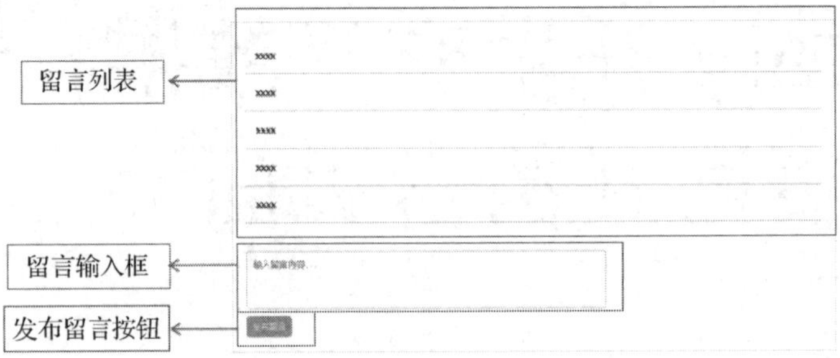

图 5-2

（2）利用 jQuery 动画和 jQuery UI 插件，实现以下功能和效果。

- 用户在单击“留言输入框”获取焦点时，留言列表隐藏，留言输入框的高度从 80px 变为 200px，如图 5-3 所示。

图 5-3

- 输入留言信息，单击“发布留言”按钮后，留言列表恢复显示状态，留言输入框的高度变回 80px，输入的留言信息会显示在列表第 1 行，如图 5-4 所示。

图 5-4

5.3 设计思路

1. 创建项目工程

创建名为 comments 的新工程，在工程中创建 comments.html 文件，文件设计如表 5-1 所示。

表 5-1

类　型	文　件	说　明
html 文件	comments.html	留言页面
js 文件	jquery.min.js	jQuery 文件
	jquery-ui.min.js	jQuery UI 文件
css 文件	style.css	CSS 样式文件

2. 界面设计

（1）留言显示区域。

在 comments.html 页面中创建留言显示区域<div>，在留言显示区域<div>中用<ul>标签创建留言列表。

（2）留言发布区域。

在 comments.html 页面中创建留言发布区域<div>，在留言发布区域<div>中用<textarea>标签创建留言输入框，用<input>标签创建“发布留言”按钮。

（3）在 houseCal.html 页面中引入 style.css 文件，页面整体采用默认的布局，页面元素从上至下排列，留言显示区域采用相对布局。

comments.html 页面设计如图 5-5 所示。

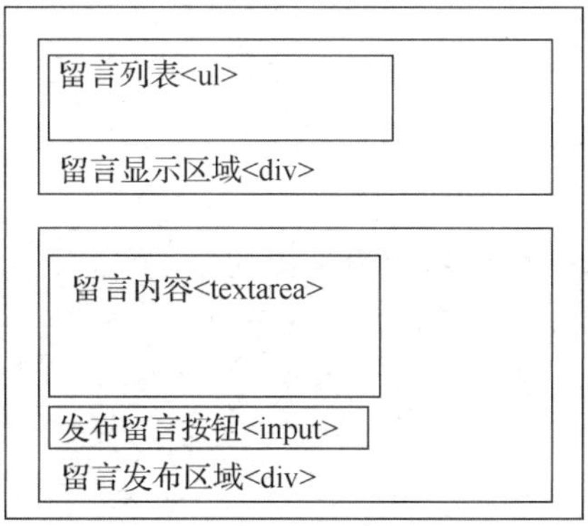

图 5-5

3. 下载和引入 jQuery 文件、jQuery UI 文件

（1）在官方网站下载 jquery.min.js 文件和 jquery-ui.min.js 文件。

（2）将 jquery.min.js 文件和 jquery-ui.min.js 文件放入项目文件夹中。

（3）在 comments.html 文件中引入 jquery.min.js 文件和 jquery-ui.min.js 文件。

4. “留言输入框”绑定 focus 事件

（1）使用 jQuery 中的 on 方法为“留言输入框”绑定 focus 事件。

（2）事件处理函数：使用 animate 动画让留言输入框的高度变为 200px，并使用 jQuery

UI 中的“toggle 切换”动画隐藏留言列表。

5. “发布留言”按钮绑定 click 事件

（1）使用 jQuery 中的 on 方法为“发布留言”按钮绑定 click 事件。

（2）输入完留言信息后，单击“发布留言”按钮，使用 animate 动画让留言输入框的高度还原为 80px，并使用 jQuery UI 中的“toggle 切换”动画显示留言列表，第 1 行显示留言信息。

5.4 实验实施（跟我做）

5.4.1 步骤一：创建工程

创建项目名称为 comments 的新工程，在项目文件夹中创建 comments.html 文件。

```
<!DOCTYPE html>
<html>
   <head>
      <meta charset="utf-8">
      <title>留言页面</title>
   </head>
   <body>
   </body>
</html>
```

5.4.2 步骤二：使用 HTML 布局留言页面

（1）在<div id="wrapper"></div>标签中添加留言显示区域。

```
<!-- 留言显示区域 -->
<div class="comment">
   <ul class="message">
      <li>
         <p class='content'>xxxx</p>
      </li>
      <li>
         <p class='content'>xxxx</p>
      </li>
      <li>
         <p class='content'>xxxx</p>
      </li>
      <li>
         <p class='content'>xxxx</p>
      </li>
      <li>
         <p class='content'>xxxx</p>
      </li>
   </ul>
</div>
```

（2）在<div id="comment"></div>标签中添加留言发布区域。

- 添加留言输入框。
- 添加“发布留言”按钮。

```
<!-- 留言发布区域 -->
<div class="sendMessageWrap">
```

- jQuery UI 官方网站：https://jQueryui.com/download/。

下载完成后，创建 js 文件夹，将下载的 jquery.min.js 和 jquery-ui.min.js 文件放入 js 文件夹中，并放到项目中。

（2）在 comment.html 中的</body>标签前引入文件。

```
<script src="jquery.min.js"></script>
<script src="jquery-ui.min.js"></script>
```

5.4.5 步骤五：输入留言信息

用户输入留言信息，隐藏留言列表，输入框高度变高。

（1）给留言输入框绑定一个 id="messageContent"。

```
<textarea placeholder="输入留言内容..." id="messageContent"></textarea>
```

（2）在</body>标签前创建<script></script>标签。

- 给留言输入框注册获取焦点事件。

```
<script>
    $('#messageContent').on('focus', function () {})
</script>
```

- 使用 jQuery UI 中的“toggle 切换”动画，在 500 毫秒内完成从显示到隐藏的切换。

```
<script>
    $('#messageContent').on('focus', function () {
        // 切换效果
        $('.message').toggle('blind', 500)
    })
</script>
```

- 使用 jQuery 中的 animate 动画使留言输入框的高度从 80px 变为 200px，高度改变在 300 毫秒内完成，当输入框获取焦点时每隔 500 毫秒做一次动画。

```
<script>
    $('#messageContent').on('focus', function () {
        setTimeout(function() {
            // 输入框高度变高
            $("textarea").animate({
                height: '200px'
            }, 300);
        }, 500)
    })
</script>
```

（3）效果如图 5-7 所示。

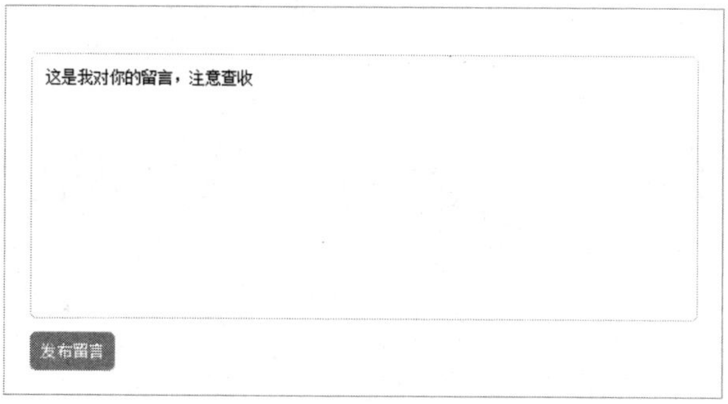

图 5-7

5.4.6 步骤六：发布留言

单击“发布留言”按钮，显示留言列表，输入框高度还原。

（1）给“发布留言”按钮绑定一个 id="sendMessage"。

```
<button id="sendMessage">发布留言</button>
```

（2）在</body>标签前的<script></script>标签中给“发布留言”按钮注册点击事件。

- 使用 jQuery UI 中的“toggle 切换”动画，在 500 毫秒内以百叶窗效果完成由隐藏到显示的切换。

```
<script>
    $('#sendMessage').on('click', function () {
        // 百叶窗切换效果
        $('.message').toggle('blind', 500)
</script>
```

- 使用 jQuery 中的 animate 动画使留言输入框的高度在 300 毫秒内从 200px 变为 80px。

```
<script>
    $('#sendMessage').on('click', function () {
        // 输入框高度还原
        $("textarea").animate({
            height: '80px'
        }, 300);})
</script>
```

5.4.7 步骤七：保存留言信息

（1）保存输入的留言信息，显示在列表的第 1 行，并清空留言输入框中的内容。

```
<script>
    $('#sendMessage').on('click', function () {
        var $html = "<li><div class='content'>" + $('#messageContent').val() +
"</div></li>"
        if ($("#messageContent").val()!='') {
            setTimeout(function() {
                // 显示到评论列表第 1 行
                $(".message").prepend($html);
                // 当内容为空时，不能添加到留言区域
                $("textarea").val("");
            }, 1000)
        }
    })
</script>
```

（2）单击“发布留言”按钮后的效果如图 5-4 所示。

第6章 Bootstrap 开发页面（注册页面）

6.1 实验目标

Bootstrap 内容将在第 6 章和第 7 章进行讲解，本章实验目标如下。

（1）掌握 Bootstrap 的下载和引入方法。

（2）掌握 Bootstrap 基本样式的使用方法。

（3）掌握 Bootstrap 插件的使用方法。

（4）掌握 Bootstrap 组件的使用方法。

（5）综合应用 Bootstrap，开发门户网站的“注册页面”。

知识地图如图 6-1 所示。

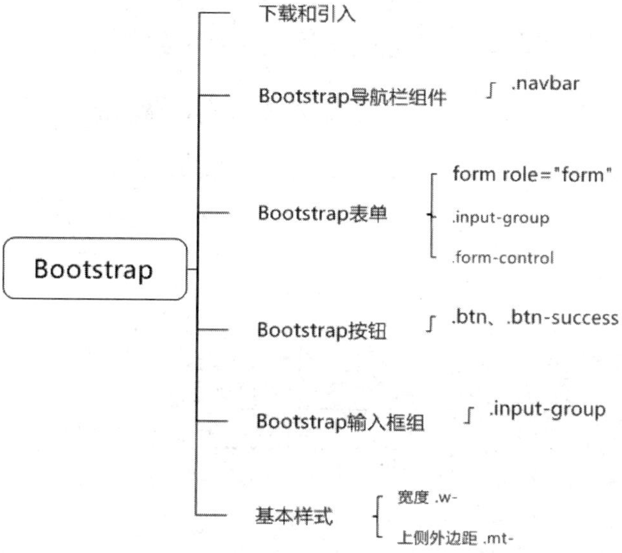

图 6-1

6.2 实验任务

模拟门户网站的注册页面，页面顶部是页头导航栏，中间是 form 表单，底部是页脚。用 Bootstrap 的导航栏组件来制作页头，用 Bootstrap 的表单制作注册表单，注册表单内使用 Bootstrap 输入框组、按钮组件来制作表单项，页面效果如图 6-2 所示。

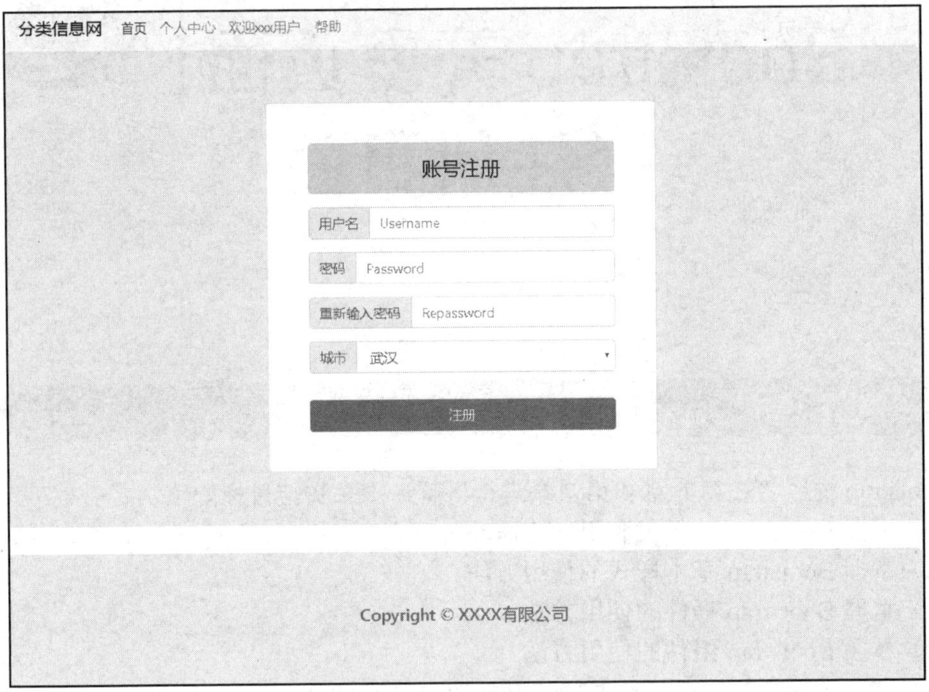

图 6-2

6.3 设计思路

使用 HBuilder 创建新项目 portal，项目文件如表 6-1 所示。

表 6-1

类　型	文　件	说　明
html 文件	register.html	注册页面
	footer.html	公共脚部页面
css 文件	css/bootstrap.min.css	Bootstrap css 文件
js 文件	js/common.js	加载脚部页面 footer.html
	js/bootstrap.min.js	Bootstrap js 文件
	js/jquery-3.2.1.min.js	jQuery 库，Bootstrap 依赖

（1）创建 register.html，在页面中引入 Bootstrap。

- 在 Bootstrap 官方网站（https://www.bootcss.com/）下载 Bootstrap 4 的资源包（bootstrap.min.js 文件和 bootstrap.min.css 文件）。
- 在 jQuery 官方网站（https://jquery.com/）下载 jquery-3.4.1.min.js 文件。

- 将 bootstrap.min.js 文件和 jquery-3.4.1.min.js 文件放入项目的 js 文件夹中。
- 在 register.html 文件中引入 jquery-3.4.1.min.js 文件、bootstrap.min.js 文件和 bootstrap.min.css 文件。

（2）设计页面整体结构。

- 使用语义化标签<header>、<article>、<footer>搭建页面整体结构。
- 在<header>标签里面编写页头，在<article>标签里面编写注册表单，在<footer>标签里面编写页脚。

结构如图 6-3 所示。

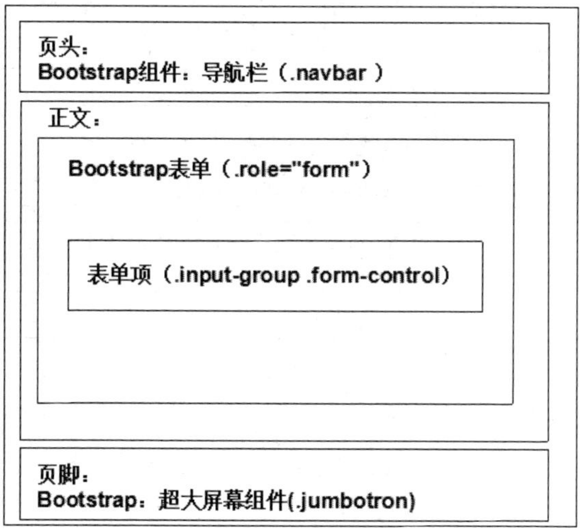

图 6-3

（3）用 Bootstrap 的导航栏组件来设计页头。

使用 Bootstrap 中的.navbar 类修饰导航栏基本样式，使用.navbar-brand 类修饰“网站标题”样式及使用.navbar-nav 修饰导航栏的样式，如图 6-4 所示。

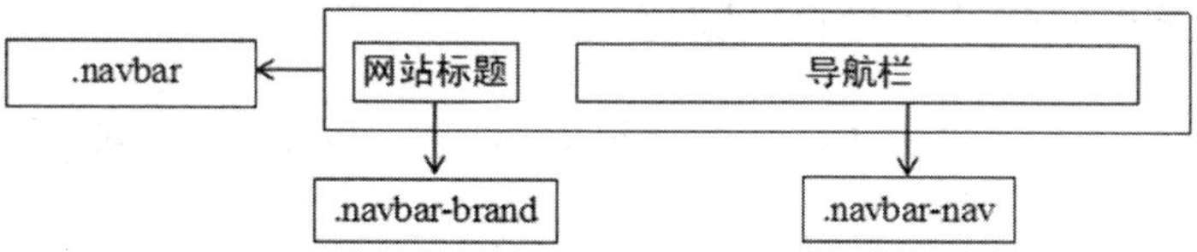

图 6-4

（4）用 Bootstrap 的表单设计注册栏，注册栏内使用输入框组、按钮组件制作表单项。

- 给正文部分<article>标签添加.jumbotron 类，为注册栏添加更多的外边距。
- 注册栏 form 表单盒子设计。
  - 使用.card 类给盒子添加白色背景。
  - 使用.col-6 类设置盒子的宽度占 6 个栅格。
- 注册栏标题设计：使用.bg-secondary 类给标题设置一个背景色。
- form 表单设计。
  - 向<form>标签添加 role 属性。

- 把<lable>标签和表单元素放在一个带有 class 为 input-group 的<div>标签中，以获取最佳间距。
- 向所有的表单元素添加 class ="form-control"类来修饰输入框的样式。
- 使用 Bootstrap 中的.btn 和.btn-success 类修饰注册按钮的样式。

页面设计如图 6-5 所示。

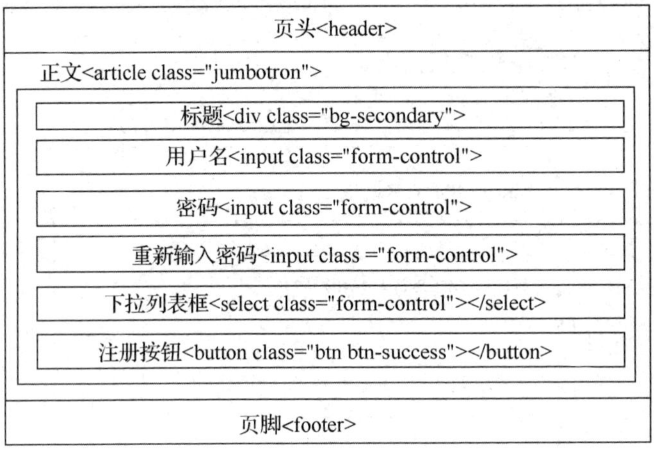

图 6-5

（5）页脚设计。

- 在<footer>标签上添加.jumbotron 类给页脚添加一个背景色。
- 使用.text-muted 类修饰页脚文字颜色。

6.4 实验实施（跟我做）

6.4.1 步骤一：引入 Bootstrap 文件

（1）下载 Bootstrap 资源包和 jQuery 资源包，将相应文件放入项目的 js 文件夹和 css 文件夹中。

（2）通过<link>标签引入 Bootstrap 的 css 文件，以及通过<script>标签引入 Bootstrap 的 js 文件。

（3）由于 Bootstrap 的 js 文件是基于 jQuery 的，所以在引入 Bootstrap 的 js 文件前需要先引入 jQuery 文件。

```
<!DOCTYPE html>
<html>
   <head>
      <meta charset="UTF-8">
      <!-- 引入 Bootstrap 样式文件 -->
      <link rel="stylesheet" href="css/bootstrap.min.css ">
      <title>注册页面</title>
   </head>
   <body>
      <!-- 引入 jQuery 文件 -->
      <script src="js/jquery-3.4.1.min.js"></script>
```

```
        <!-- 引入 Bootstrap 的 js 文件 -->
        <script src="js/bootstrap.min.js"></script>
    </body>
</html>
```

6.4.2　步骤二：制作页头导航栏

（1）使用 Bootstrap 的导航栏组件（.navbar）制作导航栏。

```
<header>
    <!-- 导航栏 -->
    <nav class="navbar navbar-light bg-light">
        <a class="navbar-brand" href="#">分类信息网</a>
        <ul class="navbar-nav">
            <li class="nav-item active">
                <a class="nav-link" href="#">首页 </a>
            </li>
            <li class="nav-item">
                <a class="nav-link" href="#">个人中心</a>
            </li>
            <li class="nav-item">
                <a class="nav-link" href="#">欢迎 xxx 用户</a>
            </li>
            <li class="nav-item">
                <a class="nav-link" href="#">帮助</a>
            </li>
        </ul>
    </nav>
</header>
```

（2）页头导航栏效果如图 6-6 所示。

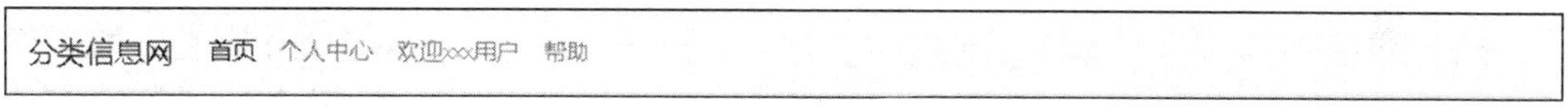

图 6-6

6.4.3　步骤三：制作注册栏

（1）制作注册栏外围盒子：使用.col-6 类设置盒子的宽度占 6 个栅格，并使用.card 类给盒子添加白色背景。

```
<article class="jumbotron">
  <div class="container" align="center">
    <div class="col-6 card p-5">
      <!-- 注册栏内容 -->
    </div>
  </div>
</article>
```

（2）制作注册栏标题：使用.bg-secondary 类给注册栏标题设置一个背景色。

```
<div class="bg-secondary mb-2 p-2" align="center">
  <h4>账号注册</h4>
</div>
```

运行效果如图 6-7 所示。

图 6-7

（3）向<form>标签添加 role 属性。

- 把标签和组件放在一个带有 class 为 input-group 的<div>标签中，这是获取最佳间距所必需的操作。
- 向所有的<input>文本标签添加 class ="form-control"类来修饰输入框的样式。

```
<form role="form">
    <div class="input-group mb-3">
        <div class="input-group-prepend">
            <span class="input-group-text" id="basic-addon1">用户名</span>
        </div>
        <input type="text" class="form-control" placeholder="Username">
    </div>
</form>
```

（4）运用 Bootstrap 的输入框组的组件创建用户名、密码、重新输入密码三个输入框。

```
<form role="form">
    <!-- 用户名输入框 -->
    <div class="input-group mb-3">
        <div class="input-group-prepend">
            <span class="input-group-text" id="basic-addon1">用户名</span>
        </div>
        <input type="text" class="form-control" placeholder="Username">
    </div>
    <!-- 密码输入框 -->
    <div class="input-group mb-3">
        <div class="input-group-prepend">
            <span class="input-group-text" id="basic-addon2">密码</span>
        </div>
        <input type="password" class="form-control" placeholder="Password">
    </div>
    <!-- 重新输入密码输入框 -->
    <div class="input-group mb-3">
        <div class="input-group-prepend">
            <span class="input-group-text" id="basic-addon3">重新输入密码</span>
        </div>
        <input type="password" class="form-control" placeholder="Repassword">
    </div>
</form>
```

运行效果如图 6-8 所示。

（5）运用 Bootstrap 的下拉列表框组创建选取城市的下拉列表框选项。

```
<div class="input-group mb-3">
    <div class="input-group-prepend">
        <span class="input-group-text" id="basic-addon3">城市</span>
    </div>
    <select class="form-control" name="cities" id="cities">
        <option value="0">武汉</option>
        <option value="1">上海</option>
        <option value="2">北京</option>
    </select>
</div>
```

运行效果如图 6-9 所示。

图 6-8

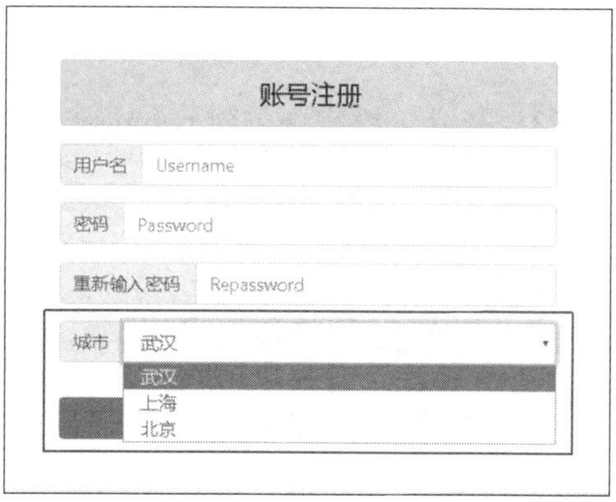

图 6-9

（6）运用 Bootstrap 的按钮组件创建注册按钮，并使用 Bootstrap 中的基本样式类修饰注册按钮样式。

- btn-success：设置按钮的背景色为绿色。
- w-100：设置元素的宽度为 100%。
- mt-3：设置元素的 margin-top 为 30px。

```
<button type="button" class="btn btn-success w-100 mt-3">注册</button>
```

运行效果如图 6-10 所示。

图 6-10

6.4.4 步骤四：制作页脚

（1）在 register.html 文件中添加<footer>标签，使用.jumbotron 类给页脚内容添加更多的外边距。

```
<footer class="jumbotron"></footer>
```

（2）创建一个 footer.html 文件来编写页脚。

```
<h5 class="text-muted" align="center">Copyright © XXXX 有限公司</h5>
```

页面效果如图 6-11 所示。

图 6-11

（3）在 js 文件夹中创建 common.js 文件，在里面编写引入的 footer.html 的代码。

```
$(function(){
    $("footer").load("footer.html");
}
```

（4）在 register.html 文件中引入 common.js 文件，加载页脚。

```
<script src="js/common.js"></script>
```

6.4.5 步骤五：运行效果

页面运行效果如图 6-2 所示。

第 7 章 Bootstrap 开发页面（分类信息页面）

7.1 实验目标

（1）掌握 Bootstrap 栅格布局的使用方法，响应移动端和 PC 端。

（2）掌握 Bootstrap 基本样式的使用方法，如.m-、.p-。

（3）掌握 Bootstrap 中组件的使用方法，如导航栏组件、列表组件、媒体对象组件和分页组件。

（4）掌握 Bootstrap 插件的使用方法，如下拉插件。

（5）掌握 Bootstrap 响应式导航栏和移动端折叠导航栏的使用方法。

（6）综合应用 Bootstrap，开发“分类信息页面”程序。

知识地图如图 7-1 所示。

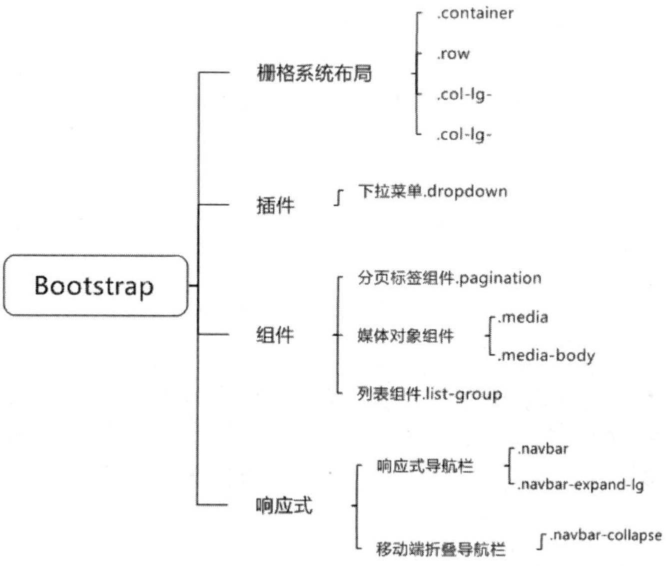

图 7-1

7.2 实验任务

分类信息页面用于显示酒类商品的分类信息，页面顶部为导航栏，中间正文部分包括产地筛选栏和商品信息栏，底部页脚显示版权声明。

由于分类信息页面需同时适应PC端和移动端，因此需采用响应式布局。

（1）PC端布局如图7-2所示。

- 顶部导航栏横向布局。
- 正文产地筛选栏和商品信息栏左右布局，产地筛选栏在页面左侧，商品信息栏在页面右侧。
- 产地筛选栏的内容从上至下纵向布局。

图7-2

（2）页面需要响应到移动端展示，移动端布局如图7-3所示。

- 顶部导航栏横向布局。
- 正文产地筛选栏和商品信息栏上下布局，产地筛选栏在页面上侧，商品信息栏在页面下侧。
- 产地筛选栏内容横向布局。

图 7-3

7.3 设计思路

使用 HBuilder 创建新项目 shop，文件设计如表 7-1 所示。

表 7-1

类　型	文　件	说　明
html 文件	category.html	分类信息页面
	footer.html	公共脚部页面
css 文件	css/bootstrap.min.css	Bootstrap css 文件
js 文件	js/common.js	加载脚部页面 footer.html
	js/bootstrap.min.js	Bootstrap js 文件
	js/jquery-3.2.1.min.js	jQuery 库，Bootstrap 依赖

（1）创建 category.html 文件，在页面中引入 Bootstrap。

（2）使用语义化标签<header>、<aside>、<article>、<footer>搭建页面主体结构。

- <aside >标签内为产地筛选栏，<article>标签内为商品信息栏。
- PC 端界面产地筛选栏和商品信息栏采用左右布局，移动端界面产地筛选栏和商品信息栏采用上下布局。

PC 端结构如图 7-4 所示。

移动端结构如图 7-5 所示。

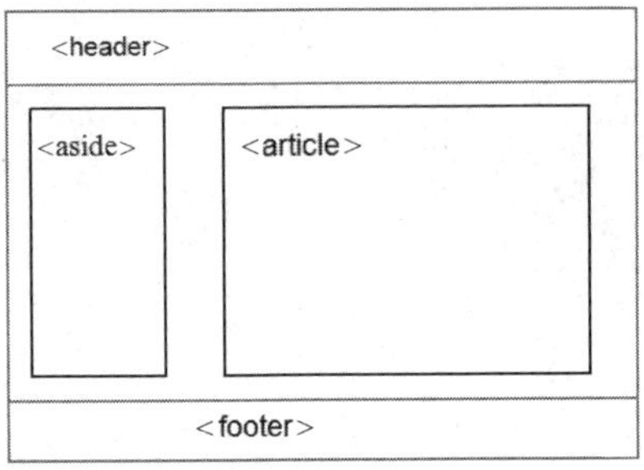

图 7-4

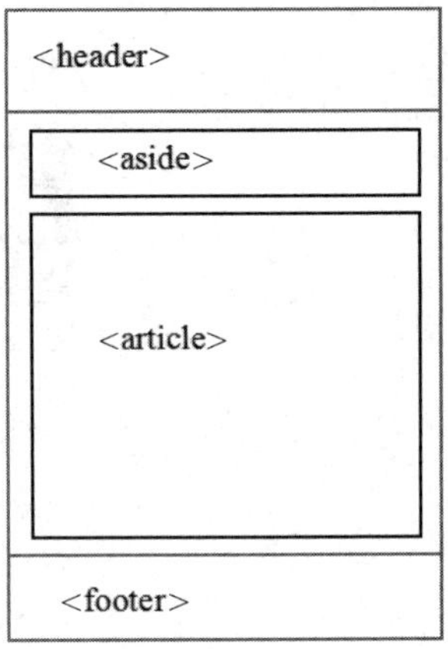

图 7-5

（3）使用 Bootstrap 的响应式导航栏组件来设计页头。

- 响应式导航栏制作同第 6 章。
- 导航栏的最后一个选项使用下拉插件制作成下拉列表框，使用.dropdown 类修饰下拉列表框样式。
- PC 端界面导航栏和网站标题在一行展示，如图 7-6 所示。

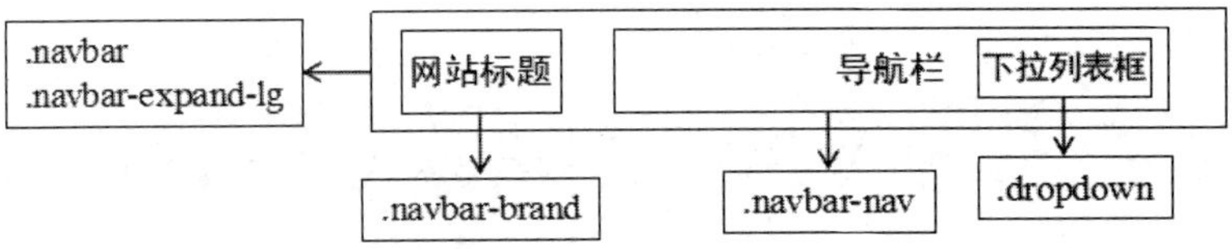

图 7-6

- 移动端界面导航栏展示为折叠导航栏，如图 7-7 所示。

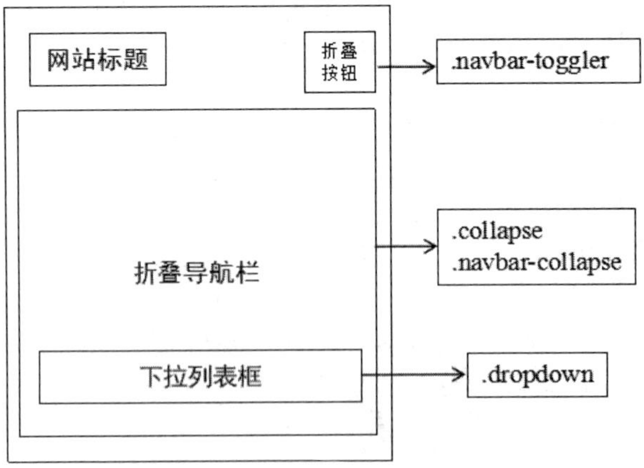

图 7-7

（4）使用 Bootstrap 的栅格系统设计 PC 端的产地筛选栏和商品信息栏。

- 使用 Bootstrap 的栅格系统先添加分别为.container 类和.row 类的两个<div>标签。
- .col-lg-3 类表示当屏幕宽度≥992px 时，占栅格系统 12 列中的 3 列。
- .col-lg-9 类表示当屏幕宽度≥992px 时，占栅格系统 12 列中的 9 列。

结构如图 7-8 所示。

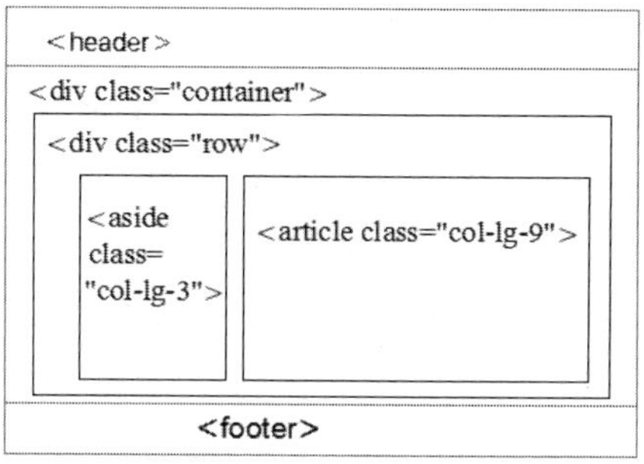

图 7-8

（5）使用 Bootstrap 的列表组件设计产地筛选栏的列表。

- 使用 Bootstrap 的.list-group 类修饰列表组件的基本样式。
- 使用 Bootstrap 的.list-group-item 类修饰每一项列表的样式。

结构如图 7-9 所示。

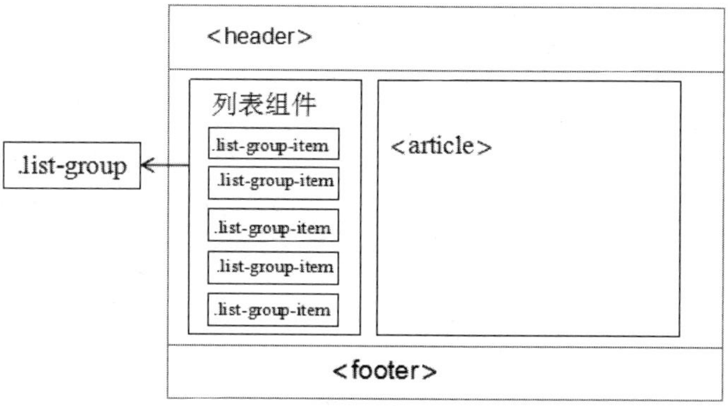

图 7-9

（6）使用 Bootstrap 的媒体对象组件、列表组件和分页组件设计商品信息栏，如图 7-10 所示。

- 通过.media 类和.media-body 类修饰媒体对象的样式。
- 通过.list-group 类和.list-group-item 类修饰列表信息的样式。
- 通过.pagination 类和.page-item 类修饰分页的样式。

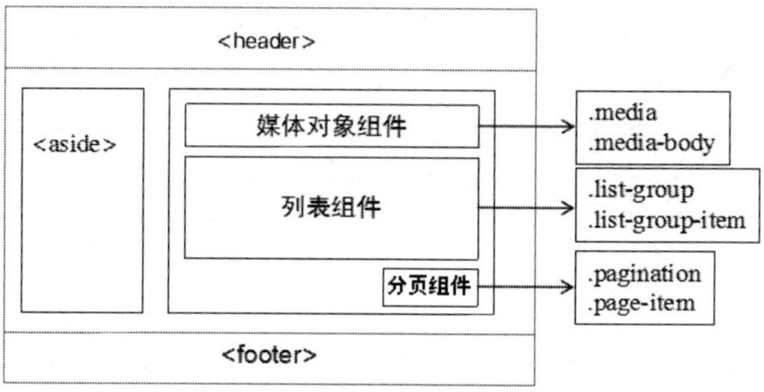

图 7-10

（7）页面需要响应到移动端。

- 使用 Bootstrap 中的 display 属性使产地筛选栏和商品信息栏上下排列，产地筛选栏在一行显示。
- 使用.d-lg-block 类和.d-none 类显示 PC 端产地筛选栏，隐藏移动端产地筛选栏。
- 使用.d-block 类和.d-lg-none 类显示移动端产地筛选栏，隐藏 PC 端产地筛选栏。

结构如图 7-11 所示。

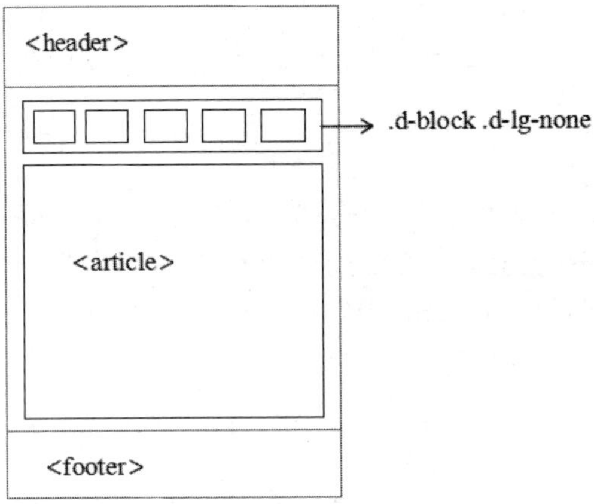

图 7-11

7.4 实验实施（跟我做）

7.4.1 步骤一：引入 Bootstrap

通过<link>标签和<script>标签引入 Bootstrap。

```
<!DOCTYPE html>
<html>
   <head>
      <meta charset="UTF-8">
      <!-- 引入 Bootstrap 样式文件 -->
      <link rel="stylesheet" href=" css/bootstrap.min.css ">
      <title></title>
   </head>
   <body>
      <!-- 引入 jQuery 文件 -->
      <script src="js/jquery-3.4.1.min.js"></script>
      <!-- 引入 Bootstrap 的 js 文件 -->
      <script src="js/bootstrap.min.js"></script>
   </body>
</html>
```

7.4.2 步骤二：制作页头

（1）使用 Bootstrap 的导航栏组件（.navbar）制作响应式导航栏。

- 创建响应式导航栏（.navbar-expand-lg）。

- 如果为 PC 端界面，则导航栏在一行上面显示。
- 如果为移动端界面，则显示为折叠导航栏（.navbar-collapse）。

```
<header>
<!-- 响应式导航栏 -->
    <nav class="navbar navbar-expand-lg navbar-light bg-light">
        <a class="navbar-brand" href="#">商品分类</a>
            <button class="navbar-toggler" type="button" data-toggle="collapse"
data-target="#Nav">
                <span class="navbar-toggler-icon"></span>
            </button>
        <!-- 折叠导航栏 -->
        <div class="collapse navbar-collapse" id="Nav">
            <ul class="navbar-nav">
                <li class="nav-item active"><a class="nav-link" href="#">白酒
<span class="sr-only">(current)</span></a></li>
                <li class="nav-item"><a class="nav-link" href="#">红酒</a></li>
                <!-- 下拉列表框 -->
                <li class="nav-item dropdown">
                    <a class="nav-link dropdown-toggle" href="#" id="Dropdown"
data-toggle="dropdown">葡萄酒</a>
                        <div class="dropdown-menu">
                            <a class="dropdown-item" href="#">白葡萄酒</a>
                            <a class="dropdown-item" href="#">红葡萄酒</a>
                            <a class="dropdown-item" href="#">紫葡萄酒</a>
                        </div>
                </li>
            </ul>
        </div>
    </nav>
</header>
```

PC 端运行效果如图 7-12 所示。

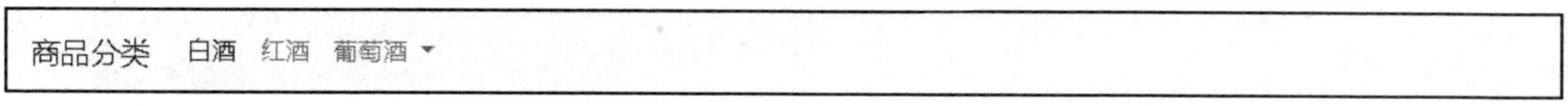

图 7-12

移动端运行效果如图 7-13 所示。

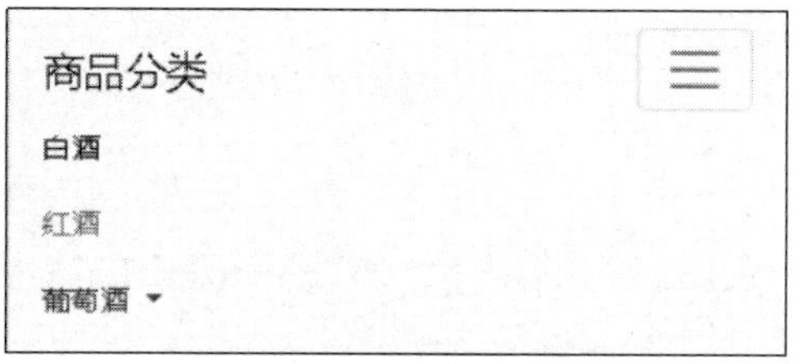

图 7-13

（2）将导航栏的葡萄酒选项，使用下拉插件设置为下拉列表框（.dropdown），下拉列表框里的内容有白葡萄酒、红葡萄酒和紫葡萄酒。

```
                <!-- 下拉列表框 -->
                <li class="nav-item dropdown">
                    <a class="nav-link dropdown-toggle" href="#" id="Dropdown"
data-toggle="dropdown">葡萄酒</a>
```

```
                <div class="dropdown-menu">
                    <a class="dropdown-item" href="#">白葡萄酒</a>
                    <a class="dropdown-item" href="#">红葡萄酒</a>
                    <a class="dropdown-item" href="#">紫葡萄酒</a>
                </div>
            </li>
```

PC 端运行效果如图 7-14 所示。

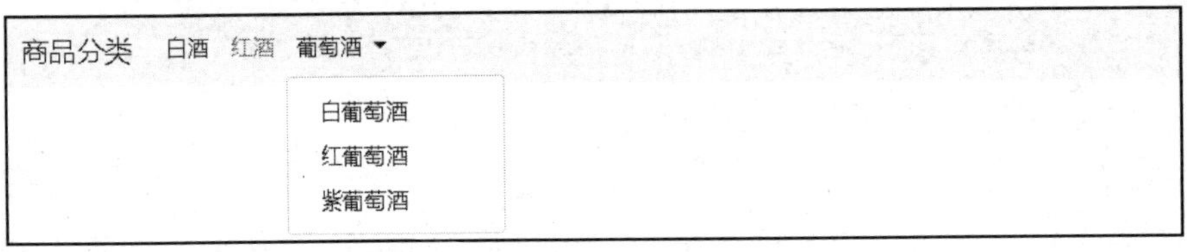

图 7-14

7.4.3 步骤三：制作产地筛选栏和商品信息栏

（1）使用 Bootstrap 的栅格系统布局产地筛选栏和商品信息栏。

```
<!-- 栅格系统最外层盒子 -->
<div class="container mt-3">
                <!-- 行 -->
    <div class="row">
        <!-- PC 端侧边栏占栅格系统 12 列的 3 列 -->
        <aside class="col-lg-3 col-12">
        <!-- 产地筛选栏 -->
        </aside>
        <!-- PC 端商品信息栏占栅格系统 12 列的 9 列 -->
        <article class="col-lg-9 col-12">
        <!-- 商品信息栏 -->
        </article>
    </div>
</div>
```

（2）使用 Bootstrap 的列表组件（.list-group）构建产地筛选栏，列表项使用.list-group-item 类设置样式。

```
<aside class="col-lg-3 col-12">
<!-- 使用列表组件排列 -->
    <div class="list-group">
        <button type="button" class="list-group-item list-group-item-action
active" disabled>
中国
        </button>
        <button type="button" class="list-group-item list-group-item-action">
法国</button>
        <button type="button" class="list-group-item list-group-item-action">
美国</button>
        <button type="button" class="list-group-item list-group-item-action">
加拿大</button>
    </div>
</aside>
```

运行效果如图 7-15 所示。

（3）使用 Bootstrap 的媒体对象（.media）和列表组件（.list-group）构建右侧的商品信

息栏。

- 商品信息栏上部使用.media 媒体对象布局。

```
<!-- 媒体对象 -->
<div class="media">
    <img src="https://static.runoob.com/images/mix/img_avatar.png"
    class="media-object" width="60">
    <div class="media-body ml-2">
        <h4 class="media-heading">红葡萄酒 1</h4>
        <p>红葡萄酒含有多种维生素，营养丰富，具有舒筋、活血、养颜、润肺之功效。</p>
    </div>
</div>
```

- 下面详情部分使用列表组件（.list-group）排列。

```
<!-- 列表组件 -->
<ul class="list-group">
    <li class="list-group-item">
        <h4>详情</h4>
    </li>
    <li class="list-group-item">
        <h5>价格：180.00</h5>
        <p>包邮</p>
    </li>
    <li class="list-group-item">
        <h5>750ml</h5>
        <p>11 度</p>
    </li>
</ul>
```

运行效果如图 7-16 所示。

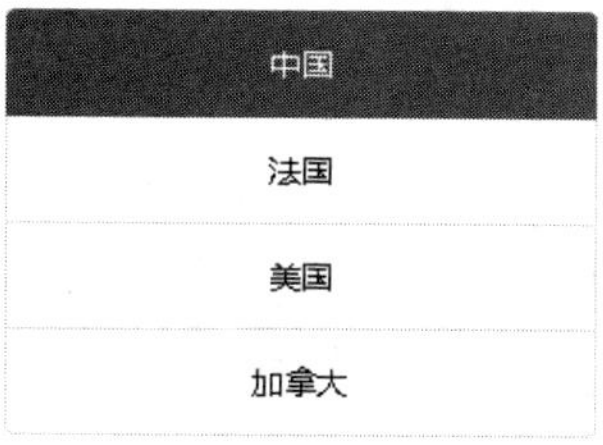

图 7-15

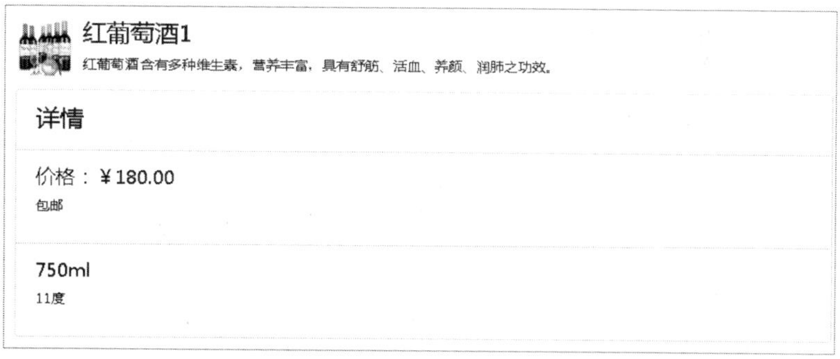

图 7-16

（4）在商品信息栏下面通过 Bootstrap 的分页组件制作商品信息栏的分页。

- 使用.pagination 类修饰分页框的样式。
- 使用.page-item 类修饰分页页码的样式。

```
<div class="float-right mt-3">
    <ul class="pagination">
    <li class="page-item">
        <a class="page-link" href="#">
            <span aria-hidden="true">&laquo;</span>
            <span class="sr-only">Previous</span>
        </a>
    </li>
    <li class="page-item"><a class="page-link" href="#">1</a></li>
```

```
    <li class="page-item"><a class="page-link" href="#">2</a></li>
    <li class="page-item"><a class="page-link" href="#">3</a></li>
    <li class="page-item">
        <a class="page-link" href="#">
            <span aria-hidden="true">&raquo;</span>
            <span class="sr-only">Next</span>
        </a>
    </li>
    </ul>
</div>
```

运行效果如图 7-17 所示。

图 7-17

7.4.4 步骤四：制作页脚

（1）在 category.html 文件中添加<footer>标签，使用.jumbotron 类给页脚内容添加更多的外边距。

```
<footer class="jumbotron"></footer>
```

（2）在 category.html 文件中引入 common.js 文件，加载页脚。

```
<script src="js/common.js"></script>
```

PC 端界面运行效果如图 7-18 所示。

图 7-18

7.4.5 步骤五：响应到移动端

（1）制作移动端横向排布的产地筛选栏，使用.d-flex 类对列表进行弹性布局，让列表项在一行上面排列。

```
<!-- 移动端产地筛选栏 -->
<aside class="col-lg-3 col-12 d-block d-lg-none mb-2">
```

```
<div class="list-group d-flex flex-row justify-content-between align-items-center">
<button type="button" class="list-group-item active p-1" disabled>中国</button>
<button type="button" class="list-group-item p-1">法国</button>
<button type="button" class="list-group-item p-1">美国</button>
<button type="button" class="list-group-item p-1">加拿大</button>
</div>
</aside>
```

运行效果如图 7-19 所示。

（2）产地筛选栏响应式。

- PC 端界面使用.d-lg-block 类和.d-none 类显示 PC 端产地筛选栏，隐藏移动端产地筛选栏。
- 移动端界面使用.d-block 类和.d-lg-none 类显示移动端产地筛选栏，隐藏 PC 端产地筛选栏。

```
<!-- PC 端产地筛选栏 -->
<aside class="col-lg-3 col-12 d-lg-block d-none">
<div class="list-group">
<button type="button" class="list-group-item active" disabled>中国</button>
<button type="button" class="list-group-item">法国</button>
<button type="button" class="list-group-item">美国</button>
<button type="button" class="list-group-item">加拿大</button>
</div>
</aside>
<!-- 移动端产地筛选栏 -->
<aside class="col-lg-3 col-12 d-block d-lg-none mb-2">
<div class="list-group d-flex flex-row justify-content-between align-items-center">
<button type="button" class="list-group-item active p-1" disabled>中国</button>
<button type="button" class="list-group-item p-1">法国</button>
<button type="button" class="list-group-item p-1">美国</button>
<button type="button" class="list-group-item p-1">加拿大</button>
</div>
</aside>
```

运行效果如图 7-20 所示。

图 7-19

图 7-20

第 8 章
MySQL（MySQL 基本操作）

8.1 实验目标

MySQL 相关内容将在第 8 章和第 9 章进行讲解，本章实验目标如下。

（1）掌握下载、安装及登录 MySQL 的方法。

（2）掌握使用 MySQL 命令创建数据库的方法。

（3）掌握使用 MySQL 命令进入数据库的方法。

（4）掌握使用 MySQL 命令查看数据库的方法。

（5）掌握使用 MySQL 命令删除数据库的方法。

（6）综合应用 MySQL，进行“MySQL 基本操作”的学习。

知识地图如图 8-1 所示。

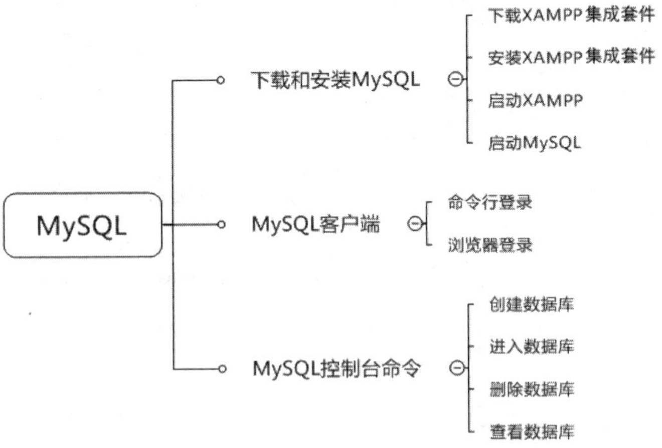

图 8-1

8.2 实验任务

（1）下载并安装 XAMPP 集成套件，使用 XAMPP 集成套件中的 MySQL。

（2）使用 XAMPP 控制面板中的“Shell”命令行工具，修改 MySQL 登录密码并登录 MySQL。

（3）在浏览器中打开 XAMPP 中的 MySQL Web 管理端界面，使用 MySQL Web 管理端登录数据库。

（4）操作数据库的常用命令如下。

- 使用“create database”命令创建 questiondb 数据库。
- 使用“use”命令进入 questiondb 数据库。
- 使用“show databases”命令查看 questiondb 数据库。

8.3 设计思路

1．下载和安装 MySQL

下载并安装 XAMPP 集成套件，使用 XAMPP 集成套件中的 MySQL。

2．使用命令行登录 MySQL

（1）打开 XAMPP 控制面板中的“Shell”命令行工具。

（2）使用 MySQL 命令修改登录密码。

（3）使用 MySQL 命令登录数据库。

3．使用 MySQL Web 管理端登录数据库

（1）单击控制面板中 Apache 的“Config”按钮，打开 phpMyAdmin(config.inc.php)文件，修改 config.inc.php 中的 MySQL 密码，以便能够操作 MySQL Web 管理端。

（2）在浏览器中打开 MySQL 管理端界面，登录 MySQL。

4．操作数据库的常用命令

（1）在 MySQL 命令行中使用“create database”命令创建 questiondb 数据库。

（2）在 MySQL 命令行中使用“use”命令进入 questiondb 数据库。

（3）在 MySQL 命令行中使用“show databases”命令查看 questiondb 数据库。

8.4 实验实施（跟我做）

8.4.1 步骤一：下载并安装 MySQL

1．下载 MySQL

有如下两种方式可以下载 MySQL。

- 方式一：进入 MySQL 官方网站（https://dev.mysql.com/downloads/mysql/）进行下载。
- 方式二：下载 XAMPP 集成套件，XAMPP 集成套件中包含 MySQL。

我们采用第二种方式，下载 XAMPP 集成套件，使用套件中的 MySQL。

2．下载 XAMPP

进入 XAMPP 官方网站（https://www.apachefriends.org/zh_cn/download.html）进行下载，如图 8-2 所示。

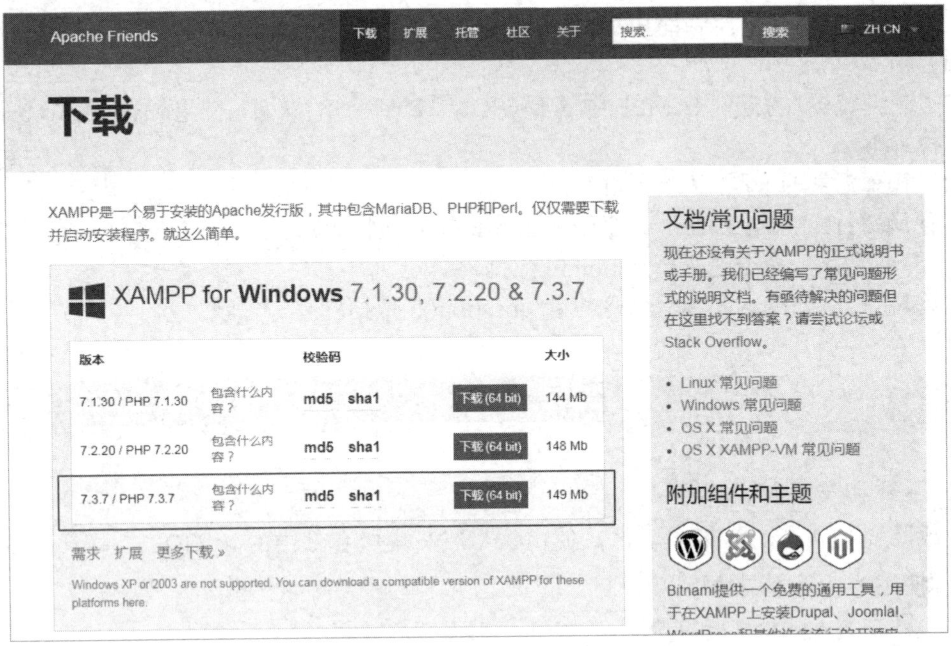

图 8-2

3．打开 XAMPP Control Panel

在控制面板中，我们可以看到有一项是 MySQL，如图 8-3 所示。

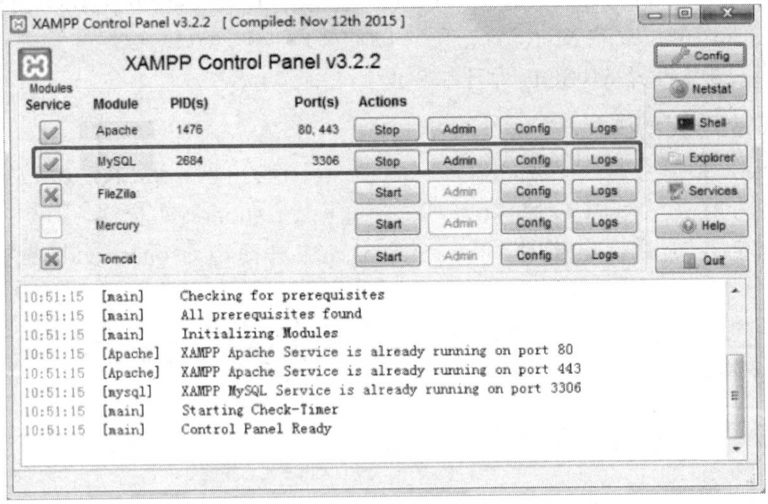

图 8-3

8.4.2　步骤二：登录 MySQL

在 XAMPP 中有两种方式可以登录 MySQL。

1．命令行登录 MySQL

（1）单击 XAMPP 控制面板中的“Shell”按钮，如图 8-4 所示，打开 Windows 命令行界面。

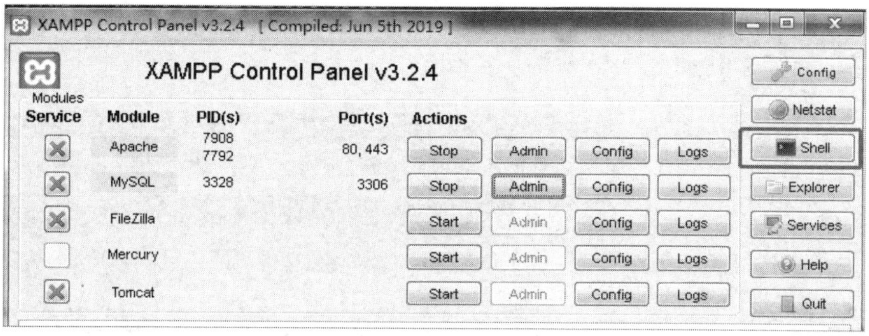

图 8-4

（2）使用# mysqladmin --user=root password 123456 语法修改 MySQL 密码，此处假设将新密码设置为 123456，如图 8-5 所示。

图 8-5

（3）执行命令 mysql -uroot -p，这时候会提示用户输入密码，填入正确密码即可登录成功，进入 MySQL 命令行模式，如图 8-6 所示。

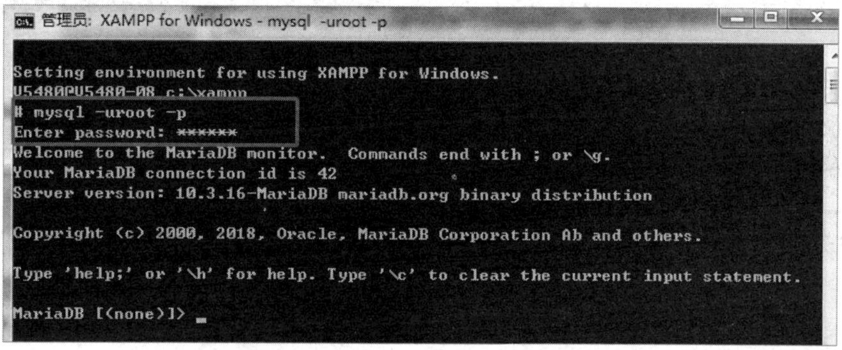

图 8-6

2．MySQL Web 管理端

（1）修改 config.inc.php 中的 MySQL 密码，以便能够操作 MySQL Web 管理端，单击控制面板中 Apache 的“Config”按钮，打开 phpMyAdmin(config.inc.php)文件，即可修改密码，如图 8-7 所示。

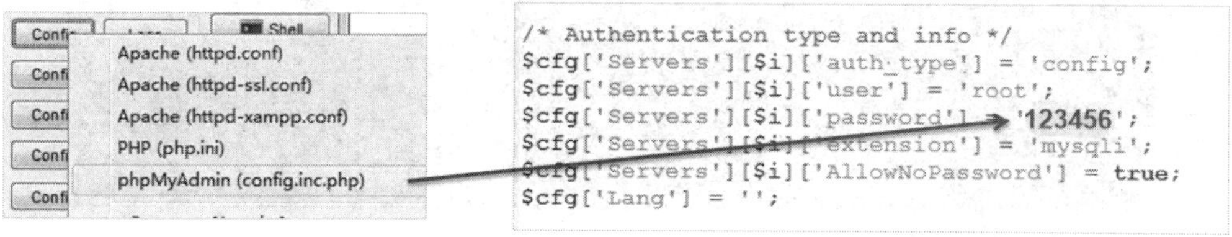

图 8-7

（2）单击 XAMPP 控制面板中 MySQL 的“Admin”按钮，就会在浏览器中打开 MySQL 管理端界面，如图 8-8 所示。

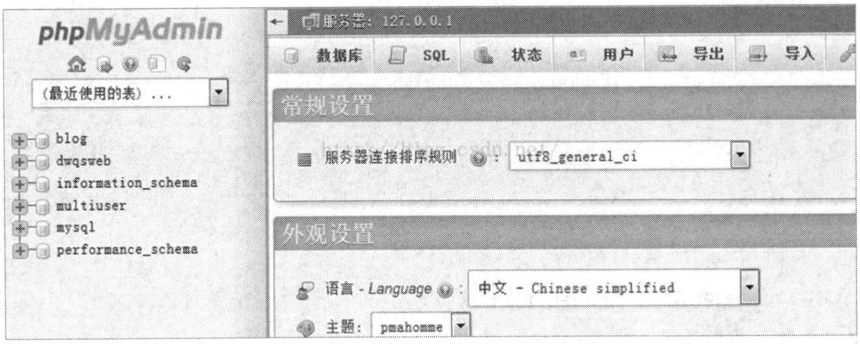

图 8-8

8.4.3 步骤三：数据库基本操作

（1）创建一个数据库 questiondb。

```
create database questiondb;
```

如图 8-9 所示。

```
mysql> create database questiondb;
Query OK, 1 row affected (0.00 sec)
```

图 8-9

（2）进入 questiondb 数据库。

```
use questiondb;
```

如图 8-10 所示。

```
mysql> use questiondb;
Database changed
```

图 8-10

（3）删除数据库。

```
drop database [if exists] questiondb;
```

（4）查看所有数据库。

```
show databases;
```

如图 8-11 所示。

```
mysql> show databases;
+--------------------+
| Database           |
+--------------------+
| information_schema |
| mysql              |
| performance_schema |
| questiondb         |
| test               |
+--------------------+
5 rows in set (0.00 sec)
```

图 8-11

第 9 章 MySQL（试题信息管理）

9.1 实验目标

（1）掌握 MySQL 中创建数据库的方法。
（2）掌握 MySQL 中创建表，以及设置约束、设置自增型字段的方法。
（3）掌握 MySQL 中修改表、删除表的方法。
（4）掌握 MySQL 中表数据的插入、修改、查询和删除方法。
（5）掌握 MySQL 存储过程的使用方法。
（6）掌握 MySQL 触发器的使用方法。
（7）掌握 MySQL 事务的使用方法。
（8）掌握 MySQL 视图的使用方法。
（9）综合应用 MySQL，实现“试题信息管理”数据库的各类操作和管理。

知识地图如图 9-1 所示。

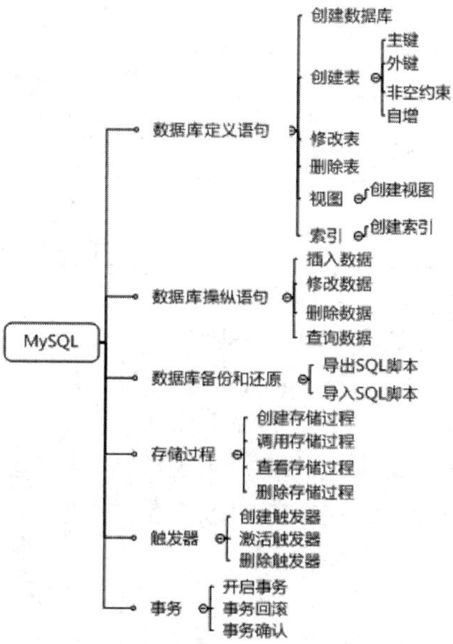

图 9-1

9.2 实验任务

试题管理系统是用于试题录入的管理系统，试题管理系统数据库则用于对系统中试题等相关数据的存储和管理，包括试题表（t_question）和选项表（t_option），一个试题包含多个选项，因此试题与选项的关系是一对多的关系，数据库关系如图 9-2 所示。

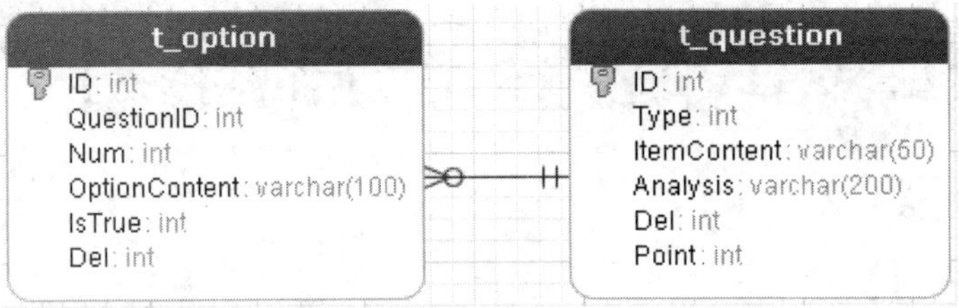

图 9-2

试题表（t_question）的详细信息如表 9-1 所示。

表 9-1

名　称	字 段 名	数 据 类 型	备　注
ID	ID	int(11)	主键，自增，每次增量为 1
题型	Type	int(11)	0 表示单选，1 表示多选。不能为空
题干	ItemContent	varchar(50)	不能为空
题典分析	Analysis	varchar(200)	可以为空
删除标识	Del	int(11)	0 表示正常，1 表示已删除。默认值为 0
分值	Score	int(11)	试题的分值，默认值为 0

选项表需要与试题表进行关联，选项表（t_option）的详细信息如表 9-2 所示。

表 9-2

名　称	字 段 名	数 据 类 型	备　注
ID	ID	int(11)	主键，自增，每次增量为 1。不能为空
试题 ID	QuestionID	int(11)	外键，参照试题表。不能为空
选项号	Num	int(11)	0 表示 A，1 表示 B，2 表示 C，3 表示 D。不能为空
选项内容	OptionContent	varchar(100)	不能为空
标识是否是正确选项	IsTrue	int(11)	0 表示不是正确选项，1 表示是正确选项。不能为空
删除标识	Del	int(11)	0 表示正常，1 表示已删除。默认值为 0

本章需完成如下试题管理系统数据库的操作。

（1）创建试题管理系统数据库 questiondb。

（2）创建试题表（t_question）和选项表（t_option）。

（3）对试题表（t_question）进行表的修改操作。

- 向试题表（t_question）增加“分数”属性，数据类型为 float，默认值为 0。
- 修改字段类型，将 Score 的数据类型改为整数。
- 修改字段名，将 Score 改为 Point。
- 复制试题表（t_question）结构，创建 t_questionCopy 表。
- 对试题表（t_questionCopy1）进行表的删除操作。

（4）为试题表（t_question）创建一个虚拟表 v_question ，作为试题表的一个视图，它只显示试题表中的 ID 和题干信息。

（5）在试题表（t_question）的 ID 列上按降序创建一个唯一索引。

（6）向试题表（t_question）中插入 1 条记录。

（7）将创建表结构和数据的 SQL 语句生成 SQL 脚本。

（8）开启事务，并将试题表（t_question）中 ID 为 1 的记录的 Del 字段值修改为 1，之后进行事务回滚。

（9）创建触发器，使选项表（t_option）与相应试题表（t_question）的删除标识 Del 同步更新。

（10）创建一个存储过程，新增一道试题，向试题表（t_question）和选项表（t_option）分别添加 1 条记录。

9.3 设计思路

完成试题管理系统数据库的创建、数据表的创建与修改、视图的创建、索引的创建、事务的管理、触发器的创建、存储过程的创建等操作。

1. 创建数据库和表

（1）创建试题管理系统数据库 questiondb。

```
create database questiondb;
```

（2）创建试题表（t_question）。

```
create table t_question
(
   ID int not null primary key auto_increment,
   Type int not null check(Type IN(0,1)) ,
   ItemContent varchar(50) not null,
   Analysis varchar(200),
   Del int not null default 0 check(Del IN(0,1))
);
```

（3）创建选项表（t_option）。

```
create table t_option
(
   ID int not null primary key auto_increment,
   QuestionID int not null,
   Num int not null check(Num IN(0,1,2,3)),
   OptionContent varchar(100) not null,
   IsTrue int not null check(IsTrue IN(0,1)),
   Del int not null default 0 check(Del IN(0,1)),
   foreign key(QuestionID) references t_question(ID)
);
```

2. 创建试题表（t_question）的视图

创建试题表（t_question）的视图，只显示 ID 与 ItemContent。

```
create view v_question AS select ID,ItemContent from t_question;
```

3. 创建索引

在试题表（t_question）的 ID 列上，按降序创建一个唯一索引。

```
create unique INDEX QueID on t_question(ID) DESC;
```

4. 管理数据表

对试题表（t_question）进行表的修改操作。

（1）向试题表（t_question）增加“分数”属性，数据类型为 float，默认值为 0。

```
alter table t_question add Score float(3,1) default '0';
```

（2）修改字段类型，将 Score 的数据类型修改为整数。

```
alter table t_question modify column Score int;
```

（3）修改字段名，将 Score 修改为 Point。

```
alter table t_question change Score Point int default '0';
```

（4）复制试题表（t_question）结构，创建 t_questionCopy 表。

```
CREATE  TABLE  t_questionCopy (LIKE t_question);
```

（5）删除 t_questionCopy1 表。

```
drop table t_questionCopy1 cascade;
```

（6）向试题表（t_question）中插入 1 条记录。

```
insert into t_question(ID,Type,ItemContent,Analysis,Del)
values(1,0,‘数据库系统的核心是','数据库知识',0);
```

（7）向选项表（t_option）中插入 4 条记录。

```
insert into t_option values('1','1','0','数据模型','1','0'), ('2','1','1','数
据库管理系统','0','0'), ('3','1','2','数据库','0','0'), ('4','1','3','数据库管理
员','0','0');
```

5. 查询数据表

（1）查询试题表（t_question）的 ID 与 ItemContent 列。

```
select ID,ItemContent from t_question;
```

（2）查询试题表（t_question）所有列。

```
select * from t_question;
select ID,Type,ItemContent,Analysis,Del,Point from t_question;
```

6. 备份与还原方式

（1）将数据库 questiondb 导出到“D:/mysql_study”文件夹。

```
mysqldump -uroot -p --default-character-set=utf8 questiondb > D:/mysql_study/
questiondb_export.sql
```

（2）进入 questiondb 数据库并导入“D:/mysql_study/questiondb.sql”位置的脚本。

```
source D:/mysql_study/questiondb.sql;
```

7. 事务控制

开启事务，并将试题表（t_question）中 ID 为 1 的记录的 Del 字段值修改为 1，之后进行事务回滚，查看修改结果。

```
start transaction;
update t_question set Del = 1 where ID = 1;
rollback;
select * from t_question;
```

8. 添加触发器

（1）为了使选项表与相应试题表的删除标识 Del 同步更新，我们创建如下触发器。

```
create trigger shanchu after update on t_question for each row
update t_option set Del=(select Del from t_question where t_option.QuestionID =
t_question.ID);
```

（2）通过 update 语句激活触发器，更新试题表（t_question），设置 ID 为 1 的记录的

Del 值为 1。

```
update t_question set Del = 1 where ID = 1;
```

9. 创建存储过程

创建 1 个存储过程，向试题库新增 1 道试题，向试题表（t_question）和选项表（t_option）分别添加 1 条记录。

9.4 实验实施（跟我做）

9.4.1 步骤一：创建数据库

（1）创建一个试题管理系统数据库 questiondb。

```
create database questiondb;
```

如图 9-3 所示。

图 9-3

（2）进入刚才创建的 questiondb 数据库。

```
use questiondb;
```

如图 9-4 所示。

图 9-4

（3）查看所有数据库。

```
show databases;
```

如图 9-5 所示。

图 9-5

9.4.2 步骤二：创建表

（1）在当前数据库内创建一个试题表（t_question）。

```
create table t_question
(
   ID int not null primary key auto_increment,
   Type int not null check(Type IN(0,1)) ,
   ItemContent varchar(50) not null,
```

```
    Analysis varchar(200),
    Del int not null default 0 check(Del IN(0,1))
);
```

试题表（t_question）的详细信息如表 9-1 所示。

（2）在当前数据库内创建一个选项表（t_option）。

```
create table t_option
(
    ID int not null primary key auto_increment,
    QuestionID int not null,
    Num int not null check(Num IN(0,1,2,3)),
    OptionContent varchar(100) not null,
    IsTrue int not null check(IsTrue IN(0,1)),
    Del int not null default 0 check(Del IN(0,1)),
    foreign key(QuestionID) references t_question(ID)
);
```

选项表（t_option）的详细信息如表 9-2 所示。

（3）查看表结构，如图 9-6 所示。

```
desc t_question;
```

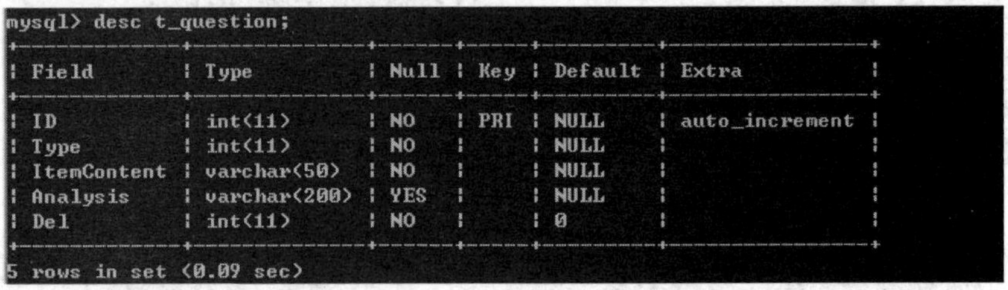

```
mysql> desc t_question;
+-------------+--------------+------+-----+---------+----------------+
| Field       | Type         | Null | Key | Default | Extra          |
+-------------+--------------+------+-----+---------+----------------+
| ID          | int(11)      | NO   | PRI | NULL    | auto_increment |
| Type        | int(11)      | NO   |     | NULL    |                |
| ItemContent | varchar(50)  | NO   |     | NULL    |                |
| Analysis    | varchar(200) | YES  |     | NULL    |                |
| Del         | int(11)      | NO   |     | 0       |                |
+-------------+--------------+------+-----+---------+----------------+
5 rows in set (0.09 sec)
```

图 9-6

说明如下。

- Field：表示字段名。
- Type：表示字段数据类型。
- Null：表示该列是否可以存储 Null 值。
- Key：表示该列的键值。
- Default：表示该列是否有默认值。
- Extra：表示可以获取的与给定列有关的附加信息。

（4）复制试题表（t_question）结构，创建 t_questionCopy 表。

```
CREATE  TABLE  t_questionCopy (LIKE t_question);
```

查看 t_questionCopy 表结构，如图 9-7 所示。

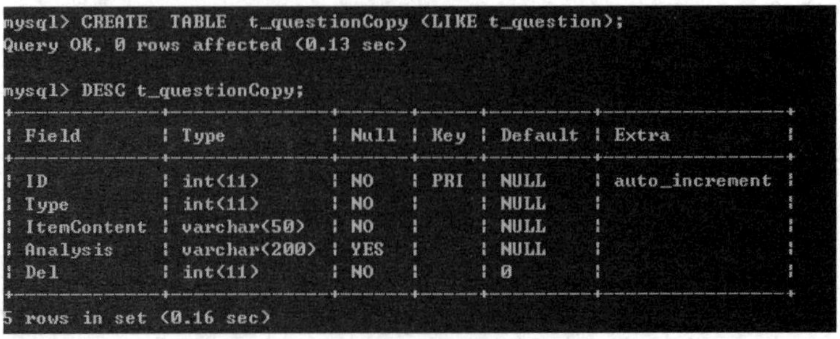

```
mysql> CREATE  TABLE  t_questionCopy (LIKE t_question);
Query OK, 0 rows affected (0.13 sec)

mysql> DESC t_questionCopy;
+-------------+--------------+------+-----+---------+----------------+
| Field       | Type         | Null | Key | Default | Extra          |
+-------------+--------------+------+-----+---------+----------------+
| ID          | int(11)      | NO   | PRI | NULL    | auto_increment |
| Type        | int(11)      | NO   |     | NULL    |                |
| ItemContent | varchar(50)  | NO   |     | NULL    |                |
| Analysis    | varchar(200) | YES  |     | NULL    |                |
| Del         | int(11)      | NO   |     | 0       |                |
+-------------+--------------+------+-----+---------+----------------+
5 rows in set (0.16 sec)
```

图 9-7

9.4.3　步骤三：表的操作

（1）对试题表（t_question）进行表的修改操作。

- 向试题表（t_question）增加“分数”属性，数据类型为 float，默认值为 0。

```
alter table t_question add Score float(3,1) default '0';
```

- 修改字段类型，将 Score 的数据类型修改为整数。

```
alter table t_question modify column Score int;
```

- 修改字段名，将 Score 修改为 Point。

```
alter table t_question change Score Point int default '0';
```

查看试题表（t_question）结构，如图 9-8 所示。

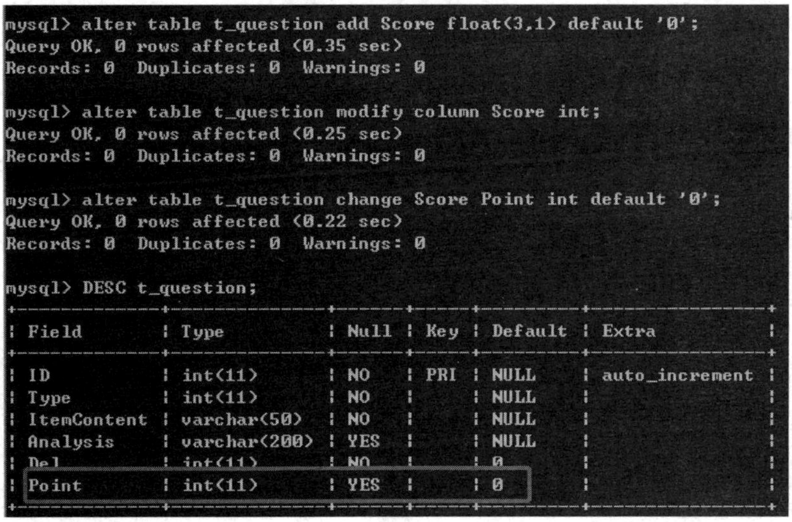

```
mysql> alter table t_question add Score float(3,1) default '0';
Query OK, 0 rows affected (0.35 sec)
Records: 0  Duplicates: 0  Warnings: 0

mysql> alter table t_question modify column Score int;
Query OK, 0 rows affected (0.25 sec)
Records: 0  Duplicates: 0  Warnings: 0

mysql> alter table t_question change Score Point int default '0';
Query OK, 0 rows affected (0.22 sec)
Records: 0  Duplicates: 0  Warnings: 0

mysql> DESC t_question;
+-------------+--------------+------+-----+---------+----------------+
| Field       | Type         | Null | Key | Default | Extra          |
+-------------+--------------+------+-----+---------+----------------+
| ID          | int(11)      | NO   | PRI | NULL    | auto_increment |
| Type        | int(11)      | NO   |     | NULL    |                |
| ItemContent | varchar(50)  | NO   |     | NULL    |                |
| Analysis    | varchar(200) | YES  |     | NULL    |                |
| Del         | int(11)      | NO   |     | 0       |                |
| Point       | int(11)      | YES  |     | 0       |                |
+-------------+--------------+------+-----+---------+----------------+
```

图 9-8

（2）修改表名，将 t_questionCopy 更名为 t_questionCopy1。

```
alter table t_questionCopy rename t_questionCopy1;
```

查看数据库中的所有表，　如图 9-9 所示。

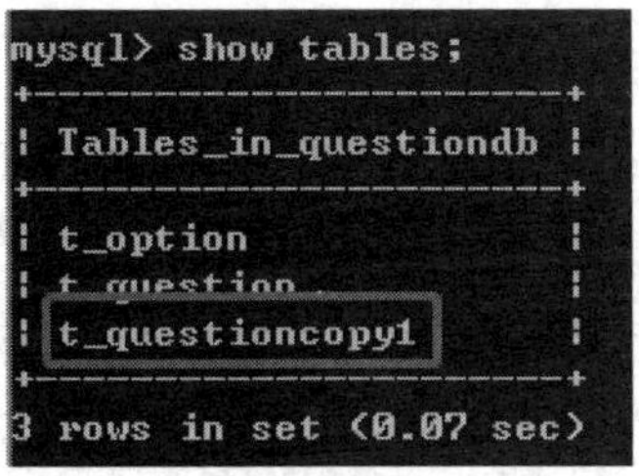

```
mysql> show tables;
+----------------------+
| Tables_in_questiondb |
+----------------------+
| t_option             |
| t_question           |
| t_questioncopy1      |
+----------------------+
3 rows in set (0.07 sec)
```

图 9-9

（3）对试题表（t_questionCopy1）进行表的删除操作。

- 删除 Point 字段。

```
alter table t_questionCopy1 drop Point;
```

- 删除试题表（t_questionCopy1）。

```
drop table t_questionCopy1 cascade;
```

9.4.4 步骤四：视图

创建试题表（t_question）的视图，只显示 ID 与 ItemContent。

```
create view v_question AS select ID,ItemContent from t_question;
```

视图：从一个或几个基本表（或视图）导出的表。它是一个存在于数据库的虚拟表，本身没有数据。视图可以用于隐藏当前表的真实定义。

9.4.5 步骤五：索引

在试题表（t_question）的 ID 列上按降序创建一个唯一索引。

```
create unique INDEX QueID on t_question(ID) DESC;
```

索引：帮助 MySQL 高效获取数据的数据结构。用户可以根据需要在基本表上建立一个或多个索引，以提供多种存取路径，加快查找速度。

9.4.6 步骤六：管理表数据

（1）向试题表（t_question）中插入 1 条记录。

```
insert into t_question(ID,Type,ItemContent,Analysis,Del)
values(1,0,‘数据库系统的核心是','数据库知识',0);
```

查看表数据，如图 9-10 所示。

```
mysql> select * from t_question;
+----+------+----------------------+------------+-----+-------+
| ID | Type | ItemContent          | Analysis   | Del | Point |
+----+------+----------------------+------------+-----+-------+
|  1 |    0 | 数据库系统的核心是   | 数据库知识 |   0 |     0 |
+----+------+----------------------+------------+-----+-------+
1 row in set (0.00 sec)
```

图 9-10

（2）向选项表（t_option）中插入 4 条记录。

```
insert into t_option values('1','1','0','数据模型','1','0'), ('2','1','1','数据库管理系统','0','0'), ('3','1','2','数据库','0','0'), ('4','1','3','数据库管理员','0','0');
```

查看表数据，如图 9-11 所示。

```
mysql> select * from t_option;
+----+------------+-----+----------------+--------+-----+
| ID | QuestionID | Num | OptionContent  | IsTrue | Del |
+----+------------+-----+----------------+--------+-----+
|  1 |          1 |   0 | 数据模型       |      1 |   0 |
|  2 |          1 |   1 | 数据库管理系统 |      0 |   0 |
|  3 |          1 |   2 | 数据库         |      0 |   0 |
|  4 |          1 |   3 | 数据库管理员   |      0 |   0 |
+----+------------+-----+----------------+--------+-----+
4 rows in set (0.00 sec)
```

图 9-11

（3）删除试题表（t_question）中 ID 为 2 的行。

```
delete from t_question where ID = 2;
```

查看表数据，如图 9-12 所示。

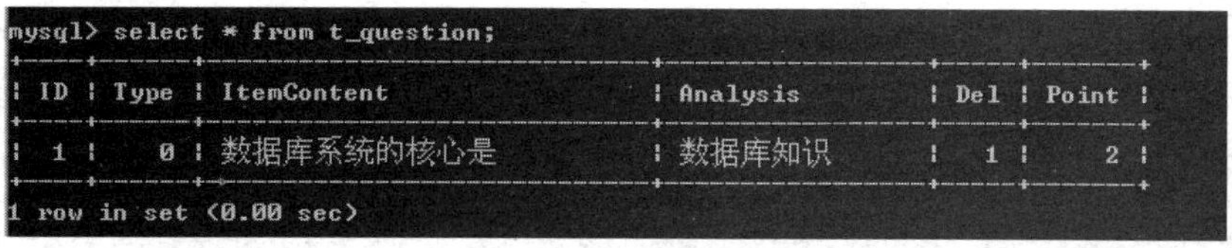

```
mysql> select * from t_question;
+----+------+--------------------+------------+-----+-------+
| ID | Type | ItemContent        | Analysis   | Del | Point |
+----+------+--------------------+------------+-----+-------+
|  1 |    0 | 数据库系统的核心是 | 数据库知识 |   1 |     2 |
+----+------+--------------------+------------+-----+-------+
1 row in set (0.00 sec)
```

图 9-12

9.4.7　步骤七：查询表数据

（1）查询试题表（t_question）的 ID 与 ItemContent 列。

```
select ID,ItemContent from t_question;
```

运行结果如图 9-13 所示。

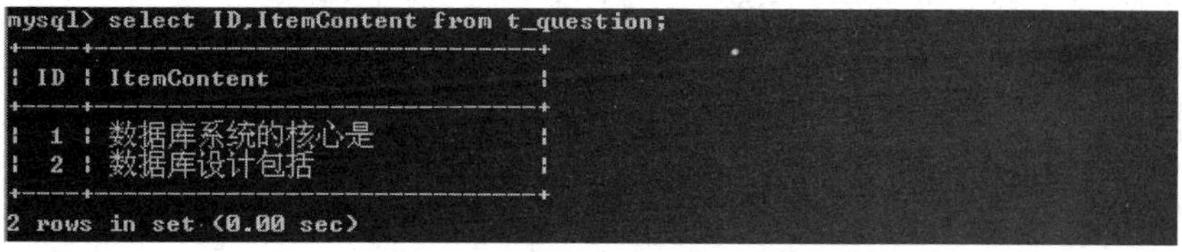

```
mysql> select ID,ItemContent from t_question;
+----+--------------------+
| ID | ItemContent        |
+----+--------------------+
|  1 | 数据库系统的核心是 |
|  2 | 数据库设计包括     |
+----+--------------------+
2 rows in set (0.00 sec)
```

图 9-13

（2）查询试题表（t_question）的所有列。

查询所有列可以通过如下两种方法。

- 在 select 关键字后面列出所有属性列名。
- 在 select 关键字后面使用星号（*）列出所有属性列名，属性列名的顺序与其在基本表中的顺序相同。

```
select * from t_question;
select ID,Type,ItemContent,Analysis,Del,Point from t_question;
```

运行结果如图 9-14 所示。

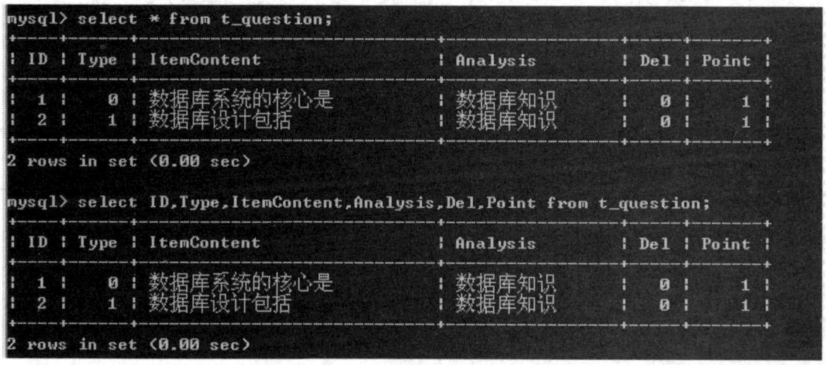

```
mysql> select * from t_question;
+----+------+--------------------+------------+-----+-------+
| ID | Type | ItemContent        | Analysis   | Del | Point |
+----+------+--------------------+------------+-----+-------+
|  1 |    0 | 数据库系统的核心是 | 数据库知识 |   0 |     1 |
|  2 |    1 | 数据库设计包括     | 数据库知识 |   0 |     1 |
+----+------+--------------------+------------+-----+-------+
2 rows in set (0.00 sec)

mysql> select ID,Type,ItemContent,Analysis,Del,Point from t_question;
+----+------+--------------------+------------+-----+-------+
| ID | Type | ItemContent        | Analysis   | Del | Point |
+----+------+--------------------+------------+-----+-------+
|  1 |    0 | 数据库系统的核心是 | 数据库知识 |   0 |     1 |
|  2 |    1 | 数据库设计包括     | 数据库知识 |   0 |     1 |
+----+------+--------------------+------------+-----+-------+
2 rows in set (0.00 sec)
```

图 9-14

（3）查询满足条件的记录。

查询试题表（t_question）内 ID 小于 2 或大于 3 的所有记录。

```
select * from t_question where ID < 2 OR ID >3;
```

运行结果如图 9-15 所示。

图 9-15

查询条件及其运算符如表 9-3 所示。

表 9-3

查 询 条 件	运 算 符
比较	=、>、<、>=、<=、!=、!>、!<、<>;NOT+上述比较符
确定范围	BETWEEN AND、NOT BETWEEN AND
确定集合	IN、NOT IN
字符匹配	LIKE、NOT LIKE
空值	IS NULL、IS NOT NULL
多重条件（逻辑运算）	AND、OR、NOT

9.4.8 步骤八：导入和导出数据库脚本

1．导出整个数据库

mysqldump 指令：mysqldump -u [username] -p [-opt] [databasename] > [filepath] （其中[-opt]是参数设置，可选）。

将数据库 questiondb 导出到“D:/mysql_study”文件夹，如图 9-16 所示。

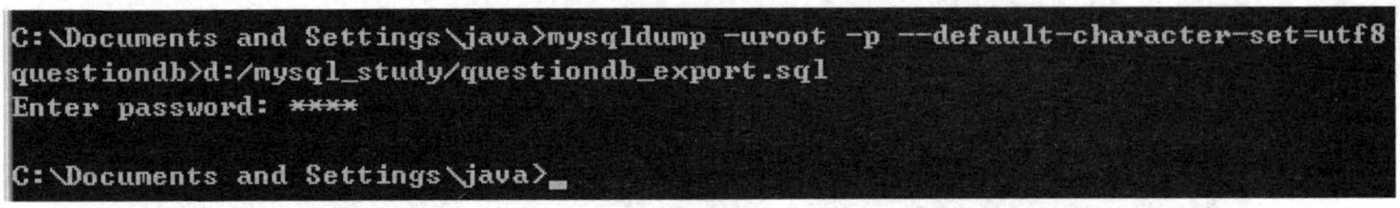

图 9-16

查看导出文件，如图 9-17 所示。

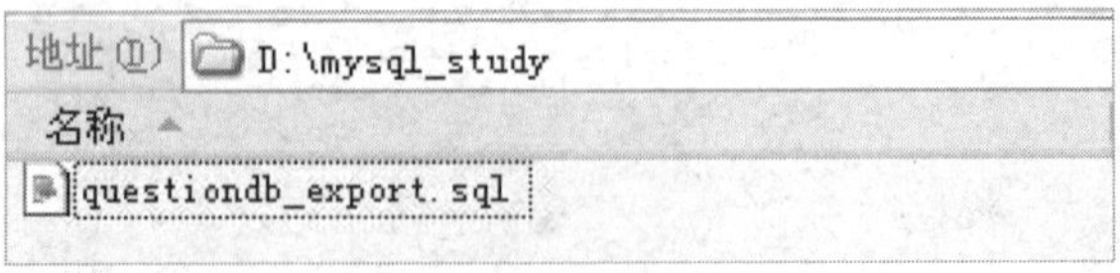

图 9-17

2．导入 SQL 脚本：source 文件路径

进入 questiondb 数据库并导入“D:/mysql_study/questiondb.sql”位置的脚本。

```
source D:/mysql_study/questiondb.sql;
```

注意：脚本路径使用“/”隔开，而不使用反斜杠“\”。

运行结果如图 9-18 所示。

```
mysql> use questiondb;
Database changed
mysql> source D:/mysql_study/questiondb.sql;
Query OK, 0 rows affected (0.00 sec)

Query OK, 0 rows affected (0.00 sec)
```

图 9-18

9.4.9 步骤九：事务控制

1. 开启事务

开启事务可以使用如下语句：

```
START TRANSACTION ;
```

或者使用如下语句：

```
BEGIN WORK;
```

上述两条语句都可以用来开启事务，但是 START TRANSACTION 更为常用。

注意： 事务不可以嵌套，当第二个事务开始时系统会自动提交第一个事务。

2. 事务回滚

开启事务，并将试题表（t_question）中 ID 为 1 的记录的 Del 字段值修改为 1，之后进行事务回滚，查看修改结果。

```
start transaction;
update t_question set Del = 1 where ID = 1;
rollback;
select * from t_question;
```

运行结果如图 9-19 所示。

```
mysql> start transaction;
Query OK, 0 rows affected (0.00 sec)

mysql> update t_question set Del = 1 where ID = 1;
Query OK, 1 row affected (0.01 sec)
Rows matched: 1  Changed: 1  Warnings: 0

mysql> rollback;
Query OK, 0 rows affected (0.05 sec)

mysql> select * from t_question;
+----+------+--------------------+------------+-----+-------+
| ID | Type | ItemContent        | Analysis   | Del | Point |
+----+------+--------------------+------------+-----+-------+
|  1 |    0 | 数据库系统的核心是 | 数据库知识 |   0 |     1 |
|  2 |    1 | 数据库设计包括     | 数据库知识 |   0 |     1 |
+----+------+--------------------+------------+-----+-------+
2 rows in set (0.00 sec)
```

图 9-19

3. 事务确认

开启事务，设置试题表（t_question）与选项表（t_option）同一试题的 Del 字段值为 1，然后确认提交，查看修改结果。

```
start transaction;
update t_question set Del = 1 where ID = 1;
```

```
update t_option set Del = 1 where QuestionID = 1;
commit;
select * from t_question;
```

运行结果如图 9-20 所示。

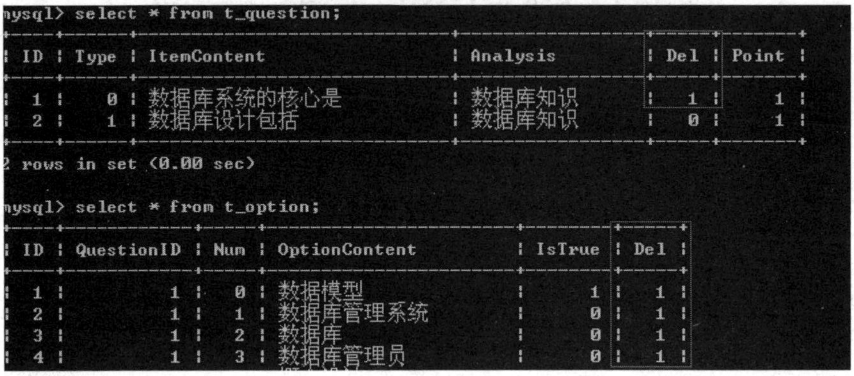

```
mysql> select * from t_question;
+----+------+----------------------+----------+-----+-------+
| ID | Type | ItemContent          | Analysis | Del | Point |
+----+------+----------------------+----------+-----+-------+
|  1 |    0 | 数据库系统的核心是   | 数据库知识 |   1 |     1 |
|  2 |    1 | 数据库设计包括       | 数据库知识 |   0 |     1 |
+----+------+----------------------+----------+-----+-------+
2 rows in set (0.00 sec)

mysql> select * from t_option;
+----+------------+-----+----------------+--------+-----+
| ID | QuestionID | Num | OptionContent  | IsTrue | Del |
+----+------------+-----+----------------+--------+-----+
|  1 |          1 |   0 | 数据模型       |      1 |   1 |
|  2 |          1 |   1 | 数据库管理系统 |      0 |   1 |
|  3 |          1 |   2 | 数据库         |      0 |   1 |
|  4 |          1 |   3 | 数据库管理员   |      0 |   1 |
```

图 9-20

4. 自动提交

MySQL 默认的执行方式是自动提交， 也就是 SQL 语句执行完毕会自动提交工作。可以使用 SET 语句设置 MySQL 是否自动提交。

- 开启自动提交。

```
SET AUTOCOMMINT = 1;
```

- 关闭自动提交。

```
SET AUTOCOMMINT = 0;
```

- 查看自动提交当前的状态。

```
show variables like 'autocommit';
```

运行结果如图 9-21 所示。

```
mysql> show variables like 'autocommit';
+---------------+-------+
| Variable_name | Value |
+---------------+-------+
| autocommit    | ON    |
+---------------+-------+
1 row in set (0.00 sec)
```

图 9-21

Value 为 ON 则表示当前状态为开启自动提交。

9.4.10 步骤十：触发器

（1）为了使选项表与相应试题表的删除标识 Del 同步更新，我们创建如下触发器。

```
create trigger shanchu after update on t_question for each row
update t_option set Del=(select Del from t_question where t_option.QuestionID =
t_question.ID);
```

（2）有了触发器，可以通过 update 语句来激活触发器。

更新试题表，设置 ID 为 1 的记录的 Del 值为 1。

```
update t_question set Del = 1 where ID = 1;
```

（3）操作步骤如下。

- 创建触发器，如图 9-22 所示。

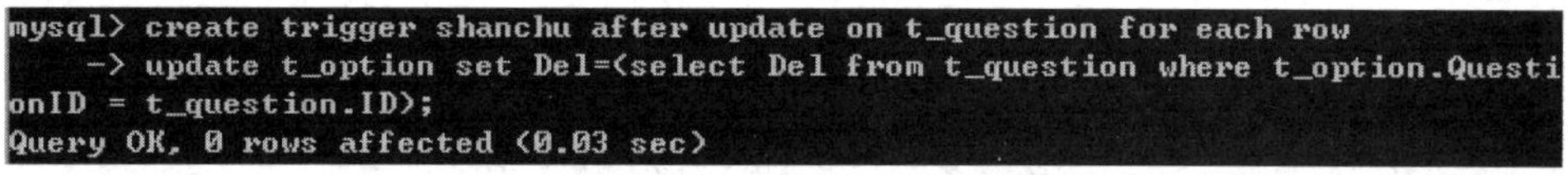

```
mysql> create trigger shanchu after update on t_question for each row
    -> update t_option set Del=(select Del from t_question where t_option.QuestionID = t_question.ID);
Query OK, 0 rows affected (0.03 sec)
```

图 9-22

- 激活触发器，如图 9-23 所示。

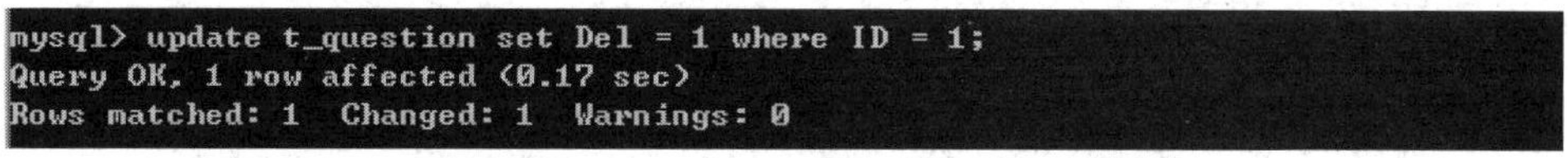

```
mysql> update t_question set Del = 1 where ID = 1;
Query OK, 1 row affected (0.17 sec)
Rows matched: 1  Changed: 1  Warnings: 0
```

图 9-23

- 查看更新前的结果，如图 9-24 所示。

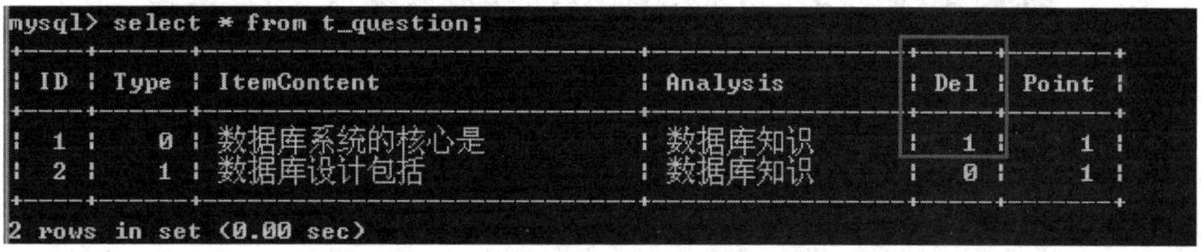

```
mysql> select * from t_question;
+----+------+----------------------+------------+-----+-------+
| ID | Type | ItemContent          | Analysis   | Del | Point |
+----+------+----------------------+------------+-----+-------+
|  1 |    0 | 数据库系统的核心是   | 数据库知识 |   1 |     1 |
|  2 |    1 | 数据库设计包括       | 数据库知识 |   0 |     1 |
+----+------+----------------------+------------+-----+-------+
2 rows in set (0.00 sec)
```

图 9-24

- 查看更新后的结果，如图 9-25 所示。

```
mysql> select * from t_option;
+----+------------+-----+----------------+--------+-----+
| ID | QuestionID | Num | OptionContent  | IsTrue | Del |
+----+------------+-----+----------------+--------+-----+
|  1 |          1 |   0 | 数据模型       |      1 |   1 |
|  2 |          1 |   1 | 数据库管理系统 |      0 |   1 |
|  3 |          1 |   2 | 数据库         |      0 |   1 |
|  4 |          1 |   3 | 数据库管理员   |      0 |   1 |
```

图 9-25

（4）删除触发器。

```
DROP TRIGGER [if exists ] shanchu;
```

运行结果如图 9-26 所示。

```
mysql> DROP TRIGGER if exists shanchu ;
Query OK, 0 rows affected (0.00 sec)
```

图 9-26

9.4.11 步骤十一：存储过程

创建一个存储过程，新增一道试题，向试题表和选项表分别添加一条记录。

```
delimiter $$
create procedure xinzeng()
BEGIN
insert into t_question(Type,ItemContent,Analysis,Del) values (0,'新增试题',
'存储过程',0);
insert into t_option(QuestionID,Num,OptionContent,IsTrue) values ('1','0',
```

```
'新增选项','1');
END
$$
delimiter ;
```

（1）调用存储过程。

MySQL 可以使用 CALL 语句来调用存储过程。

```
CALL xinzeng();
```

（2）查看存储过程状态。

```
SHOW PROCEDURE STATUS \G;
```

运行结果如图 9-27 所示。

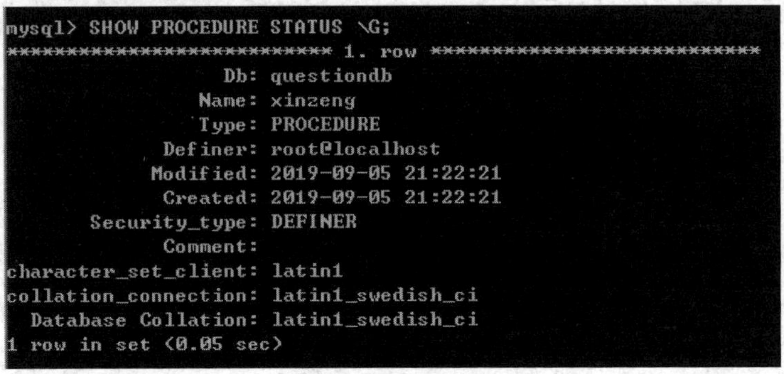

```
mysql> SHOW PROCEDURE STATUS \G;
*************************** 1. row ***************************
                  Db: questiondb
                Name: xinzeng
                Type: PROCEDURE
             Definer: root@localhost
            Modified: 2019-09-05 21:22:21
             Created: 2019-09-05 21:22:21
       Security_type: DEFINER
             Comment:
character_set_client: latin1
collation_connection: latin1_swedish_ci
  Database Collation: latin1_swedish_ci
1 row in set (0.05 sec)
```

图 9-27

（3）删除存储过程。

```
DROP PROCEDURE [IF EXISTS ] xinzeng;
```

第 10 章 PHP 制作动态网页（第一个 PHP 程序）

10.1 实验目标

（1）PHP 内容将在第 10 章、第 11 章、第 12 章和第 13 章进行讲解，各章技术专题名称和训练知识点如表 10-1 所示。

表 10-1

技术专题名称	训练知识点
第一个 PHP 程序	XAMPP 配置，PHP 页面编写、发布与运行
日期计算器	标识符、变量、数据类型、控制语句、数组、函数及表单（$_POST）
购物车	基本语法、$_SESSION、页面导入与跳转
在线投票系统	PHP 面向对象编程：类、属性和方法、抽象类、抽象方法、继承、对象
学生成绩管理	MySQL 数据库编程：mysqli 类、执行 SQL 语句、预处理、记录集操作

（2）本章目标如下。

- 掌握 XAMPP 集成套件的配置和基本操作。
- 掌握 PHP 的基本语法和 php 文件基本格式。
- 掌握 PHP 的编码规范。
- 综合应用 PHP 开发环境和基本语法等知识，完成“第一个 PHP 程序”。

知识地图如图 10-1 所示。

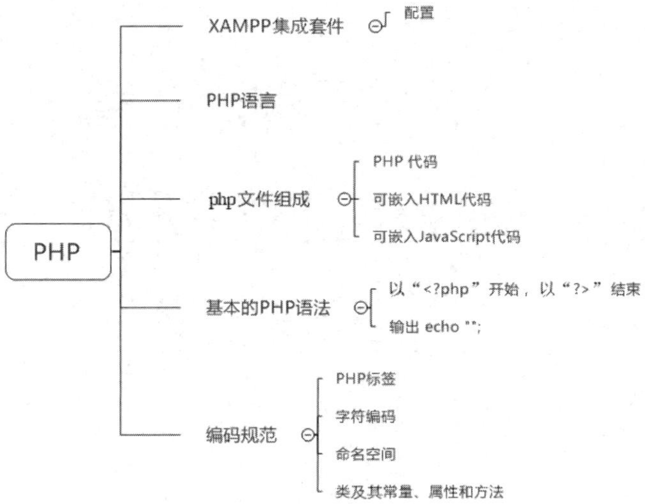

图 10-1

10.2 实验任务

（1）下载并安装 XAMPP 集成套件。
（2）XAMPP 集成套件的配置与启动。
（3）制作并运行“第一个 PHP 程序”。

10.3 设计思路

（1）使用 HBuilder 创建新项目 myPHP。
（2）创建 first.php 文件。
（3）编写代码，在网页上嵌入 PHP 脚本<?php ?>，调用 echo 函数显示“Hello World”。

10.4 实验实施（跟我做）

10.4.1 步骤一：更改 Apache 的网站根目录

XAMPP（Apache+MySQL+PHP）是一个集成软件包，可实现一键安装 Apache+MySQL+PHP，使用非常方便。但安装以后，网站的根目录默认在 XAMPP 的子文件夹 htdocs 下面。若要使用 Apache 服务器并运行自己编写的代码，则必须要将编写的代码复制到 XAMPP 下的 htdocs 下面。

为了方便管理代码和测试程序，可将网站的根目录改为自己存放程序的根目录（例如，D:\Workspace）。

正确安装 XAMPP 后，需要进行如下设置。

（1）双击 XAMPP 安装目录下的 xampp-control.exe 程序，打开如图 10-2 所示的界面。

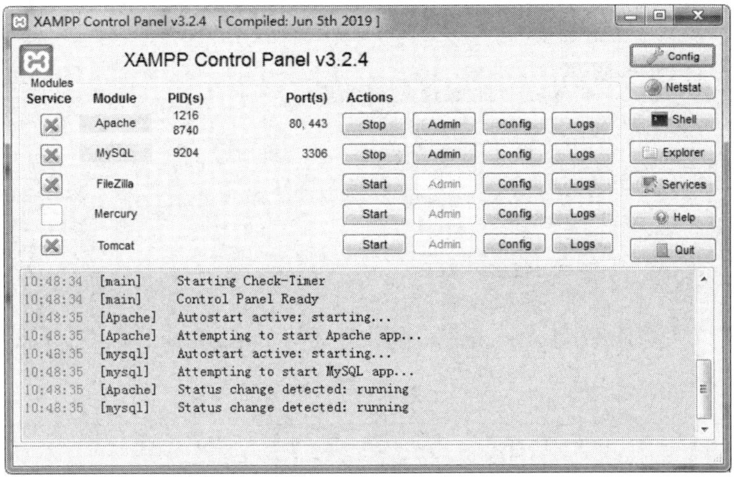

图 10-2

（2）单击 Apache 一行的“Config”按钮，在弹出的下拉菜单中，选择“Apache(httpd.conf)”命令，如图 10-3 所示。

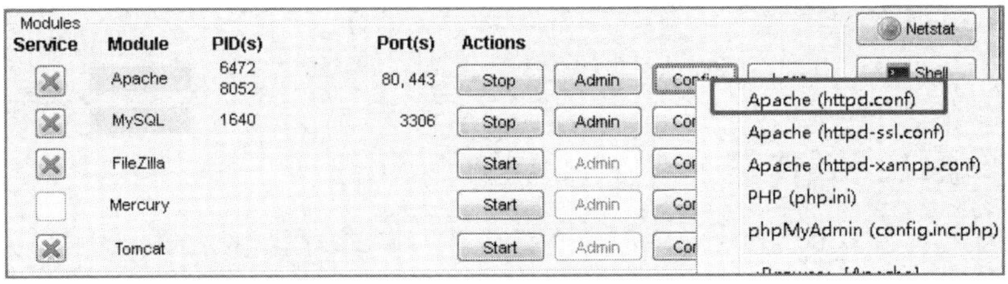

图 10-3

（3）打开 xampp\apache\conf\httpd.conf 文件，搜索“DocumentRoot”，找到“DocumentRoot”，默认的目录为 XAMPP 安装目录（C:\xampp）下的 htdocs 文件夹，如图 10-4 所示。

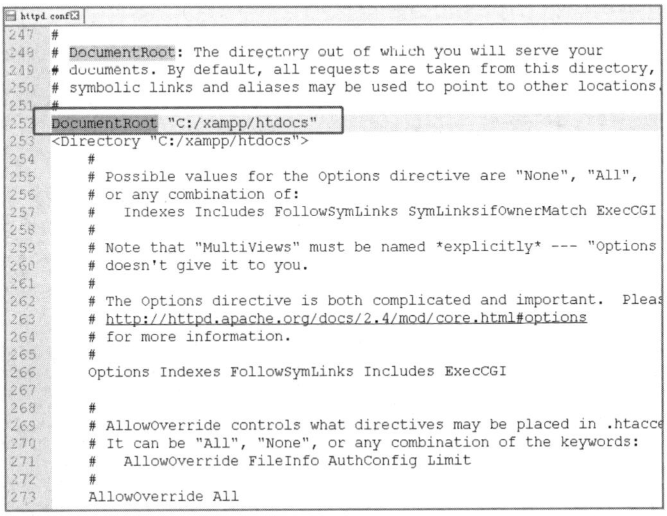

图 10-4

（4）将默认的目录改为“D:/Workspace”，将<Directory></Directory>标签之间默认的代码删除，添加如下代码进行设置。

```
DocumentRoot "D:/Workspace"
<Directory "D:/Workspace">
Options Indexes FollowSymLinks MultiViews
AllowOverride all
Require all granted
php_admin_value upload_max_filesize 128M
php_admin_value post_max_size 128M
php_admin_value max_execution_time 360
php_admin_value max_input_time 360
</Directory>
```

（5）保存设置，重新启动 Apache 服务器，访问 http://localhost 就可以得知是否修改成功，如图 10-5 所示。

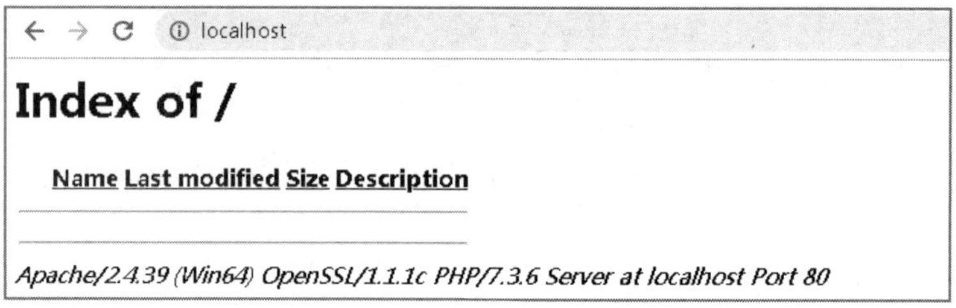

图 10-5

10.4.2 步骤二：制作第一个 PHP 程序

（1）在 HBuilder 中的 D:/Workspace 文件夹下，创建项目 myPHP，如图 10-6 所示。

图 10-6

（2）在项目中创建 php 文件，选择“文件”→“新建”→“自定义文件”命令，如图 10-7 所示。

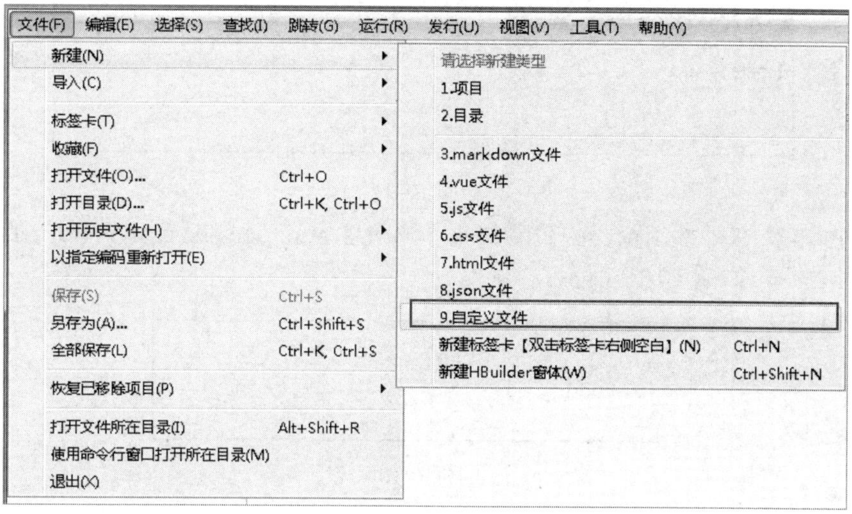

图 10-7

选择“自定义文件”命令后，弹出的界面如图 10-8 所示。

图 10-8

（3）编辑 first.php 文件。

- PHP 脚本以“<?php”开始，以“?>”结束。
- php 文件通常包含 HTML 标签和一些 PHP 脚本代码。

```
<html>
   <head>
      <title>PHP 测试</title>
   </head>
   <body>
      <?php echo '<p>Hello World</p>'; ?>
   </body>
</html>
```

10.4.3　步骤三：发布运行

（1）方式一，在内置浏览器中查看结果，如图 10-9 所示。

图 10-9

（2）方式二，在外部浏览器中查看结果，将网址 http://localhost/myPHP/first.php 复制到浏览器地址栏中，如图 10-10 所示。

图 10-10

10.4.4 步骤四：扩展

关于 PHP 编码规范说明如下。

1. PHP 标签

PHP 代码必须使用<?php ?>长标签或<?= ?>短标签。

2. 字符编码

PHP 代码必须且只可使用 BOM 的 UTF-8 编码。

3. 命名空间

命名空间及类的命名必须遵循 PSR-4。

根据规范，每个类都独立为一个文件，且命名空间至少有一个层次：顶级的组织名称（Vendor Name）。

4. 类及其常量、属性和方法

（1）类的命名必须遵循大写开头的驼峰命名规范，如 StudlyCaps。

（2）类的常量中所有字母都必须大写，词之间以下画线分隔。

（3）类的属性命名可以遵循：大写开头的驼峰式（$StudlyCaps）、小写开头的驼峰式（$camelCase）、下画线分隔式（$under_score）。

（4）类的方法命名必须符合小写开头的驼峰命名规范，如 camelCase()。

第 11 章 PHP 制作动态网页（日期计算器）

11.1 实验目标

（1）掌握 PHP 的基本语法、编码规范。
（2）掌握 PHP 的数据类型和数据类型转换。
（3）掌握 PHP 常量、变量的定义和使用方法。
（4）掌握 PHP 基本运算符的使用方法。
（5）掌握 PHP 条件判断语句、循环控制语句的使用方法。
（6）掌握 PHP 数组的定义和使用方法。
（7）掌握 PHP 函数的定义和使用方法。
（8）掌握 PHP 表单的使用方法。
（9）综合应用 PHP 面向过程编程，开发“日期计算器”程序。

知识地图如图 11-1 所示。

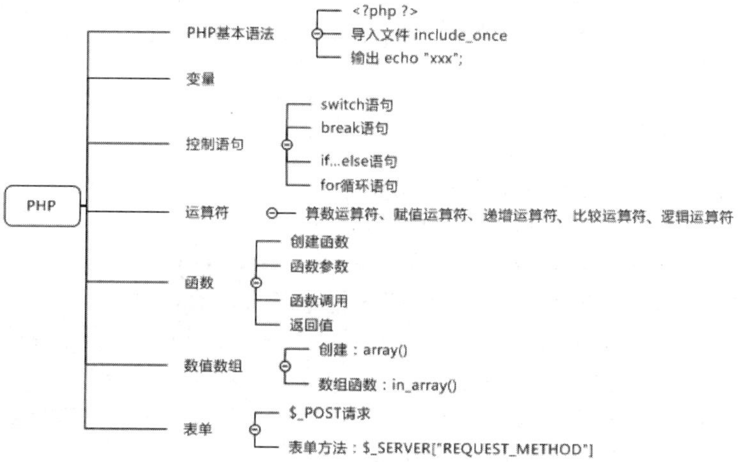

图 11-1

11.2 实验任务

使用 PHP 面向过程编程，创建 PHP 页面实现日期计算功能。

（1）在网页上布局输入框和“计算”按钮，如图 11-2 所示。

（2）根据输入的年、月、日，判断该年是平年还是闰年。

（3）计算从该年元旦到输入日一共是多少天。

（4）分别输出判断和计算结果。

例如，当在界面上输入年为 2019、月为 08 和日为 02 时，此时计算出“2019-01-01”至“2019-08-02”一共经过 214 天，计算结果如图 11-3 所示。

图 11-2

图 11-3

11.3 设计思路

（1）使用 HBuilder 创建项目 calculator。

（2）创建 index.php、date_logic.php 和 calculate.php 文件。

- index.php 为主页面，显示日期计算器。
- calculate.php 的作用是处理 index.php 页面的请求。
- date_logic.php 的作用是处理日期计算器中的计算方法。

（3）在 index.php 文件中布局“日期计算器”网页。

- 添加 3 个<input>输入框（年 year、月 month、日 day）。
- 添加“计算”按钮（button）。
- 添加表单 form，设置 action 属性为请求 calculate.php 文件。

结构如图 11-4 所示。

（4）在 date_logic.php 文件中编写日期处理函数。

- 判断日期是否为闰年的函数：isLeap($year)。
  - ➢ 公历闰年规则：能被 4 整除而不能被 100 整除，或能被 100 整除也能被 400 整除。
  - ➢ 如果是闰年，则返回 true，否则返回 false。
- 检查日期有效性的函数：checkMD($year, $month, $day)。
  - ➢ 使用 if 条件语句验证输入的日期是否存在。
  - ➢ 使用数组函数 array()创建数组$days，将 1—12 月每月的天数存入数组对应下标的元素中，2 月默认存入 28。
  - ➢ 调用 isLeap($year)函数验证是否为闰年？如果为闰年则将$days[2]的值设为 29。
- 计算天数的函数：countTotalDay($year, $month, $day)。
  - ➢ 使用 for 循环，计算从一月份到输入月份上一个月的天数总和。

➢ 使用 switch 语句，判断各个月份的天数。

➢ 月份之和加上输入的天数，即为从该年元旦到这一天一共经过的天数。

如图 11-5 所示。

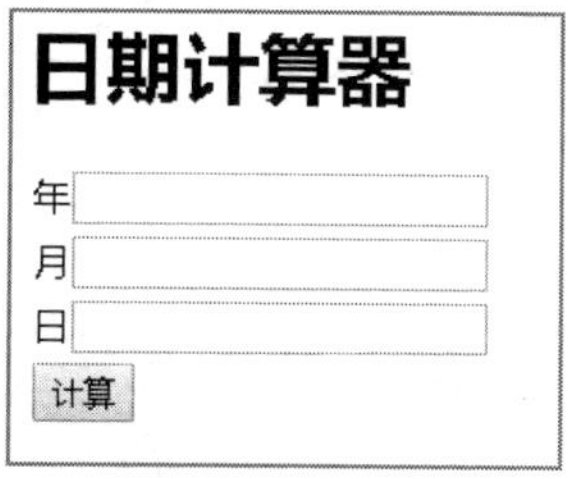

图 11-4

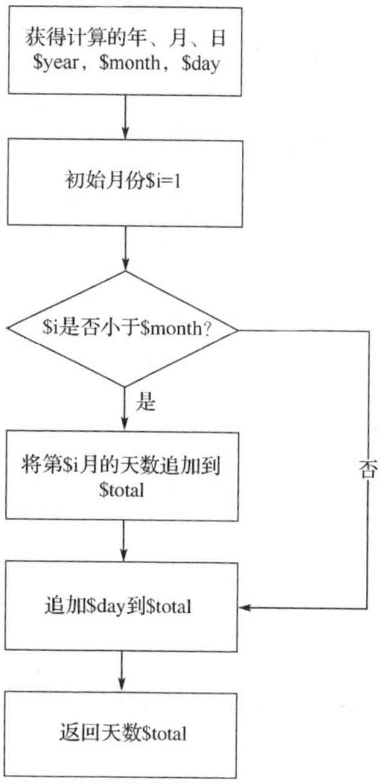

图 11-5

（5）在 calculate.php 文件中从$_POST 中获取用户输入的年、月、日，并调用 date_logic.php 文件中的函数，检查日期有效性，判断平年或闰年，以及该天是当年的第几天，并将结果输出。

11.4　实验实施（跟我做）

11.4.1　步骤一：编写主页

创建 index.php 文件。

（1）使用输入框<input type="text" />获得用户输入的年、月、日。

（2）添加“计算”按钮<input type="submit" />。

（3）添加 form 表单，提交到请求处理文件（calculate.php），方法为 post。

代码如下：

```
<html>
<head>
<meta charset="utf-8" />
<title>日期计算器</title>
</head>
<body>
  <header>
    <h1>日期计算器</h1>
  </header>
```

```
    <article>
      <form action="calculate.php" method="post">
        <table>
          <tr>
            <td><label>年</label><input name="year" type="text" /></td>
          </tr>
          <tr>
            <td><label>月</label><input name="month" type="text" /></td>
          </tr>
          <tr>
            <td><label>日</label><input name="day" type="text" /></td>
          </tr>
          <tr>
            <td><input name="calculate" type="submit" value="计算"/></td>
          </tr>
        </table>
      </form>
    </article>
  </body>
</html>
```

11.4.2 步骤二：判断闰年

（1）调用 isLeap()函数，判断某年是否为闰年。

（2）公历闰年算法如下。

- 能被 4 整除而不能被 100 整除。
- 能被 100 整除也能被 400 整除。

代码如下：

```
function isLeap($year) {
   if(($year % 4 == 0 && $year % 100 != 0) || ($year % 100 == 0 && $year %
400 == 0)) {
      return true;
   } else {
      return false;
   }
}
```

11.4.3 步骤三：验证日期

（1）创建 date_logic.php 文件，编写日期计算的相关函数。

（2）调用 checkMD()函数，验证日期。

- 使用 if 条件语句，判断输入的$month 的值是否为 1～12，$day 的值是否为 1～31。若超过了则返回 false。
- 定义$day 数组，定义每月的总天数，下标 0 不使用将其设置为 0，使用下标 1～12 存储相应月份的天数，下标为 2 的值为 28。
- 调用 isLeap()函数，判断当前年份是否为闰年，如果为闰年，则将$days[2]的值设为 29。
- 调用 if 条件语句，判断天数是否超过对应月份的总天数，如果超过则返回 false，否则返回 true。

```
<?php
```

```
function checkMD($year, $month, $day) {
    // 验证月份是否为 1～12，日期是否为 1～31
    if($month < 1 || $month > 12 || $day > 31 || $day < 1) {
        return false;
    }
    // 定义数组，存放每个月的天数，数组索引号与月份对应，下标为 0 的不使用并将其设置为 0
    $days = array(0, 31, 28, 31, 30, 31, 30, 31, 31, 30, 31, 30, 31);

    // 判断当前年份是否为闰年，如果为闰年，则将$days 数组下标为 2 的值设为 29
    if(isLeap($year)){
        $days[2] = 29;
    }

    // 判断天数是否超过了当月的最大天数
    if($day > $days[$month]){
        return false;
    }
    return true;
}
```

11.4.4　步骤四：计算天数

调用 countTotalDay()函数，用来计算日期总天数。

（1）使用 for 循环计算从该年元旦到输入的日期这一天一共经过了多少天。

```
function countTotalDay($year, $month, $day){
    $total=0;
    for($i = 1;$i < $month;$i++){
        switch($i ){
        ……
        }
    }
}
```

（2）使用 switch 语句判断每个月的总天数。

```
switch($i){
    case 1:
    case 3:
    case 5:
    case 7:
    case 8:
    case 10:
    case 12:
      $month_day = 31;
      break;
    case 4:
    case 6:
    case 9:
    case 11:
      $month_day = 30;
      break;
    case 2:
      if(isLeap($year)){
        $month_day = 29;
      }else{
        $month_day = 28;
```

```
      }
      break;
    default:
    break;
}
```

（3）使用 for 循环语句计算输入月份之前的所有月份天数之和，然后加上输入的天数，结果即为从该年元旦到输入的日期这一天一共经过的天数。

```
function countTotalDay($year, $month, $day){
    $total=0;
    for($i = 1;$i < $month;$i++){
        switch($i){
            ……
        }
        $total += $month_day;
    }
    $total = $total + $day;
    return $total;
}
```

11.4.5 步骤五：处理请求

创建 calculate.php 文件，计算日期天数，并输出结果。

（1）使用 include_once 导入 date_logic.php 文件。

（2）使用$_SERVER 判断当前请求的方法。

（3）从$_POST 中获取年、月、日。

（4）调用 checkMD()函数判断日期天数是否正确，调用 isLeap()函数判断当前年份是否为闰年。

（5）调用 countTotalDay()函数，计算当前日期是这一年的第几天。

```
<?php
include_once 'date_logic.php';

// 获得请求数据
if($_SERVER["REQUEST_METHOD"] == "POST") {
 $year = $_POST["year"];
 $month = $_POST["month"];
 $day = $_POST["day"];
 $date = $year . "-" . $month . "-" . $day;

 if(checkMD($year, $month, $day)) {
  if(isLeap($year)) {
   echo $date . "是闰年。<br />";
  } else {
   echo $date . "是平年。<br />";
  }
  $total = countTotalDay($year, $month, $day);
  echo "从" . $year . "-1-1 到" . $date . "共经过" . $total . "天。<br />";
 } else {
  echo "日期不存在。<br />";
 }
}
```

11.4.6　步骤六：运行效果

（1）在浏览器地址栏中输入 http://localhost/calculator/index.php，显示主页，如图 11-4 所示。

（2）在“年”“月”“日”输入框分别输入 2019、08、02，单击“计算”按钮。

- 正确日期，如图 11-2 和图 11-3 所示。
- 输出错误日期时，如图 11-6，结果如图 11-7 所示。

图 11-6

图 11-7

第 12 章 PHP 制作动态网页（购物车）

12.1 实验目标

（1）掌握 PHP 的基本语法、编码规范。
（2）掌握 PHP 文件的引入。
（3）掌握 PHP 常量、变量的定义和使用方法。
（4）掌握 $_GET、$_POST、$_SESSION 超级全局变量的使用方法。
（5）掌握 PHP 基本运算符的使用方法。
（6）掌握 PHP 条件判断语句的使用方法。
（7）掌握 PHP 数组的定义和使用方法。
（8）掌握 PHP 函数的定义和使用方法。
（9）掌握 PHP 中启动 Session 会话和 Session 变量的存取操作。
（10）综合应用 PHP 的 Web 编程技术，开发“购物车”程序。

知识地图如图 12-1 所示。

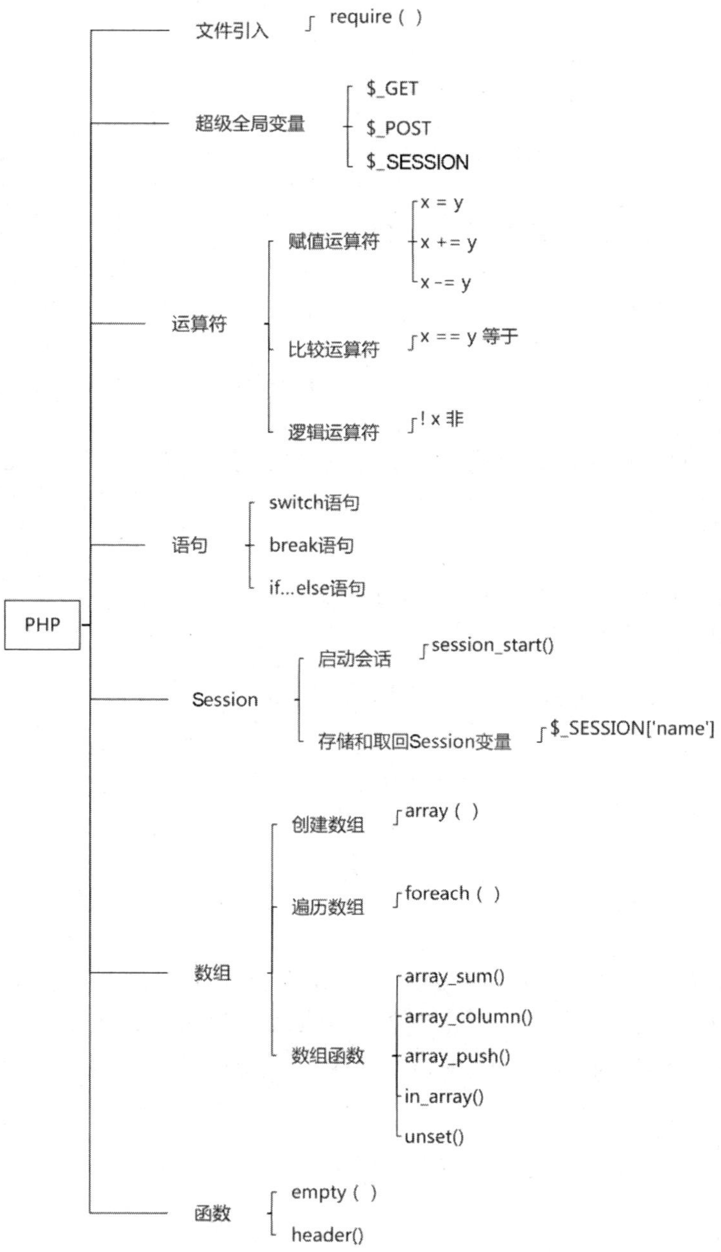

图 12-1

12.2　实验任务

（1）在页面 index.php 中显示商品列表，每个商品列表后面购物车栏有一个“+”按钮，单击“+”按钮，可以向“我的购物车”中添加一个商品。在商品列表后面有一个“我的购物车”超链接，点击该超链接可以进入购物车页面（cart.php）。如图 12-2 所示。

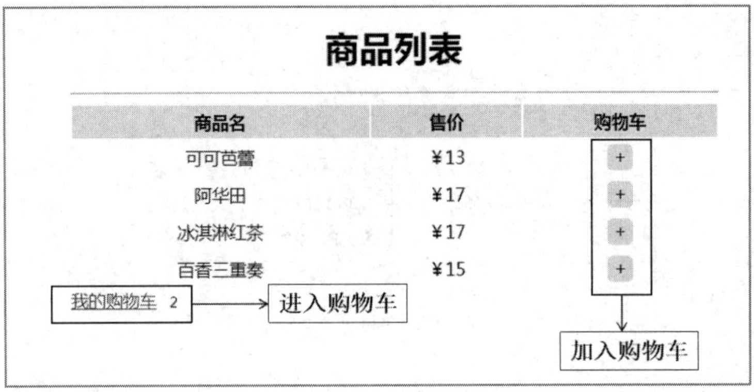

图 12-2

（2）点击 index.php 商品列表页面的“我的购物车”超链接，进入“购物车”页面（cart.php）。

在“购物车”页面中可以更改购买数量，单击“结算”按钮，请求 updCart.php 计算购物车内的商品总价，进入“确认订单”页面（order.php），如图 12-3 所示。

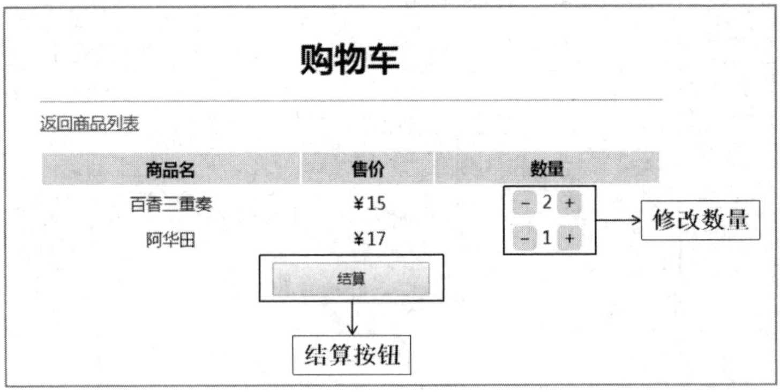

图 12-3

（3）在“确认订单”页面（order.php）中，显示各商品的单价和数量，以及商品总量和总价，如图 12-4 所示。在地址输入框填写订单地址，单击“提交订单”按钮，生成订单进入“订单”页面（done.php），如图 12-5 所示。

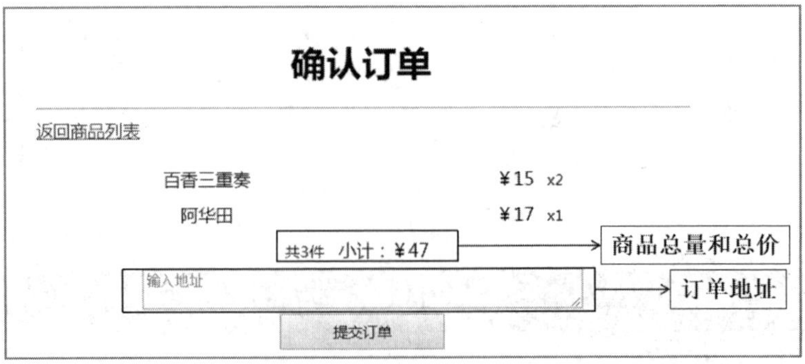

图 12-4

（4）在“订单”页面（done.php）中，显示地址信息和所购买的商品信息。

图 12-5

12.3 设计思路

1. 创建项目

创建项目 shoping_cart。

2. 文件设计

文件设计如表 12-1 所示。

表 12-1

类　型	文　件	说　明
php 文件	index.php	商品列表页面
	cart.php	购物车页面
	order.php	确认订单页面
	done.php	订单页面
	addCart.php	添加购物车请求处理文件
	updCart.php	修改购物车请求处理文件
css 文件	style.css	全部样式

3. 商品列表页面（index.php）

（1）单个商品包含 id、name、price 3 个字段，1 个商品列表使用 array 数组保存，多个商品列表使用二维数组保存。

（2）使用 foreach 遍历数组，将商品信息以表格形式显示。

（3）单击“+”按钮，进行加入购物车操作，使用 addCart.php 来获得超链接传递过来的商品信息，使用 empty()判断 Session 变量是否为空，若为空则执行以下操作。

- 将商品信息连同数量“num”存入数组$order_item。
- 将$order_item 使用 array_push()添加进购物车数组$order。
- 创建 Session 变量$_SESSION['cart']，将$order 存入 Session。

若不为空，则再判断 Session 变量中是否已有该商品——没有就存入数组，已有就使该商品数量加 1。

（4）点击“进入购物车”超链接，调用 header()函数将页面跳转到购物车（cart.php）页面。

4. 购物车页面（cart.php）

（1）获取$_SESSION['cart']购物车信息，单击“-”按钮或“+”按钮更改购物车内的商品数量，更新$_SESSION['cart']。

（2）使用 array_column 返回$order 中的“num”列，使用 array_sum 对“num”列中的所有值求和，得到购物车内的商品总量，存入变量$_SESSION['num']中。

（3）计算购物车内的商品总价，存入变量$_SESSION['sum']中。

（4）单击“结算”按钮，进入“确认订单”页面（order.php）。

5. 确认订单页面（order.php）

（1）获取$_SESSION['cart']、$_SESSION['num']和$_SESSION['sum']，以列表形式显示购物车内的商品单价、数量、总量和总价。

（2）在地址输入框内填写地址后，单击“提交订单”按钮，进入订单页面（done.php）。

6. 订单页面（done.php）

（1）使用$_POST 获取表单提交的地址信息，显示在页面中。

（2）显示购物车内的商品单价、数量、总量和总价。

12.4 实验实施（跟我做）

12.4.1 步骤一：制作商品列表页面

1. 创建 css/style.css 文件

创建 css/style.css 文件的代码如下：

```
h1, p {
    text-align: center;
}

table {
    width: 70%;
    text-align: center;
    margin: 0 auto;
}

th {
    background: #dddddd;
}

th, td {
    padding: 5px;
}

div {
    width: 70%;
    margin: 0 auto;
}

a.btn {
    display: inline-block;
    width: 1.5em;
    height: 1.5em;
    background: #dddddd;
```

```
    text-decoration: none;
    color: black;
    border-radius: 5px;
}

input {
    width: 150px;
    padding: 5px 0;
}

span {
    font-size: 14px;
    padding: 0 8px;
}

ul {
    width: 400px;
    margin: 0 auto;
    padding: 0;
    list-style: none;
}

li {
    line-height: 35px;
}

li span {
    float: right;
}

.address, .address input {
    display: block;
    text-align: center;
    margin: 0 auto;
}
```

2. 创建商品列表页面（index.php）

（1）在页面头部定义商品信息列表。

```
<?php
// 商品信息
$products = array(
    array("id"=>"1","name"=>"可可芭蕾","price"=>13.00),
    array("id"=>"2","name"=>"阿华田","price"=>17.00),
    array("id"=>"3","name"=>"冰淇淋红茶","price"=>8.00),
    array("id"=>"4","name"=>"百香三重奏","price"=>15.00)
);
```

（2）初始化 Session，统计购物车内的商品数量。

```
session_start(); // 初始化 Session

$sum = 0;
if(! empty($_SESSION['cart'])) {
 $order = $_SESSION['cart'];
 $sum = array_sum(array_column($order, "num")); // 统计购物车内的商品数量
}
?>
```

（3）显示商品信息，以及购物车内的商品总量。

```
<!DOCTYPE html>
<html>
<head>
<meta charset="UTF-8">
<link rel="stylesheet" type="text/css" href="css/style.css" />
<title>PHP 购物</title>
</head>
<body>
 <div>
  <h1>商品列表</h1>
  <hr>
  <table>
   <tr>
    <th>商品名</th>
    <th>售价</th>
    <th>购物车</th>
   </tr>
   <!-- 遍历商品数组，显示商品信息 -->
   <?php foreach ($products as $key => $value):?>
   <tr>
    <td><?php echo $value['name'];?></td>
    <!-- 商品名 -->
    <td>￥<?php echo $value['price'];?></td>
    <!-- 售价 -->
    <td><a class="btn"
     href="addCart.php?upd=add&id=<?php echo $value['id'];?>&name=<?php echo
$value['name'];?>&price=<?php echo $value['price'];?>">+</a></td>
   </tr>
   <?php endforeach;?>
  </table>
  <!-- 显示购物车内的商品总数 -->
  <div>
   <a href="addCart.php?upd=cart">我的购物车</a> <span><?php echo $sum;?></span>
  </div>
 </div>
</body>
</html>
```

12.4.2 步骤二：将商品加入购物车

创建 addCart.php 文件，实现添加商品功能。

（1）启动会话，从$_GET 中获得商品的信息及操作码。

```
<?php
session_start();        // 初始化 Session
$id = $_GET['id'];      // 获取商品 id
$name=$_GET['name'];    // 获取商品名
$price=$_GET['price'];  // 获取商品单价
$upd=$_GET['upd'];      // 获取操作码
```

（2）操作码为“add”时，将商品加入购物车。

判断$_SESSION 中是否包含 cart 变量，若不包含，则将商品信息存入数组，创建 Session 变量。若 Session 存在，则判断购物车中是否已有该商品。

```
if($upd == "add") {
```

```
// Session 中 cart 变量不存在，直接存入数组
if(empty($_SESSION['cart'])) {
 $order = array();
 $order_item = array(
   'id' => $id,
   'name' => $name,
   'price' => $price,
   'num' => 1
 );
 array_push($order, $order_item);
 $_SESSION['cart'] = $order;
} else {
 // Session 存在，判断购物车中是否已有该商品
 $order = $_SESSION['cart'];
 if(in_array($id, array_column($order, 'id'))) {
  $key = array_search($id, array_column($order, 'id'));
  $order[$key]['num'] += 1; // 已有，该商品数量加 1
 } else {
  // 没有，存入数组
  $order_item = array(
    'id' => $id,
    'name' => $name,
    'price' => $price,
    'num' => 1
  );
  array_push($order, $order_item);
 }
 $_SESSION['cart'] = $order;
}
header('Location:index.php');
}
```

（3）当操作码为“cart”时，如果$_SESSION['cart']变量不为空，则离开商品页面，进入“购物车”页面。

```
if($upd == "cart") {
 if(! empty($_SESSION['cart'])) {
  header('Location:cart.php');
 } else {
  header('Location:index.php');
 }
}
```

（4）页面效果如图 12-6 所示。

图 12-6

12.4.3 步骤三：制作购物车页面

（1）创建购物车页面（cart.php）。

（2）初始化 Session，获取购物车内的商品信息和操作码。

（3）显示购物车内的商品信息。

```
<!DOCTYPE html>
<?php
session_start();
$order = $_SESSION['cart'];
$sum = 0?>
<html>
<head>
<meta charset="UTF-8">
<link rel="stylesheet" type="text/css" href="css/style.css" />
<title>PHP 购物</title>
</head>
<body>
 <div>
  <h1>购物车</h1>
  <hr>
  <a href="index.php">返回商品列表</a>
  </p>
  <table>
   <tr>
    <th>商品名</th>
    <th>售价</th>
    <th>数量</th>
   </tr>
   <?php foreach($order as $key => $value):?>
   <tr>
    <td><?php echo $value['name'];?></td>
    <!-- 商品名 -->
    <td>￥<?php echo $value['price'];?></td>
    <!-- 售价 -->
    <td><a class="btn"
     href="updCart.php?upd=0&id=<?php echo $value['id'];?>">-</a>
     <?php echo $value['num'];?>
     <!-- 商品数量 --> <a class="btn"
     href="updCart.php?upd=1&id=<?php echo $value['id'];?>">+</a></td>
   </tr>
   <?php endforeach;?>
   <tr>
    <td colspan="4">
     <form action="updCart.php" method="get">
      <input type="submit" value="结算">
     </form>
    </td>
   </tr>
  </table>
 </div>
</body>
</html>
```

12.4.4　步骤四：改变购物车内的商品数量

（1）创建 updCart.php 文件，实现购物车的修改请求。

（2）更改商品数量，计算商品总价，跳转到确认订单页面。

```
<?php
session_start();          // 初始化 Session
$upd = $_GET['upd'];      // 获取操作码
$id = $_GET['id'];        // 获取商品 id
$order = $_SESSION['cart'];
foreach($order as $key => $value) {
  if($value['id'] == $id) {
    switch($upd) {                                     // 更改购物车内的商品数量
      case 0:
        if($value['num'] > 1) {
          $order[$key]['num'] -= 1;                    // 数量减 1
        } else {
          unset($order[$key]);                         // 数量为 0 的情况下移除该数组
        }
        break;
      case 1:
        $order[$key]['num'] += 1;                      // 数量加 1
        break;
      default:
    }
    header("location:cart.php");
  }
  if($upd == "") {
    $sum += $value['price'] * $value['num'];           // 计算购物车内的商品总价
    header("location:order.php");                      // 跳转到确认订单页面
  }
}
$_SESSION['num'] = array_sum(array_column($order, "num")); // 购物车内的商品总量
$_SESSION['sum'] = $sum;                               // 购物车内的商品总价
$_SESSION['cart'] = $order;                            // 购物车内的商品信息
```

（3）页面效果如图 12-7 所示。

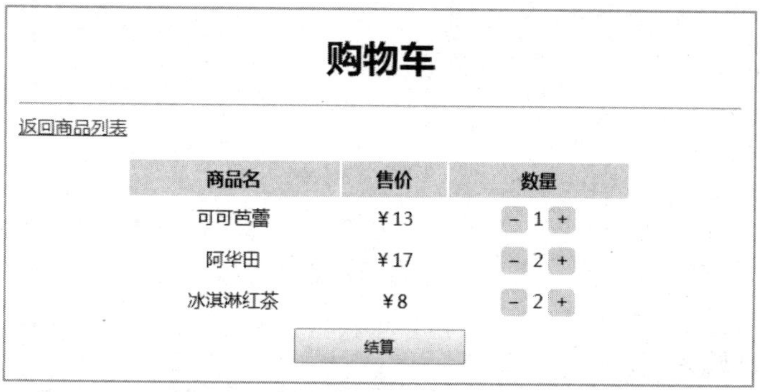

图 12-7

12.4.5　步骤五：制作确认订单页面

（1）创建确认订单页面（order.php）。

（2）初始化 Session，获取购物车内的商品信息、商品总量和商品总价。

（3）显示商品信息。

```
<!DOCTYPE html>
<?php
session_start();
$order = $_SESSION['cart'];     // 购物车内的商品信息
$sum = $_SESSION['sum'];        // 购物车内的商品总价
$num = $_SESSION['num'];        // 购物车内的商品总量
?>
<html>
<head>
<meta charset="UTF-8">
<link rel="stylesheet" type="text/css" href="css/style.css" />
<title>PHP 购物</title>
</head>
<body>
  <div>
    <h1>确认订单</h1>
    <hr>
    <a href="index.php">返回商品列表</a>
    </p>
    <table>
      <!-- 商品信息 -->
      <?php foreach($order as $key => $value):?>
      <tr>
        <td><?php echo $value['name'];?></td>
        <!-- 商品名 -->
        <td>￥<?php echo $value['price'];?> <!-- 商品单价 --> <span>x<?php echo
$value['num'];?></span>
          <!-- 商品数量 -->
        </td>
      </tr>
      <?php endforeach;?>
      <!-- 显示商品总量和商品总价 -->
    </table>
    <!-- 订单地址 -->
  </div>
</body>
</html>
```

（4）显示商品总量和商品总价。

```
<tr>
   <td colspan="2">
      <span>共<?php echo $num;?>件</span> <!-- 商品总量 -->
      小计：￥<?php echo $sum;?> <!-- 商品总价 -->
   </td>
</tr>
```

（5）订单地址输入框。

```
<!-- 订单地址 -->
<form action="done.php" method="post" class="address">
   <textarea name="address" placeholder="输入地址" cols="60" required></textarea>
   <input type="submit" value="提交订单">
</form>
```

（6）页面效果如图 12-8 所示。

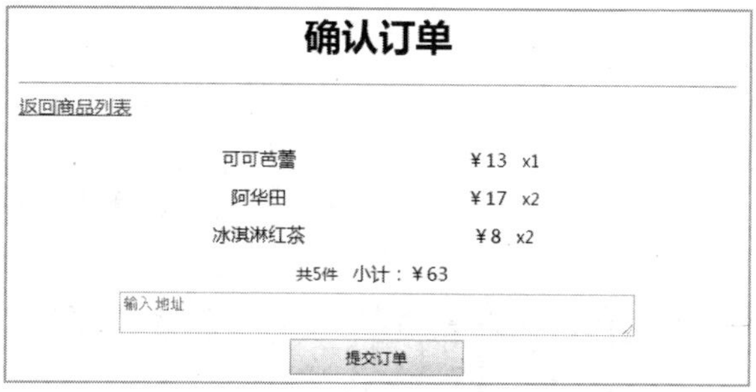

图 12-8

12.4.6　步骤六：制作订单页面

（1）创建订单页面（done.php）。

（2）初始化 Session，获取购物车内的商品信息、商品总量和商品总价。

（3）获取并显示在“确认订单”页面中输入的订单地址。

```
<html>
<head>
<meta charset="UTF-8">
<link rel="stylesheet" type="text/css" href="css/style.css" />
<title>PHP 购物</title>
</head>
<body>
  <h1>订单</h1>
  <ul>
    <li>配送至: <?php echo $_POST["address"]; ?></li>
    <!-- 显示商品信息、商品总量和商品总价 -->
  </ul>
</body>
</html>
```

（4）显示商品信息、商品总量和商品总价。

```
<?php foreach($order as $key => $value):?>
    <li><?php echo $value['name'];?> <!-- 商品名 -->
        <span>￥<?php echo $value['price'];?></span> <!-- 商品单价 -->
        <span>x<?php echo $value['num'];?></span> <!-- 商品数量 -->
    </li>
<?php endforeach;?>
<li>共<?php echo $num?>件</li> <!-- 商品总量 -->
<li>合计: ￥<?php echo $sum;?></li> <!-- 商品总价 -->
```

（5）页面效果如图 12-9 所示。

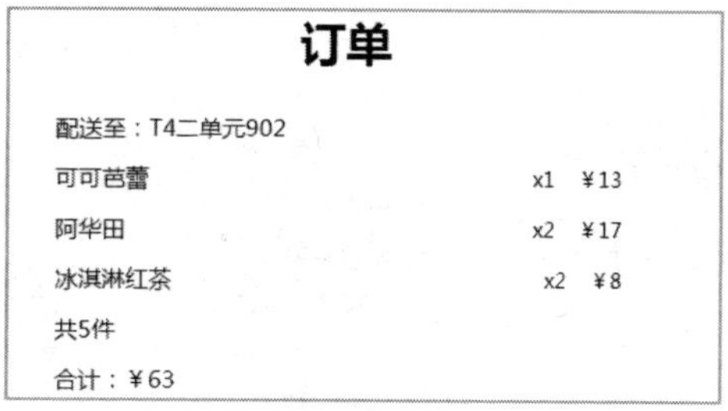

图 12-9

第 13 章 PHP 制作动态网页（在线投票系统）

13.1 实验目标

（1）掌握 PHP 类的定义。
（2）掌握 PHP 类的属性和方法的定义。
（3）掌握 PHP 定义类的构造函数。
（4）掌握 PHP 类的实例对象的创建方法。
（5）掌握 PHP 抽象方法和抽象类的定义。
（6）掌握 PHP 类的继承。
（7）掌握 PHP 基类方法的调用。
（8）掌握 PHP 基类抽象方法的实现。
（9）综合应用 PHP 面向对象编程，开发“在线投票系统”程序。
知识地图如图 13-1 所示。

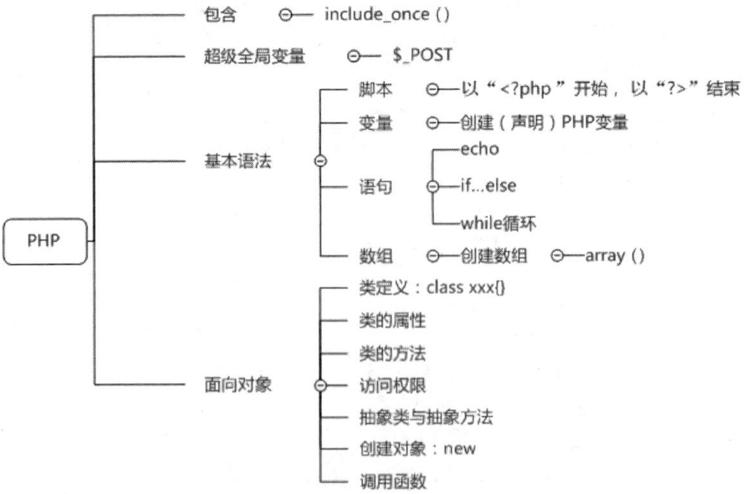

图 13-1

13.2 实验任务

编写一个在线投票系统，用户进入投票页面，输入自己的用户名并选择认为可获得世界杯冠军的国家，然后提交。

系统包含输入用户名页面、投票页面和结果页面。

（1）输入用户名页面：页头显示“输入用户名”，页面内容显示一个输入框和“下一步”按钮，页脚显示当前时间，如图 13-2 所示。

（2）投票页面：页头显示“谁能获得世界杯冠军？”，页面内容使用单选按钮列出可能获得冠军的国家（中国、美国、巴西、意大利、英国、德国、西班牙和法国），并显示一个“确定”按钮，页脚显示当前时间，如图 13-3 所示。

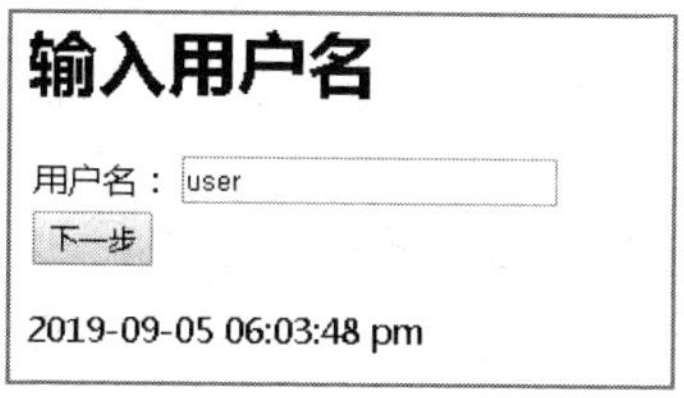

图 13-2

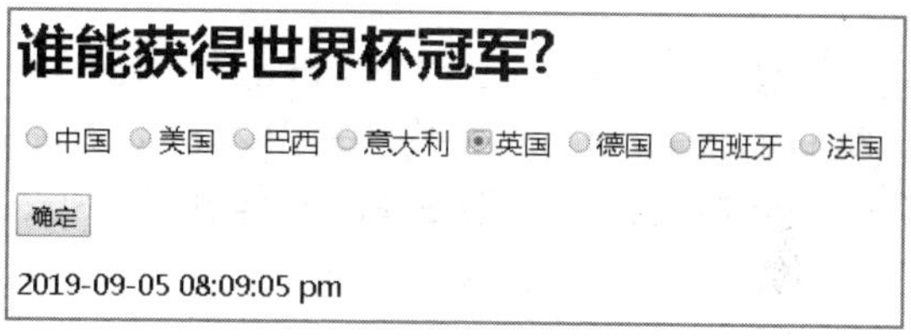

图 13-3

（3）结果页面：页头显示“投票结果页”，页面内容显示用户名和所选择的国家名，页脚显示当前时间，如图 13-4 所示。

图 13-4

13.3 设计思路

1. 创建项目

创建新项目 vote。

2. 生成页面

在线投票系统使用代码来生成 3 个页面，分析 HTML 页面，一般结构分为页头（<header>）、页面内容和页脚（<footer>）。

```
<html>
<head>
<meta charset='utf-8' />
<link rel='stylesheet' type='text/css' href='css/style.css' />
<title><!-- 页面标题 --></title>
</head>
<body>
<header>
```

```
<h1><!-- 页面标题 --></h1>
</header>

<!-- 页面内容 -->

<footer>
<p>2019-09-15 08:34:24 pm</p>
</footer>
</body>
</html>
```

3 个页面中，基本结构和页脚代码相同，因此，可以定义一个 Page 基类，定义$title用来保存当前页面的标题，定义 Display()函数来输入页面，定义 DisplayHeader()函数来输入页面头部，定义 DisplayFooter()函数来显示页脚，并定义抽象函数 DisplayContent()用来输出页面内容。

3 个页面子类（FirstPage、VotePage、ResultPage）继承 Page 类，在子类中设置标题内容和实现 DisplayContent()函数，输出各自的页面内容。

页面之间需要传值，则在 Page 类中定义$data 数组，在创建对应页面的对象后，调用 set()函数将数据保存到$data 对象中。

结构如图 13-5 所示。

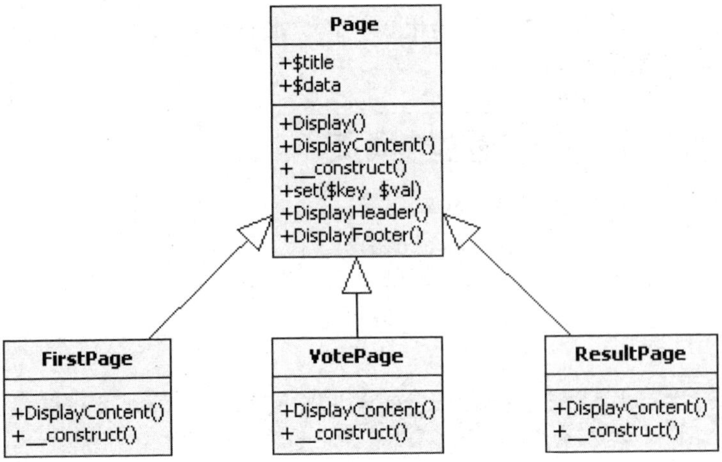

图 13-5

3. 文件设计

文件设计如表 13-1 所示。

表 13-1

类　型	文　件	说　明
php 文件	first.php	显示第一页
	vote.php	显示投票页面
	result.php	显示结果页面
	page.php	Page 基类
	first_page.php	FirstPage 类
	vote_page.php	VotePage 类

续表

类　型	文　件	说　明
php 文件	result_page.php	ResultPage 类
css 文件	style.css	页面样式

4．设计页面

（1）“输入用户名”页面如图 13-6 所示。

（2）“投票”页面如图 13-7 所示。

图 13-6

图 13-7

（3）“结果”页面如图 13-8 所示。

图 13-8

13.4　实验实施（跟我做）

13.4.1　步骤一：创建项目和文件

（1）创建项目：项目名为 vote。

（2）创建 css 文件夹。

（3）创建 php 文件。

- style.css：页面样式。
- first.php：显示第一页。
- first_page.php：FirstPage 类。
- vote.php：显示投票页。
- vote_page.php：VotePage 类。
- result.php：显示结果页。
- result_page.php：ResultPage 类。
- page.php：Page 基类。

如图 13-9 所示。

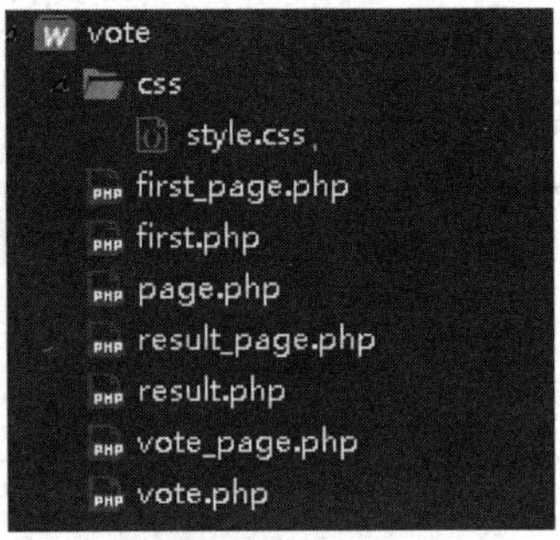

图 13-9

（4）编写 style.css 文件。

```
body{
text-align: center;
}
h1{
text-align: center;
}
table{
width: 600px;
border: 1px solid #000000;
text-align: center;
margin: 0 auto;
}
th,td{
padding: 5px;
border: 1px solid #000000;
}
.button{
width: 280px;
margin: 0 2px;
}
span{
color: red;
}
```

13.4.2 步骤二：页面基类

（1）编写 page.php 文件。

（2）定义抽象类：Page 类。

```
<?php
abstract class Page {
  //
}
```

（3）定义页面属性。

```
abstract class Page {
 public $title = "";
 public $data = array();
}
```

（4）编写构造函数，设置页头，编写 data 设置函数。

```
public function __construct($title = "") {
 $this->title = $title;
```

```
}
public function set($key, $val) {
 $this->data[$key] = $val;
}
```

（5）编写页面输出函数。

- 编写 public function Display()函数，显示页面。
- 编写 public function DisplayHeader()函数，输出页头。
- 编写 public function DisplayFooter()函数，输出页脚。
- 编写 public abstract function DisplayContent()抽象函数。

代码如下：

```
<?php
abstract class Page {
 ……
  public function Display() {
    echo "<html>\n";
    echo "<head>\n";
    echo "<meta charset='utf-8' />\n";
    echo "<link rel='stylesheet' type='text/css' href='css/style.css' />\n";
    echo "<title>" . $this->title . "</title>\n";
    echo "</head>\n";
    echo "<body>\n";
    $this->DisplayHeader();
    $this->DisplayContent();
    $this->DisplayFooter();
    echo "</body>\n";
    echo "</html>";
 }

 public function DisplayHeader() {
  echo "<header>\n";
  echo "<h1>" . $this->title . "</h1>\n";
  echo "</header>\n";
 }

 public function DisplayFooter() {
  date_default_timezone_set("Asia/Shanghai");
  echo "<footer>\n";
  echo "<p>" . date("Y-m-d h:i:s a", time()) . "</p>\n";
  echo "</footer>\n";
 }

 public abstract function DisplayContent();
}
```

13.4.3　步骤三：输入用户名页面

（1）编写 vote_page.php 文件。

- 使用 include_once 导入 page.php 文件。
- 定义 VotePage 类，基类为 Page 类。
- 编写构造函数 function __construct()，调用基类 parent 的构造函数，设置页面的标题。
- 实现基类的抽象函数 public function DisplayContent()，显示投票选项，并设置一个

username 的隐藏框，用于保存上一页输入的用户名。

代码如下：

```
<?php
include_once "page.php";

class VotePage extends Page {
 public $username = "";

 public function __construct() {
  parent::__construct("谁能获得世界杯冠军?");
 }

 public function DisplayContent() {
  ?>
    <form action="result.php" method="post">
     <input type="hidden" name="username" value="<?php echo $this->data
["username"]; ?>">
    <div>
      <label><input type="radio" name="content" value="中国">中国</label>
      <label><input type="radio" name="content" value="美国">美国</label>
      <label><input type="radio" name="content" value="巴西">巴西</label>
      <label><input type="radio" name="content" value="意大利">意大利</label>
      <label><input type="radio" name="content" value="英国">英国</label>
      <label><input type="radio" name="content" value="德国">德国</label>
      <label><input type="radio" name="content" value="西班牙">西班牙</label>
      <label><input type="radio" name="content" value="法国">法国</label>
    </div>
    <br />
    <button type="submit">确定</button>
    </form>
  <?php
 }
}
```

（2）编写 first.php 文件。

使用 require 导入 first_page.php 文件，创建 FirstPage 类的实例对象，调用 Display()函数显示输入用户名页面。代码如下：

```
<?php
require 'first_page.php';

$page = new FirstPage();
$page->Display();
```

（3）访问 http://localhost/vote/first.php，进入“输入用户名”页面，如图 13-2 所示。

13.4.4 步骤四：投票页面

（1）编写 login_page.php 文件。

- 使用 include_once 导入 page.php 文件。
- 定义 FirstPage 类，基类为 Page 类。
- 编写构造函数 function __construct()，调用基类 parent 的构造函数，设置页面的标题。

- 实现基类的抽象函数 public function DisplayContent()，显示输入用户名页面。

代码如下：

```
<?php
include_once "page.php";
class FirstPage extends Page {

 public function __construct() {
  parent::__construct("输入用户名");
 }

 public function DisplayContent() {
  ?>
  <form action="vote.php" method="post">
    <table>
      <tr>
        <td>用户名：</td>
        <td><input type="text" name="username"></td>
      </tr>
      <tr>
        <td colspan="2"><button type="submit">下一步</button></td>
      </tr>
    </table>
    </form>
    <?php
 }
}
```

（2）编写 vote.php 文件。

使用 include_once 导入 vote_page.php 文件，创建 VotePage 类的实例对象，从$_POST 中取得上一页用户输入的 username 值，调用 set()函数将用户名设置到 VotePage 页面，调用 Display()函数显示投票页面，代码如下：

```
<?php
include_once 'vote_page.php';

$page = new VotePage();
$page->set("username", $_POST["username"]);
$page->Display();
```

（3）进入“投票”页面，如图 13-3 所示。

13.4.5　步骤五：数据的获取和写入

（1）编写 result_page.php 文件。

- 使用 include_once 导入 page.php 文件。
- 定义 ResultPage 类，基类为 Page 类。
- 编写构造函数 function __construct()，调用基类 parent 的构造函数，设置页面的标题。
- 实现基类的抽象函数 public function DisplayContent()，显示结果页面。

代码如下：

```
<?php
include_once 'page.php';
class ResultPage extends Page {
```

```
 public function __construct() {
  parent::__construct("投票结果页");
 }

 public function DisplayContent() {
  echo $this->data["username"] . ": " . $this->data["content"];
 }
}
```

（2）编写 result.php 文件。

使用 include_once 导入 result_page.php 文件，创建 ResultPage 类的实例对象，从$_POST 中取得上一页用户输入的 username 值和 content 值，调用 set()函数将 username 值和 content 值设置到 ResultPage 页面，调用 Display()函数显示结果页面，代码如下：

```
<?php
include_once 'result_page.php';

$page = new ResultPage();
$page->set("username", $_POST["username"]);
$page->set("content", $_POST["content"]);

$page->Display();
```

（3）进入“结果”页面，如图 13-4 所示。

第 14 章
PHP 制作动态网页（学生成绩管理）

14.1 实验目标

（1）掌握 PHP 的基本语法、编码规范。
（2）掌握 MySQL 的基本操作方法。
（3）掌握 PHP 操作 MySQL 的 mysqli 类的方法。
（4）掌握 PHP 执行 SQL 语句的方法。
（5）掌握 PHP 采用预处理的方式执行 SQL 语句的方法。
（6）掌握 PHP 绑定预处理参数的操作方法。
（7）掌握 PHP 数据库查询记录集的操作方法。
（8）掌握 PHP 中 Cookie 的操作方法。
（9）掌握 PHP 中 Session 的操作方法。
（10）综合应用 PHP 数据库操作技术，开发“学生成绩管理”程序。
知识地图如图 14-1 所示。

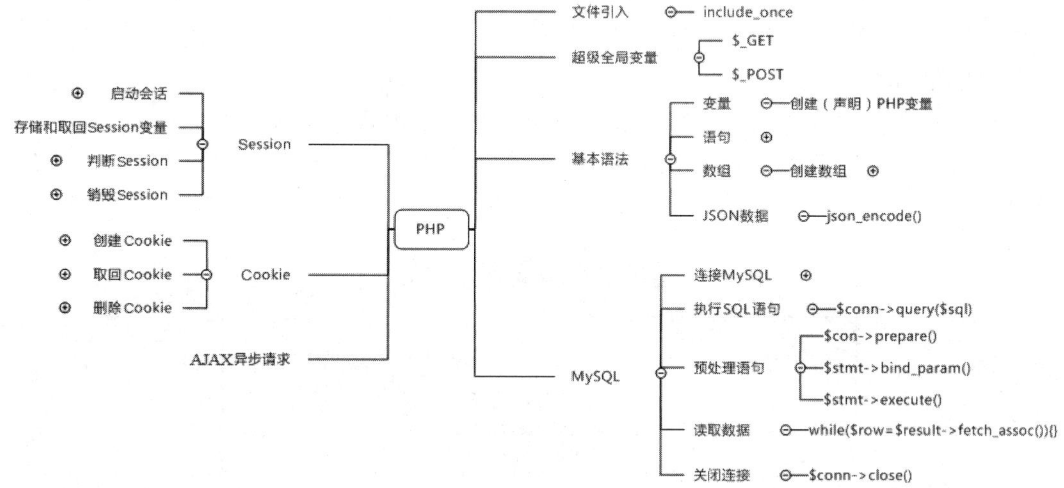

图 14-1

14.2 实验任务

编写一个学生成绩管理系统。

1. 用户登录

进入登录页面，输入用户名和密码，如图 14-2 所示。若验证成功则进入学生成绩管理系统的首页——成绩列表页面。

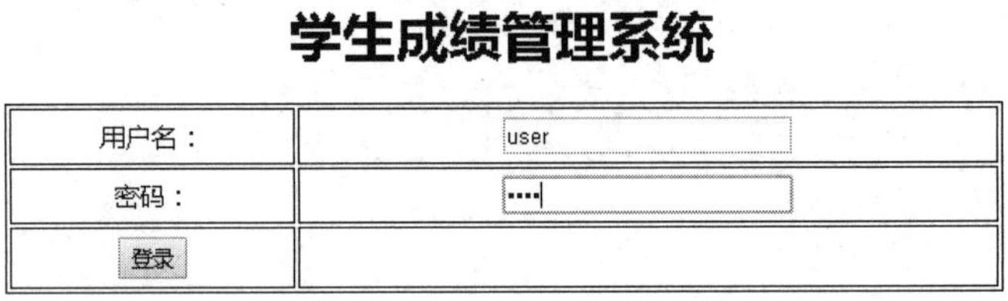

图 14-2

2. 成绩列表页面

页头显示“学生成绩管理系统”，页面内容显示所有的成绩列表。每条记录显示 id、姓名、年龄和成绩，以及“修改”与“删除”按钮。在列表的最后一行显示“添加”按钮。如图 14-3 所示。

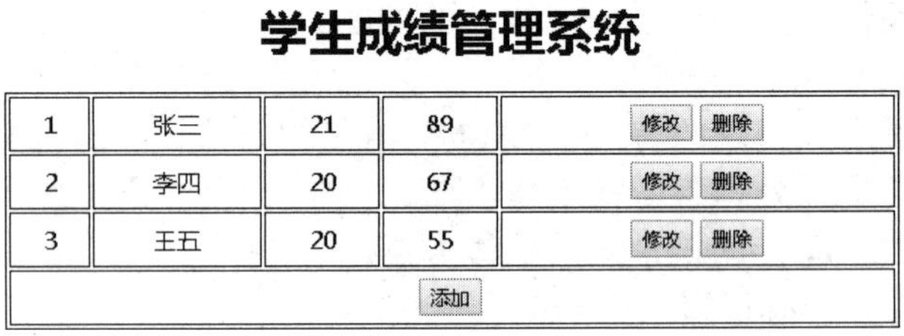

图 14-3

- 单击“删除”按钮，删除当前记录，并更新成绩列表页面。
- 单击“修改”按钮，进入成绩修改页面。
- 单击“添加”按钮，进入成绩添加页面。

3. 成绩修改页面

成绩修改页面显示姓名、年龄和成绩的输入框，初始状态显示当前记录的数据，在表格最后一行显示“修改”按钮，如图 14-4 所示。修改完成后单击“修改”按钮返回成绩列表页面。

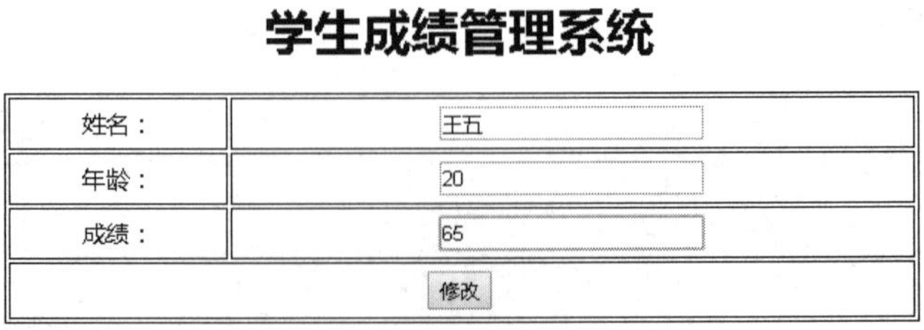

图 14-4

4．成绩添加页面

成绩添加页面显示姓名、年龄和成绩的输入框，在表格最后一行显示“添加”按钮，如图 14-5 所示。添加完成后单击“添加”按钮返回成绩列表页面。

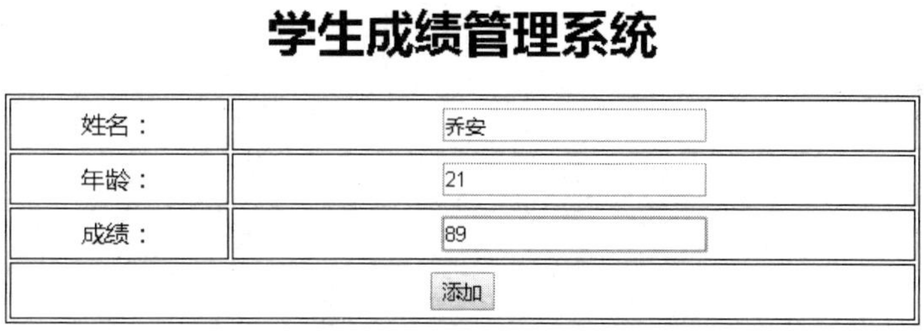

图 14-5

14.3　设计思路

（1）创建新项目 stu_result。

（2）文件设计如表 14-1 所示。

表 14-1

类　　型	文　　件	说　　明
php 文件	index.php	成绩列表页面
	login.php	登录页面
	insert.php	成绩添加页面
	update.php	成绩修改页面
	server/insert_server.php	录入成绩
	server/remove_server.php	删除成绩
	server/select_server.php	查询单个成绩
	server/update_server.php	更改成绩
	server/user_server.php	用户登录
	server/conn.php	创建数据库连接
css 文件	style.css	页面样式

（3）学生成绩管理数据库 stu_result 创建脚本如下。

```
DROP DATABASE IF EXISTS stu_result;
CREATE DATABASE stu_result;
USE stu_result;

SET NAMES utf8mb4;
SET FOREIGN_KEY_CHECKS = 0;

-- ----------------------------
-- Table structure for `result`
-- ----------------------------
DROP TABLE IF EXISTS `result`;
CREATE TABLE `result` (
  `id` int(11) NOT NULL AUTO_INCREMENT,
```

```
  `name` varchar(64) NOT NULL,
  `age` int(11) NOT NULL,
  `result` varchar(255) DEFAULT NULL,
  PRIMARY KEY (`id`)
) ENGINE=InnoDB AUTO_INCREMENT=6 DEFAULT CHARSET=utf8;

-- ----------------------------
-- Records of result
-- ----------------------------
INSERT INTO `result` VALUES ('1', '张三', '21', '89');
INSERT INTO `result` VALUES ('2', '李四', '20', '67');
INSERT INTO `result` VALUES ('3', '王五', '20', '55');
-- ----------------------------
-- Table structure for `user`
-- ----------------------------
DROP TABLE IF EXISTS `user`;
CREATE TABLE `user` (
  `id` int(11) NOT NULL AUTO_INCREMENT,
  `account` varchar(32) NOT NULL,
  `password` varchar(32) NOT NULL,
  PRIMARY KEY (`id`)
) ENGINE=InnoDB AUTO_INCREMENT=2 DEFAULT CHARSET=utf8;

-- ----------------------------
-- Records of user
-- ----------------------------
INSERT INTO `user` VALUES ('1', 'user', 'user');
```

- 成绩表包括 id、name、age 和 result 4 个字段，如表 14-2 所示。

表 14-2

成绩表（result）	
字　　段	说　　明
id	主键
name	学生姓名
age	学生年龄
result	学生成绩

- 用户表包括 id、account 和 password 3 个字段，如表 14-3 所示。

表 14-3

用户表（user）	
字　　段	说　　明
id	主键
account	用户名
password	密码

（4）实现设计。

用户登录系统，使用表单进行请求，请求 login.php 文件进行处理，若验证成功则跳转到成绩列表页面（index.php）。

成绩列表页面显示成绩列表，可以通过页面的“添加”“修改”“删除”按钮分别进入成绩添加页面（insert.php）、成绩修改页面（update.php）和处理删除操作页面

（server/remove_server.php）进行相关操作，处理完成后跳转回 index.php 页面，刷新成绩列表。

在 insert.php 和 update.php 页面中使用 AJAX 进行静态请求，然后使用 JSON 进行数据交互，并使用 JavaScript 静态更新页面数据。

（5）设计成绩列表页面。

- 页面：index.php。
- 页面使用<table>标签显示成绩列表，共 5 列，最后一列为操作按钮。
- 将表格边框的 border 值设为 1。
- 表格最后一行，显示“添加”按钮。
- 页面加载时，调用 server/select_server.php 文件查询出当前数据库 result 表中的所有记录，使用 foreach 显示所有的记录。
- 单击“修改”按钮，跳转到 update.php 页面，将当前记录的 id 值作为参数传到 update.php 页面。
- 单击“删除”按钮，删除当前记录，将当前记录的 id 值作为参数传到 server/remove_server.php 页面，使用 mysqli 类实现 MySQL 数据库操作，删除记录。通过 JavaScript DOM 操作请求 PHP 页面，PHP 页面使用 echo 返回 json_encode()函数编码的 JSON 格式数据。

（6）设计成绩添加页面。

- 页面：insert.php。
- 页面使用<table>标签编写表单，共 2 列，第 1 列为字段标签，分别显示姓名、年龄和成绩，第 2 列为输入框。
- 将表格边框的 border 值设为 1。
- 表格最后一行，显示“添加”按钮。
- 表单提交请求 server/insert_server.php 页面，使用 mysqli 类实现 MySQL 数据库操作，添加记录。
- 通过 JavaScript DOM 操作请求 PHP 页面，PHP 页面使用 echo 返回 json_encode()函数编码的 JSON 格式数据。

（7）设计成绩修改页面。

- 页面：update.php。
- 页面使用<table>标签编写表单，共 2 列，第 1 列为字段标签，分别显示姓名、年龄和成绩，第 2 列为输入框。
- 将表格边框的 border 值设为 1。
- 表格最后一行，显示“修改”按钮。
- 在页面初始状态通过 id 查询记录，并使用<?php echo.. ?>脚本显示当前记录原有的值。
- 表单提交请求 server/update_server.php 页面，使用 mysqli 类实现 MySQL 数据库操作，更新记录。
- 通过 JavaScript DOM 操作请求 PHP 页面，PHP 页面使用 echo 返回 json_encode()函数编码的 JSON 格式数据。

（8）设计登录页面。

- 页面：login.php。
- 页面使用<table>标签编写表单，共 2 列，第 1 列为字段标签，分别显示用户名和密码，第 2 列为输入框。

- 将表格边框的 border 值设为 1。
- 表格最后一行，显示“登录”按钮。
- 表单提交请求 server/user_server.php 页面，使用 mysqli 类实现 MySQL 数据库操作，查询用户信息。

（9）定义数据库连接文件 conn.php。

- 设置数据库服务器地址、用户名、密码和数据库名。
- 创建 mysqli 类的实例对象，连接数据库。

14.4 实验实施（跟我做）

14.4.1 步骤一：创建项目和文件

（1）创建项目：项目名为 stu_result。

（2）创建文件。

- index.php：成绩列表页面。
- login.php：登录页面。
- insert.php：成绩添加页面。
- update.php：成绩修改页面。
- server/conn.php：创建数据库连接。
- server/insert_server.php：录入成绩。
- server/remove_server.php：删除成绩。
- server/select_server.php：查询单个成绩。
- server/user_server.php：用户登录。
- server/update_server.php：更改成绩。
- style.css：页面样式。

如图 14-6 所示。

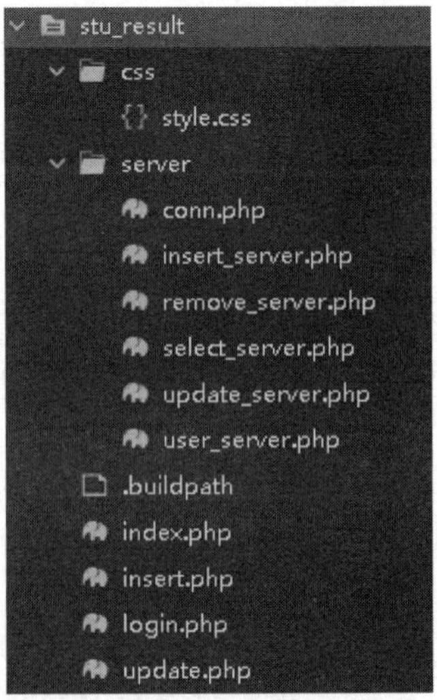

图 14-6

14.4.2 步骤二：创建数据库

打开 xampp-control 面板，单击“Shell”按钮，启动命令行界面，输入 mysql -uroot -p 命令登录 MySQL 数据库，使用 source 命令导入数据库脚本，如图 14-7 所示。

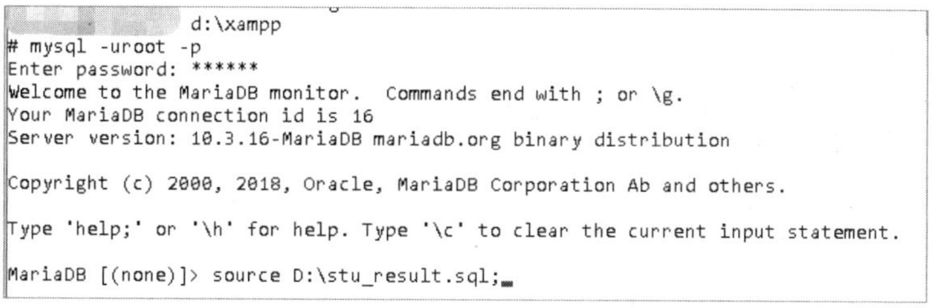

图 14-7

14.4.3 步骤三：制作 CSS 样式

在 style.css 文件中编写<h1>、<table>、<th>、<td>和<button>标签的样式，代码如下：

```
h1{
    text-align: center;
}
table{
    width:600px;
    border:1px solid #000000;
    text-align: center;
    margin: 0 auto;
}
th,td{
    padding: 5px;
    border:1px solid #000000;
}
.button{
    width: 280px;
    margin: 0 2px;
}
```

14.4.4 步骤四：制作登录页面

（1）创建 login.php 文件，编写 PHP 代码，实现登录页面。

- 使用<input>文本控件接收用户名和密码进入登录系统。
- 使用 form 表单提交登录信息，action 的值为./server/user_server.php，方法为 POST。
- 在登录按钮之后的<span></span>标签中，显示异常消息。

代码如下：

```
<html>
  <head>
    <meta charset="utf-8" />
    <link rel="stylesheet" type="text/css" href="css/style.css"/>
    <title>学生成绩管理系统</title>
  </head>
  <body>
    <h1>学生成绩管理系统</h1>
```

```
    <form action="./server/user_server.php" method="post">
    <table>
      <tr>
        <td>用户名: </td>
        <td><input type="text" name="account"></td>
      </tr>
      <tr>
        <td>密码: </td>
        <td><input type="password" name="password"></td>
      </tr>
      <tr>
        <td><button type="submit">登录</button></td>
        <td>
        <span>
        <?php echo isset($_GET['message']) ? $_GET['message'] : ""; ?>
        </span>
        </td>
      </tr>
    </table>
    </form>
  </body>
</html>
```

（2）创建 server/user_server.php 文件，编写 PHP 代码，对用户名和密码进行验证。

- 使用 include 导入 conn.php 文件。
- 从$_POST 中获取用户名和密码信息。
- 编写 SQL 语句，使用用户名和密码查询用户，调用$conn->query()函数。
- 若查询到了记录，则表示登录成功，启动会话，在 Session 中存储用户名信息。
- 使用 header()函数跳转到 index.php 页面。
- 若查询不到记录，则跳转到 login.php 页面，并显示提示信息：用户名或密码不一致。

```
<?php
include ("conn.php");

$account = $_POST['account'];
$password = $_POST['password'];

$sql = "select id from user where account = '$account' and password = '$password'";
$result = $conn->query($sql);

if($result->num_rows > 0) {
 session_start();
 $_SESSION["user.account"] = $account;

 $result->free_result();
 $conn->close();
 header("location:../index.php");
} else {
 $result->free_result();
 $conn->close();
 header("location:../login.php?message=用户名或密码不一致");
}
```

14.4.5　步骤五：制作成绩管理页面

1．成绩列表页面（index.php）

引入 style.css 样式和 index.js 文件，在 index.php 文件的<body>标签中编写<h1>、<table>、<button>标签，代码如下：

```
<html>
    <head>
        <meta charset="utf-8" />
        <link rel="stylesheet" type="text/css" href="css/style.css"/>
        <script type="text/javascript" src="js/index.js"></script>
        <title>学生成绩管理系统</title>
    </head>
    <body>
        <h1>学生成绩管理系统</h1>
        <table>
            <!-- 学生成绩表格 -->
            <tr>
                <td><a href="insert.php"><button>添加</button></a></td>
            </tr>
        </table>
    </body>
</html>
```

运行结果如图 14-8 所示。

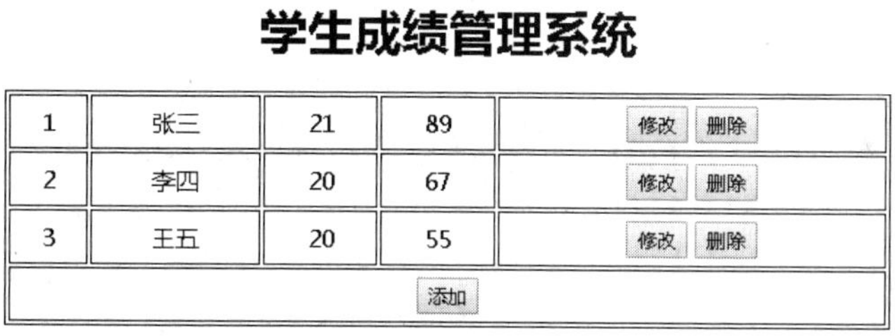

图 14-8

2．成绩添加页面（insert.php）

引入 style.css 样式和 index.js 文件，在 insert.php 文件的<body>标签中编写<h1>、<table>、<button>标签，代码如下：

```
<html>
    <!-- <head>与 index.php 一致 -->
    <body>
        <h1>学生成绩管理系统</h1>
        <table>
            <tr>
                <td>姓名：</td>
                <td><input type="text" name="name"></td>
            </tr>
            <tr>
                <td>年龄：</td>
                <td><input type="text" name="age"></td>
            </tr>
            <tr>
                <td>成绩：</td>
```

```
            <td><input type="text" name="result"></td>
        </tr>
        <tr><td><button onclick="insert()">添加</button></td></tr>
    </table>
  </body>
</html>
```

运行结果如图 14-9 所示。

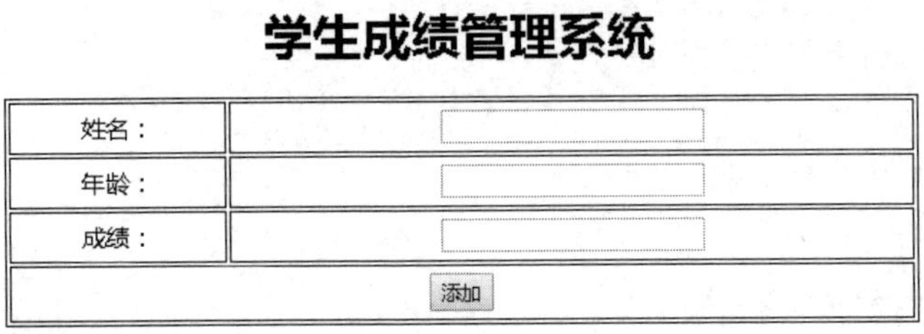

图 14-9

3．成绩修改页面（update.php）

引入 style.css 样式和 update.js 文件，在 update.php 文件的<body>标签中编写<h1>、<table>、<button>标签，代码如下：

```
<html>
    <!-- <head>与 index.php 一致 -->
    <body>
        <h1>学生成绩管理系统</h1>
        <table>
            <tr>
                <td>姓名：</td>
                <td><input type="text" name="name"></td>
            </tr>
            <tr>
                <td>年龄：</td>
                <td><input type="text" name="age"></td>
            </tr>
            <tr>
                <td>成绩：</td>
                <td><input type="text" name="result"></td>
            </tr>
            <tr><td><button onclick="update()">修改</button></td></tr>
        </table>
    </body>
</html>
```

运行结果如图 14-10 所示。

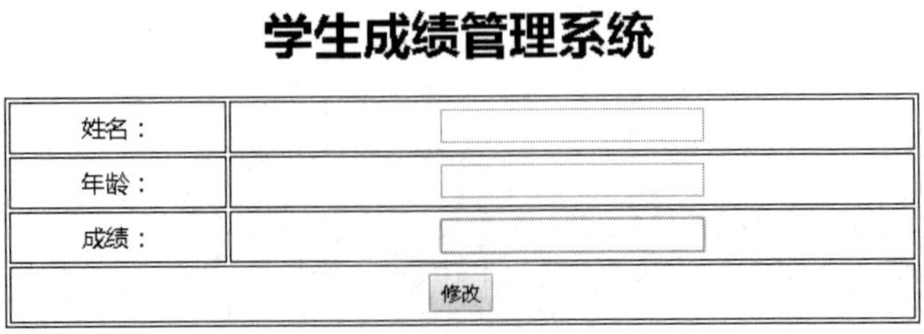

图 14-10

14.4.6　步骤六：编写数据库操作 PHP 代码

（1）在 conn.php 文件中编写连接数据库的代码。

- PHP 脚本声明：以<?php 开始，以?>结束。
- PHP 变量：创建变量$servername（数据库地址）、$username（用户名）、$password（密码）、$dbname（数据库名），以$符号开始，后面跟着变量的名称。
- 创建数据库连接：使用 new mysqli()创建数据库连接。
- 设置字符集：使用@mysqli_set_charset()函数设置字符集。
- 检测连接：使用 $conn->connect_error 方法检测连接是否成功。

连接数据库代码如下：

```
<?php
$servername = "127.0.0.1";
$username = "root";
$password = "123456";
$dbname = "stu_result";
// 创建连接
$conn = new mysqli($servername, $username, $password, $dbname);
@mysqli_set_charset($conn, utf8);
// 检测连接
if($conn->connect_error) {
 die("连接失败: " . $conn->connect_error);
}
```

（2）在 insert_server.php 文件中编写录入成绩代码。

- PHP 脚本声明：以<?php 开始，以?>结束。
- 包含 conn.php：使用 include()方法包含 conn.php 文件。
- PHP 变量：创建变量$name（姓名）、$age（年龄）、$result（成绩），以$符号开始，后面跟着变量的名称。
- 使用$_POST：使用超级全局变量$_POST 获取 AJAX 的 POST 请求参数。
- 创建预处理语句：使用$conn->prepare 创建预处理语句。
- 绑定数据：使用$stmt->bind_param 对预处理语句进行数据绑定。
- 执行预处理语句：$stmt->execute()。
- 检测执行：使用 $conn->affected_rows 方法检测 SQL 语句是否执行成功。
- 关闭连接：使用$stmt->close()关闭预处理；使用$conn->close()关闭数据库连接。

录入成绩代码如下：

```
<?php
include ("conn.php");
$name = $_POST['name'];
$age = $_POST['age'];
$result = $_POST['result'];
// 预处理及绑定
$stmt = $conn->prepare("insert into result(name, age, result) values(?, ?, ?)");
$stmt->bind_param("sii", $name, $age, $result);
// 执行
$stmt->execute();
if($conn->affected_rows) {
 echo "添加成功!";
} else {
 echo "Error: " . $conn->error;
```

```
}
$stmt->close();
$conn->close();
```

（3）在 remove_server.php 文件中编写删除成绩代码。

- PHP 脚本声明：以<?php 开始，以?>结束。
- 包含 conn.php：使用 include()方法包含 conn.php 文件。
- PHP 变量：创建变量$id（成绩 id）、$sql（SQL 语句），以$符号开始，后面跟着变量的名称。
- 使用$_GET：使用超级全局变量$_GET 获取 AJAX 的 GET 请求参数。
- 执行并检测 SQL 语句：使用 $conn->query($sql)方法执行并检测 SQL 语句是否执行成功。
- 关闭连接：使用$conn->close()关闭数据库连接。

删除成绩代码如下：

```
<?php
include ("conn.php");
$id = $_GET['id'];
$sql = "delete from result where id = $id";
if($conn->query($sql)) {
 echo "删除成功!";
} else {
 echo "Error: " . $sql . "<br>" . $conn->error;
}
$conn->close();

header("location:../index.php");
```

（4）在 select_server.php 文件中编写查询单个成绩代码。

- PHP 脚本声明：以<?php 开始，以?>结束。
- 包含 conn.php：使用 include()方法包含 conn.php 文件。
- PHP 变量：创建变量$id（成绩 id）、$sql（SQL 语句）、$result（数据库返回数据集）、$results（返回数组），以$符号开始，后面跟着变量的名称。
- 使用$_GET：使用超级全局变量$_GET 获取 AJAX 的 GET 请求参数。
- 初始化数组：使用 array()函数初始化$results 数组。
- 执行 SQL 语句：使用 $conn->query($sql)方法执行 SQL 语句并返回数据集给$result。
- 检测执行：使用$result->num_rows 检测 SQL 语句是否执行成功。
- 读取数据：使用$result->fetch_assoc()返回每条数据。
- JSON 解析：使用 json_encode()将数据解析成 JSON 格式。
- 关闭连接：使用$conn->close()关闭数据库连接。

查询单个成绩代码如下：

```
<?php
include ("conn.php");
$id = $_GET['id'];
$sql = "select * from result where id = '$id'";
$result = $conn->query($sql);
$results = array();
if($result->num_rows > 0) {
 // 输出数据
 while($row = $result->fetch_assoc()) {
```

```
  $results = $row;
 }
 echo json_encode($results);
} else {
 echo "未找到数据!";
}
$conn->close();
```

（5）在 update_server.php 文件中编写更改成绩代码。

- PHP 脚本声明：以<?php 开始，以?>结束。
- 包含 conn.php：使用 include()方法包含 conn.php 文件。
- PHP 变量：创建变量$sql（SQL 语句）、$id（成绩 id）、$name（姓名）、$age（年龄）、$result（成绩），以$符号开始，后面跟着变量的名称。
- 使用$_POST：使用超级全局变量$_POST 获取 AJAX 的 POST 请求参数。
- 执行并检测 SQL 语句：使用 $conn->query($sql)方法执行并检测 SQL 语句是否执行成功。
- 关闭连接：使用$conn->close()关闭数据库连接。

更改成绩代码如下：

```
<?php
include ("conn.php");
$id = $_POST['id'];
$name = $_POST['name'];
$age = $_POST['age'];
$result = $_POST['result'];
$sql = "update result set name = '" . $name . "', age = $age, result = $result where
id = $id";
if($conn->query($sql)) {
 echo "修改成功!";
} else {
 echo "Error: " . $sql . "<br>" . $conn->error;
}
$conn->close();
```

14.4.7　步骤七：数据的获取和写入

（1）在 index.php 文件中编写 PHP 代码，展开成绩列表。

在页面第 1 行引入 conn.php 文件。

```
<?php require_once('./server/conn.php'); ?>
```

编写 PHP 代码获取成员列表，并生成表格。

- PHP 脚本声明：以<?php 开始，以?>结束。
- PHP 变量：创建变量$sql（SQL 语句）、$result（成绩），以$符号开始，后面跟着变量的名称。
- 执行 SQL 语句：使用$conn->query($sql)方法执行 SQL 语句。
- 检测执行：使用$result->num_rows 检测 SQL 语句是否执行成功。
- 读取数据：使用$result->fetch_assoc()返回每条数据。
- 关闭连接：使用$conn->close()关闭数据库连接。

成绩列表代码如下：

```
<?php
```

```
    require_once('./server/conn.php');
    $sql = "select * from result";
    $result = $conn->query($sql);
    if ($result->num_rows > 0) {
        // 输出数据
        while($row = $result->fetch_assoc()) {
            ?>
            <tr>
                <td><?php echo $row['id'] ?></td>
                <td><?php echo $row['name'] ?></td>
                <td><?php echo $row['age'] ?></td>
                <td><?php echo $row['result'] ?></td>
                <td>
                    <button onclick="toUpdate(this)">修改</button>
                    <button onclick="remove(this)">删除</button>
                </td>
            </tr>

            <?php
        }
    }
    $conn->close();
?>
```

（2）在 insert.php 中编写 JavaScript 代码，实现录入成绩的操作。

- 获取数据：使用 DOM 操作获取表单中的 name、age 和 result。
- 获取 AJAX 对象：调用 index.js 内的方法获取 AJAX 对象。
- 创建请求：使用 open()函数，3 个参数依次为 POST 请求类型、url 请求路径、false 同步请求。
- 设置请求头：设置请求头 application/x-www-form-urlencoded 和字符 UTF-8。
- 请求参数：通过 send()传参。
- 发起请求：使用 send()函数。
- 输出返回信息：使用 alert()输出返回信息。
- 刷新列表：使用 window.location.href 跳转到 index.php 页面。

录入成绩代码如下：

```
function insert(){
    let name = document.getElementsByName("name")[0].value;
    let age = document.getElementsByName("age")[0].value;
    let result = document.getElementsByName("result")[0].value;
    let ajax = getAjax();
    ajax.open("POST","./server/insert_server.php",false)
    ajax.setRequestHeader("Content-type","application/x-www-form-urlencoded;
charset=UTF-8");
    ajax.send("name=" + name + "&age=" + age + "&result=" + result);
    alert(ajax.responseText);
    window.location.href = "index.php";
}
```

成绩添加页面初始状态如图 14-9 所示。

录入成绩后的效果如图 14-5 所示。

成绩添加成功后的效果如图 14-11 所示。

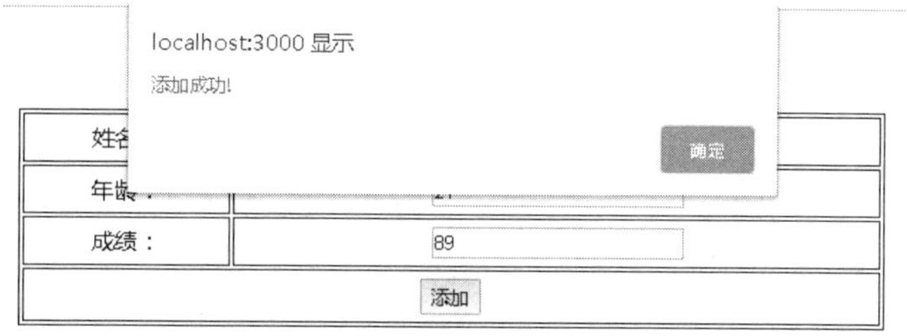

图 14-11

录入成绩成功后的页面如图 14-12 所示。

图 14-12

（3）在 index.php 中编写 JavaScript 代码，实现删除成绩的操作并跳转到成绩修改页面。

- 删除成绩。
  - ➢ 获取 id：使用 DOM 操作获取表格中的 id。
  - ➢ 获取 AJAX 对象：调用 index.js 内的函数获取 AJAX 对象。
  - ➢ 创建请求：使用 open()函数，3 个参数依次为 GET 请求类型、url 请求路径、false 同步请求。
  - ➢ 请求参数：将 id 通过 url 传参。
  - ➢ 发起请求：使用 send()函数。
  - ➢ 输出返回信息：使用 alert()输出返回信息。
  - ➢ 刷新列表：使用 location.reload()刷新页面。

运行结果如图 14-3 所示。

- 跳转到成绩修改页面。
  - ➢ 获取 id：使用 DOM 操作获取表格中的 id。
  - ➢ 跳转页面：使用 window.location.href 跳转到指定页面。

删除成绩和跳转到成绩修改页面的代码如下：

```
<script type="text/javascript">
  function remove(ele){     //删除成绩
   let id = ele.parentElement.parentElement.children[0].innerText;
   window.location.href="./server/remove_server.php?id=" + id;
  }

  function toUpdate(ele){   //跳转到成绩修改页面
   let id = ele.parentElement.parentElement.children[0].innerText;
   window.location.href = "./update.php?id=" + id;
  }
</script>
```

运行结果如图 14-13 所示。

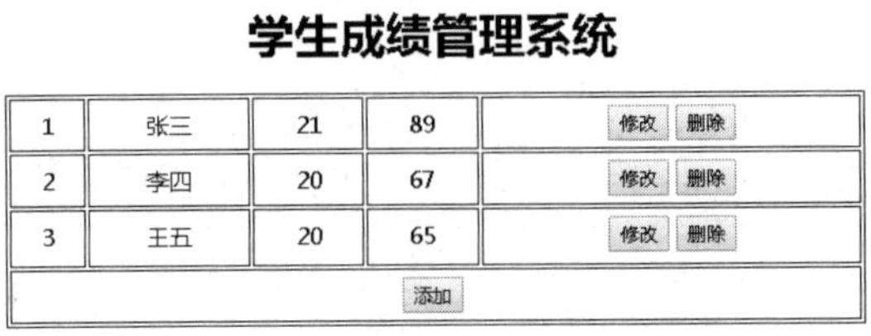

图 14-13

（4）在 update.php 中编写 JavaScript 代码，实现查询单个成绩的操作。

- 获取数据：使用 window.location.search.substring()获取 url 中的 id。
- 获取 AJAX 对象：调用 index.js 内的函数获取 AJAX 对象。
- 创建请求：使用 open()函数，3 个参数依次为 GET 请求类型、url 请求路径、false 同步请求。
- 请求参数：将 id 通过 url 传参。
- 发起请求：使用 send()函数。
- 解析返回信息：使用 JSON.parse()将返回信息解析成 JSON 格式。
- 写入信息：使用 DOM 操作将返回信息写入页面表单中。

查询单个成绩的代码如下：

```
let id;
window.onload=function(){
    id = window.location.search.substring(1).split("=")[1];
    let ajax = getAjax();
    ajax.open("GET", "./server/select_server.php?id=" + id, false);
    ajax.send();
    let data = JSON.parse(ajax.responseText);
    document.getElementsByName("name")[0].value = data.name;
    document.getElementsByName("age")[0].value = data.age;
    document.getElementsByName("result")[0].value = data.result;
}
```

点击修改如图 14-14 所示。

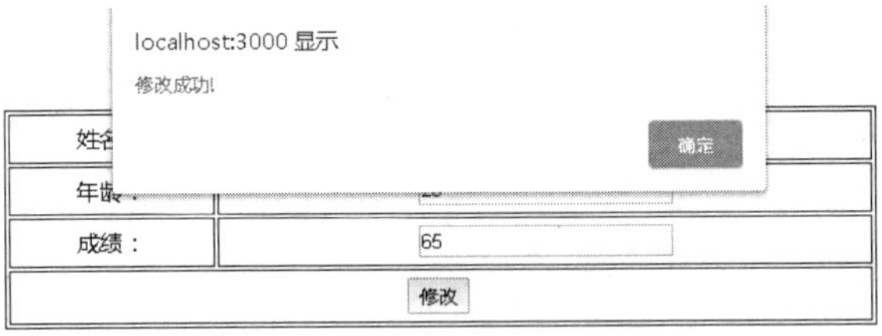

图 14-14

修改成绩如图 14-15 所示。

（5）在 update.php 中编写 JavaScript 代码，实现修改成绩的操作。

- 获取数据：使用 DOM 操作获取表格中的 name、age 和 result。
- 获取 AJAX 对象：调用 index.js 内的函数获取 AJAX 对象。
- 创建请求：使用 open()函数，3 个参数依次为 POST 请求类型、url 请求路径、false 同步请求。

- 设置请求头：设置请求头 application/x-www-form-urlencoded 和字符 UTF-8。
- 请求参数：通过 send()传参。
- 发起请求：使用 send()函数。
- 输出返回信息：使用 alert()输出返回信息。
- 跳转首页：使用 window.location.href 跳转到 index.php 页面。

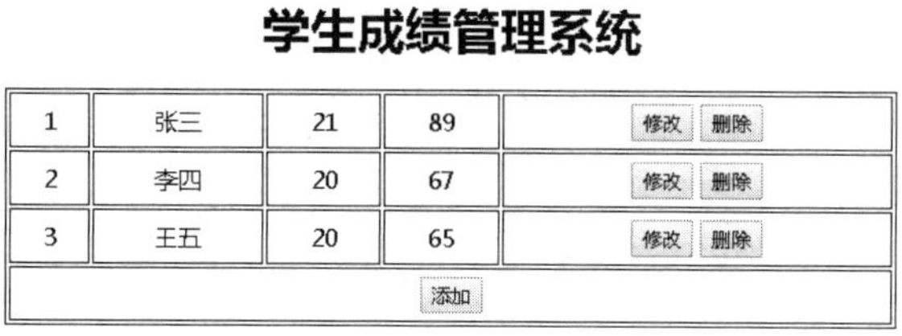
学生成绩管理系统

1	张三	21	89	修改 删除
2	李四	20	67	修改 删除
3	王五	20	65	修改 删除
添加				

图 14-15

成绩修改的代码如下：

```
function update(){
    let name = document.getElementsByName("name")[0].value;
    let age = document.getElementsByName("age")[0].value;
    let result = document.getElementsByName("result")[0].value;
    let ajax = getAjax();
    ajax.open("POST","./server/update_server.php",false)
    ajax.setRequestHeader("Content-type","application/x-www-form-urlencoded;
charset=UTF-8");
    ajax.send("id=" + id + "&name=" + name + "&age=" + age + "&result=" + result);
    alert(ajax.responseText);
    window.location.href = "index.php";
}
```

成绩修改成功后的效果如图 14-16 所示。

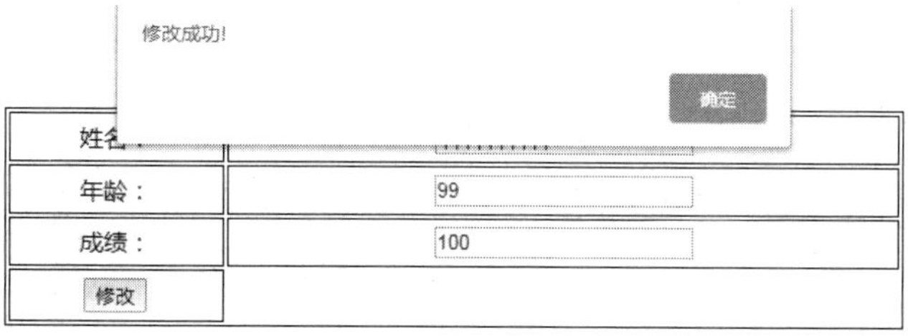

图 14-16

修改成绩后的成绩列表页面如图 14-17 所示。

学生成绩管理系统

1	张三	21	89	修改 删除
2	李四	22	67	修改 删除
3	王五	23	55	修改 删除
7	玉兰	99	100	修改 删除
添加				

图 14-17

第 15 章 AJAX 制作动态网页（阅读器）

15.1 实验目标

（1）掌握 XMLHttpRequest 对象的创建和使用方法。
（2）掌握 AJAX 服务器发送异步请求的方法。
（3）掌握 AJAX 服务器响应的方法。
（4）掌握 JSON 格式数据解析的方法。
（5）综合运用 AJAX 前后端交互技术，开发“阅读器”程序。
知识地图如图 15-1 所示。

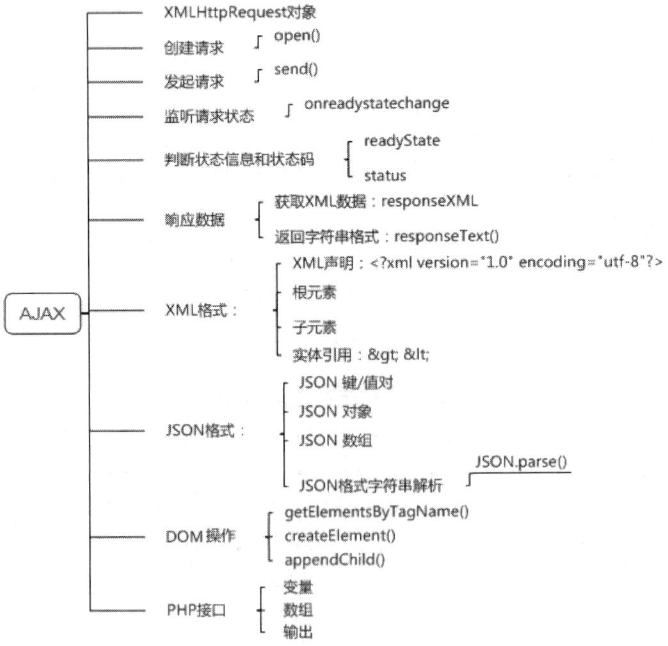

图 15-1

15.2 实验任务

制作阅读器页面，页面上方有“开始阅读（JSON）”按钮和“开始阅读（XML）”按钮，单击按钮从服务器获取书籍内容，将书籍内容显示到页面中。

书籍内容分为两部分：左侧为按钮和“目录”，右侧为每章对应的“内容”。

（1）页面加载显示“开始阅读（JSON）”按钮和“开始阅读（XML）”按钮，如图 15-2 所示。

图 15-2

（2）单击“开始阅读（JSON）”按钮或“开始阅读（XML）”按钮，通过 AJAX 发送请求到 php 文件，php 文件返回 JSON 格式的书籍数据或 XML 格式的书籍数据，然后将书籍标题和目录展示在页面中。

书籍的标题和目录如图 15-3 所示。

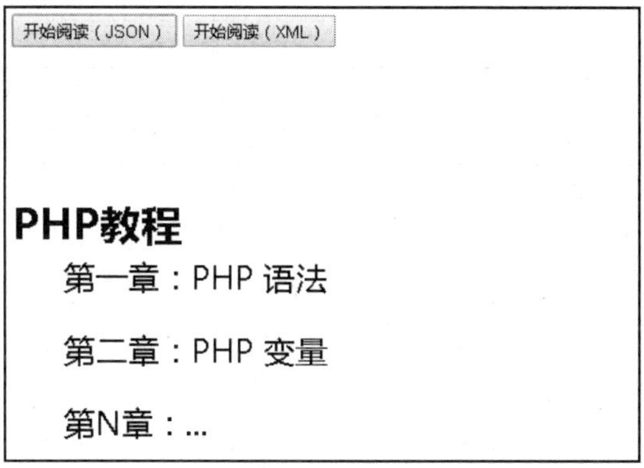

图 15-3

（3）为每一级“目录”绑定点击事件，当点击“目录”中对应的章标题时，对应“内容”部分会随之更新，如图 15-4 所示。

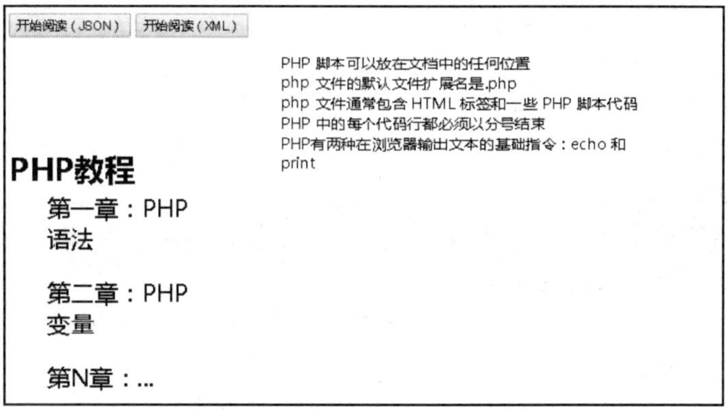

图 15-4

15.3 设计思路

AJAX 和 PHP 网站后端进行数据交互的流程，如图 15-5 所示。

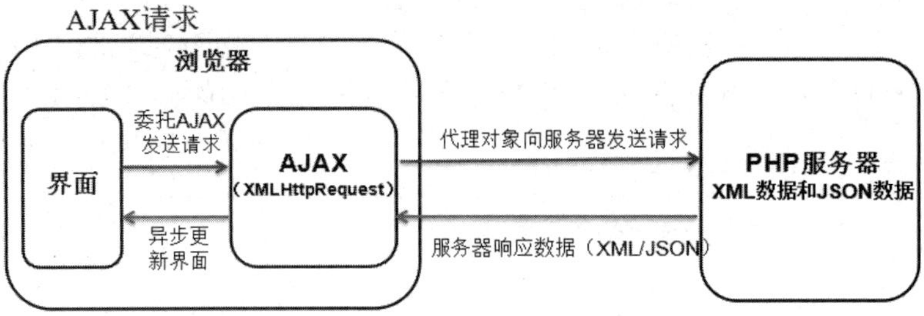

图 15-5

创建一个名为 book 的项目工程，文件设计如表 15-1 所示。

表 15-1

类　型	文　件	说　明
html 文件	index.html	阅读器首页
css 文件	index.css	阅读器首页样式
js 文件	index.js	阅读器首页 js 文件
php 文件	loadXML.php	返回 XML 格式的书籍数据
php 文件	loadJSON.php	返回 JSON 格式的书籍数据

（1）XML 格式数据 PHP 接口。

在 loadXML.php 文件中编写 XML 格式的书籍数据，使用 XML 格式进行数据交互。

- 创建 result 字符串变量，用 XML 格式存储书籍数据。
  - ➢ 声明 XML 文件<?xml version="1.0" encoding="utf-8"?>。
  - ➢ 设置根元素<books>。
  - ➢ 使用子元素<book>、<title>、<list>、<section>、<subject>、<subject1>、<content>定义数据。
- 使用 echo 命令输出 result。

（2）JSON 格式数据 PHP 接口。

在 loadJSON.php 文件中编写 JSON 格式的书籍数据，使用 JSON 格式进行数据交互。

- 创建 arr 数组变量，用于存储书籍数据。
- 使用 json_encode()函数对 arr 变量进行 JSON 编码。
- 使用 echo 命令输出 JSON。

（3）设计阅读器页面，使用语义化标签<header>、<aside>、<article>搭建页面结构，如图 15-6 所示。

（4）通过 AJAX 获取 XML 和 JSON 格式的书籍数据，使用 XMLHttpRequest 异步对象发送 AJAX 请求实现异步获取数据。

- 使用 open()函数创建请求，设置请求类型、请求路径、异步请求。
- 使用 send()函数发起请求。
- 为 onreadystatechange 属性设置函数，监听请求状态。

- 使用 responseText()函数获取返回的数据，使用 JSON.parse()函数将字符串解析成 JSON 格式。
- 使用 responseXML()函数获取 XML 格式。

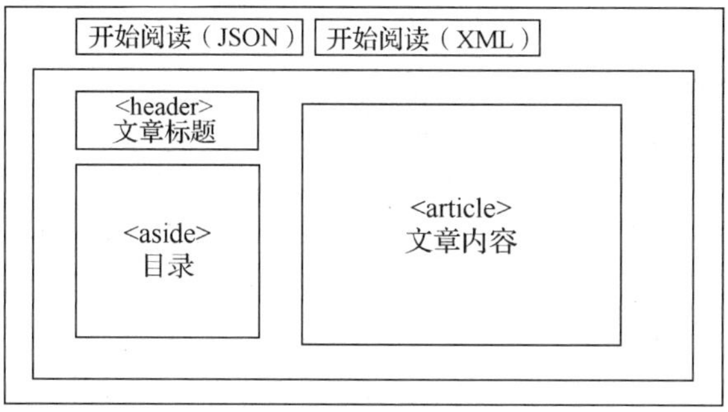

图 15-6

（5）通过 JavaScript 操作 DOM 实现动态构建目录和内容的操作。

15.4　实验实施（跟我做）

15.4.1　步骤一：创建项目和文件

（1）创建项目：项目名为 book。

（2）创建文件。

- index.html：阅读器首页。
- index.css：阅读器首页样式。
- loadJSON.php：返回 JSON 格式的书籍数据。
- loadXML.php：返回 XML 格式的书籍数据。

如图 15-7 所示。

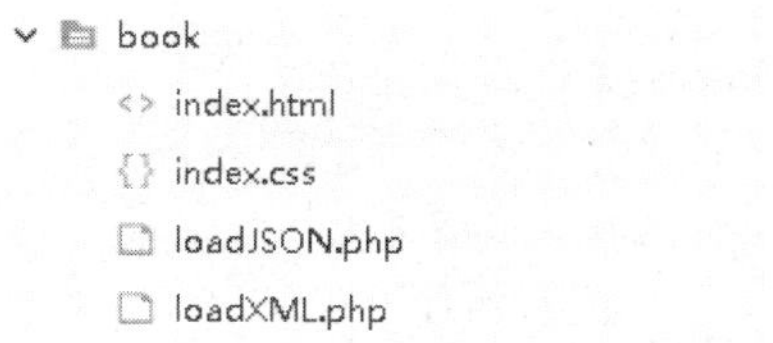

图 15-7

15.4.2　步骤二：实现 XML 格式数据接口

（1）在 loadXML.php 文件中编写 XML 格式的书籍数据。

（2）创建 result 数组变量，采用硬编码方式初始化数据。

（3）使用 echo 命令输出 result。

（4）编写 XML 格式的书籍数据代码如下：

```
<?php
$result ="<?xml version='1.0' encoding=' utf-8' ?>
<books>
```

```
<book id=' bk1' >
<title>PHP 教程</title>
<list>
<section>
   <subject>第一章: PHP 语法</subject>
   <section1>
      <subject1>基本的 PHP 语法</subject1>
      <content>PHP 脚本可以放在文档中的任何位置&lt;br /&gt;php 文件的默认文件扩展名
是' .php' &lt;br /&gt;php 文件通常包含 HTML 标签和一些 PHP 脚本代码</content>
   </section1>
   <section1>
      <subject1>PHP 中的注释</subject1>
      <content>//这是 PHP 单行注释, /*这是 PHP 多行注释*/</content>
   </section1>
</section>
<section>
   <subject>第二章: PHP 变量</subject>
   <section1>
      <subject1>基本的 PHP 语法</subject1>
      <content>变量以 $ 符号开始, 后面跟着变量的名称<br />变量名必须以字母或下画线开始
<br />变量名只能包含字母、数字及下画线 (A~Z、a~z、0~9 和 _ ) <br />变量名不能包含空
格<br />变量名是区分大小写的 ( y 和 Y 是两个不同的变量) <br />PHP 语句和 PHP 变量都是区
分大小写的</content>
   </section1>
</section>
</list>"
   echo $result;
?>
```

15.4.3 步骤三：实现 JSON 格式数据接口

（1）在 loadJSON.php 文件中编写 JSON 格式的书籍数据。

（2）创建 arr 数组变量，采用硬编码方式初始化数据。

（3）使用 json_encode()函数对变量进行 JSON 编码。

（4）使用 echo 命令输出 JSON。

（5）编写 JSON 格式的书籍数据代码如下：

```
<?php
   $arr = array(
   ' title' => ' PHP 教程' ,
   ' subject1' => ' 第一章: PHP 语法' ,
   ' content1' => ' PHP 脚本可以放在文档中的任何位置<br />php 文件的默认文件扩展名
是.php<br />php 文件通常包含 HTML 标签和一些 PHP 脚本代码<br />PHP 中的每个代码行都必
须以分号结束<br />PHP 有两种在浏览器输出文本的基础指令: echo 和 print' ,
   ' subject2' => ' 第二章: PHP 变量' ,
   ' content2' => ' 变量以 $ 符号开始, 后面跟着变量的名称<br />变量名必须以字母或下
画线开始<br />变量名只能包含字母、数字及下画线 (A~Z、a~z、0~9 和 _ ) <br />变量名不
能包含空格<br />变量名是区分大小写的 ( y 和 Y 是两个不同的变量) <br />PHP 语句和 PHP 变
量都是区分大小写的' ,
   ' subject3' => ' 第 N 章: ...' ,
   ' content3' => ' 未完待续' ,
   );
   echo json_encode($arr);
?>
```

15.4.4　步骤四：制作 HTML 页面

引入 index.css 样式，在 index.html 页面的<body>标签中编写按钮（<button>）、标题（<header>）、目录（<aside>）、内容（<article>）等标签，制作 HTML 页面的代码如下：

```
<!DOCTYPE html>
<html>
   <head>
      <meta charset="utf-8">
      <title>Web 阅读器</title>
      <link rel="stylesheet" type="text/css" href="index.css"/>
   </head>
   <body>
      <div>
         <button onclick="loadJSON('./loadJSON.php')">开始阅读（JSON）</button>
         <button onclick="loadXML('./book.xml')">开始阅读（XML）</button>
      </div>
      <header></header>
      <aside class="list">
      </aside>
      <article class="content">
         <p></p>
      </article>
   </body>
</html>
```

15.4.5　步骤五：制作 CSS 样式

在 index.css 样式文件中编写标题（<header>）、目录（<aside>）、内容（<article>）等标签的样式，标题（<header>）、目录（<aside>）、内容（<article>）采用绝对布局，制作 CSS 样式的代码如下：

```
/* 标题样式：绝对布局，距离顶部 15% */
header{
   position: absolute;
   top:15%;
   width:20%;
}
/* 目录样式：绝对布局，距离顶部 20% */
.list{
   position: absolute;
   top:20%;
   width:20%;
}
.list ul{
   font-size: 25px;
}
.list li{
   font-size: 20px;
}
/* 内容样式：绝对布局，距离左侧 30% */
.content{
   position: absolute;
   left:30%;
```

```
    width:40%;
}
```

阅读器首页如图 15-8 所示。

图 15-8

15.4.6 步骤六：编写 AJAX 请求

（1）创建 js 文件，命名为 index.js，在 index.html 中</body>标签前引入文件。

```
<!-- 引入js 文件 -->
<script src="index.js"></script>
```

（2）创建两个变量，分别用于保存获取到的 XML 格式的书籍数据和 JSON 格式的书籍数据。

- 通过创建数组变量 data，用于保存解析后的 XML 格式的书籍数据。
- 通过创建 JSON 对象变量 json ，用于保存解析后的 JSON 格式的书籍数据。

（3）创建 XMLHttpRequest 对象。

（4）监听请求状态：为 onreadystatechange 属性设置函数。

（5）判断状态信息和状态码：判断 readyState 和 status 的属性，即判断请求是否成功。

（6）创建请求：使用 open()函数，3 个参数依次为 GET 请求类型、url 请求路径、true 异步请求。

（7）发起请求：send()函数。

（8）创建 loadXML()函数，编写 AJAX 请求 loadXML.php 文件，获取 XML 格式的书籍数据。

代码如下：

```
/* 获取 XML 格式的书籍数据 */
var data = [];
function loadXML(url) {
    var xmlhttp;
    xmlhttp = new XMLHttpRequest();
    xmlhttp.onreadystatechange = function() {
    if (xmlhttp.readyState == 4 && xmlhttp.status == 200) {
        /* 在这里构建目录和内容 */
    }
    xmlhttp.open("GET", url, true);
    xmlhttp.send();
}
```

（9）创建 loadJSON()函数，编写 AJAX 请求 loadJSON.php 文件，获取 JSON 格式的书籍数据。

代码如下：

```
/* 获取 JSON 格式的书籍数据 */
var json = {};
function loadJSON(url) {
    var xmlhttp;
    xmlhttp = new XMLHttpRequest();
    xmlhttp.onreadystatechange = function() {
        if (xmlhttp.readyState == 4 && xmlhttp.status == 200) {
```

```
        /* 在这里构建目录和内容 */
    }
    xmlhttp.open("GET", url, true);
    xmlhttp.send();
}
```

15.4.7　步骤七：构建 XML 格式的书籍内容

1. 构建标题

（1）获取<header>标签：使用 getElementsByTagName()函数获取<header>标签。

（2）创建<h1>标签：使用 createElement()函数创建<h1>标签。

（3）获取<title>标签中的值并输入到<h1>标签中：使用 nodeValue 属性获取<title>标签中的值。

（4）添加<h1>标签：使用 appendChild()函数添加<h1>标签到<header>标签。

代码如下：

```
var dom = document.getElementsByTagName("header")[0];
var h1 = document.createElement("h1");
h1.innerHTML = result.getElementsByTagName("title")[0].childNodes[0].nodeValue;
dom.appendChild(h1);
```

2. 构建目录

（1）获取页面中的<ul>标签。

- 获取<aside>标签：使用 getElementsByTagName()函数获取<aside>标签。
- 创建<ul>标签：使用 createElement()函数创建<ul>标签。

（2）获取 XML 数据中的<subject>元素。

循环遍历<subject>：遍历 XML 数据中的<subject>，获取<subject>值。

（3）将获取到的<subject>元素值输入到<ul>中。

（4）获取 XML 数据中的<content>节点。

- 循环遍历每一个<section>内的<content>：遍历 XML 书籍中每一个<section>内的<content>。
- 获取<content>值：利用 nodeValue 属性获取<content>值。

（5）将<content>值赋给 data 数组：使用 push()函数给 data 数组赋值。

（6）在页面中创建<li>标签。

创建<li>标签：使用 createElement()函数创建<li>标签，并使用 appendChild()函数将<li>标签添加到<ul>标签最后面。

```
var dom = document.getElementsByTagName("aside")[0];
var index = 0;
for(var i = 0; i < result.getElementsByTagName("section").length; i++){
    var ul = document.createElement("ul");
    ul.innerHTML = result.getElementsByTagName("subject")[i].childNodes[0]
.nodeValue;
    for(var j = 0; j < result.getElementsByTagName("section")[i]
.getElementsByTagName("section1").length; j++){
        data.push(result.getElementsByTagName("section")[i].getElementsByTagName
("content")[j].childNodes[0].nodeValue);
        var li = document.createElement("li");
        li.id = index++;
        /* 在这里绑定 onclick 事件构建内容 */
        li.innerHTML = result.getElementsByTagName("section")[i].
```

```
getElementsByTagName("subject1")[j].childNodes[0].nodeValue;
        ul.appendChild(li);
    }
    dom.appendChild(ul);
}
```

3．构建内容

给 li.onclick 属性设置函数，函数功能为把 data 数组里的内容依次输出到<p>标签内。代码如下：

```
li.onclick = function(){
document.getElementsByTagName("p")[0].innerHTML = data[this.id];
}
```

15.4.8　步骤八：构建 JSON 格式的书籍内容

1．构建标题

（1）获取<header>标签：使用 getElementsByTagName()函数获取<header>标签。

（2）创建<h1>标签：使用 createElement()函数创建<h1>标签。

（3）获取<title>标签的值并输入到<h1>标签中：使用 result.title 属性获取值。

（4）添加<h1>标签：使用 appendChild()函数将<h1>标签添加到<header>标签的最后面。

代码如下：

```
var dom = document.getElementsByTagName("header")[0];
var h1 = document.createElement("h1");
h1.innerHTML = result.title;
dom.appendChild(h1);
```

2．构建目录

（1）获取<aside>标签：使用 getElementsByTagName()函数获取<aside>标签。

（2）循环遍历 result 对象：遍历 JSON 格式的书籍内容。

（3）判断 data 属性是否是标题：通过 search()函数搜索字符串，如果存在就进入 if 代码体中。

（4）创建<ul>标签：使用 createElement()函数创建<ul>标签。

（5）获取内容并输入到<ul>标签中：使用 result[data]获取内容。

（6）给 ul.value 属性赋值：将标题赋给 ul.value 属性。

（7）添加<ul>标签：使用 appendChild()函数将<ul>标签添加到<aside>标签最后面。

代码如下：

```
var dom = document.getElementsByTagName("aside")[0];
for(var data in result){
    if(data.search("subject") != -1){
        var ul = document.createElement("ul");
        ul.innerHTML = result[data];
        ul.value = data;
        /* 在这里绑定 onclick 事件构建内容 */
        dom.appendChild(ul);
    }
}
```

单击“开始阅读（JSON）”按钮，出现的结果如图 15-9 所示。

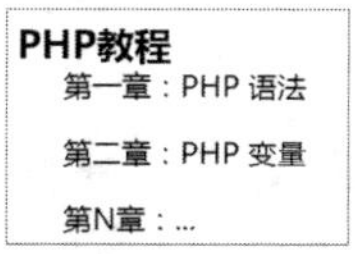

图 15-9

3. 构建内容

给 ul.onclick 属性设置函数：函数功能为把 JSON 对象里的内容依次输出到<p>标签内，这里通过分割字符串进行标题和内容的匹配。代码如下：

```
ul.onclick = function(){
    document.getElementsByTagName("p")[0].innerHTML = json["content" +
this.value.split("subject")[1]];
};
```

点击目录，结果如图 15-4 所示。

15.4.9　步骤九：清除页面内容

（1）单击按钮更新页面内容前需要先清除页面中的原有数据。

（2）获取<header>、<aside>标签：使用 getElementsByTagName()函数获取<header>、<aside>标签。

（3）判断是否有子节点：通过 hasChildNodes()函数判断是否有子节点。

（4）移除子节点：通过 removeChild()函数移除子节点。

（5）获取第一个子节点：通过 firstChild 属性获取第一个子节点。

（6）清除内容：给<p>标签赋值空字符串。

（7）在 loadJSON()函数和 loadXML()函数的第 1 行插入 clear();代码，实现页面内容异步刷新。

```
function clear(){
    var dom = document.getElementsByTagName("header")[0];
    while(dom.hasChildNodes()){
        dom.removeChild(dom.firstChild);
    }
    var dom = document.getElementsByTagName("aside")[0];
    while(dom.hasChildNodes()){
        dom.removeChild(dom.firstChild);
    }
    document.getElementsByTagName("p")[0].innerHTML = "";
}
```

第 16 章 RESTful API 规范（视频列表）

16.1 实验目标

（1）理解 RESTful API 设计规则。

（2）理解使用 PHP 定义 RESTful API 接口的方法。

（3）通过 RESTful API，应用 AJAX 和 PHP 进行前后端数据交互。

（4）综合运用 RESTful API、PHP 编程、AJAX 前后端数据交互开发“视频列表”程序。

知识地图如图 16-1 所示。

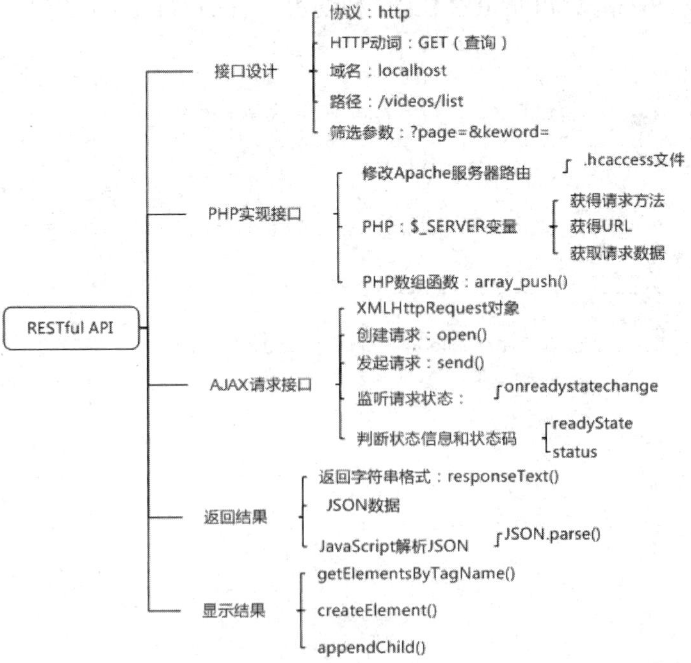

图 16-1

16.2　实验任务

实现视频列表动态页面功能：页面包括搜索框、视频列表、分页栏 3 个部分，单击“搜索”按钮或单击分页栏中的分页按钮时，页面向服务器发送请求获取视频数据，将获取的数据显示到页面中的视频列表。

（1）使用 RESTful 格式设计视频列表 API。

API 格式：“域名/路径/资源?筛选条件”。

API 作用：请求 API 后能返回视频列表数据。

硬编码 JSON 数据如下：

```
{\"name\":\"视频 1\",\"v_src\":\"video/coffee.mp4\"},
{\"name\":\"视频 2\",\"v_src\":\"video/coffee.mp4\"},
{\"name\":\"视频 3\",\"v_src\":\"video/coffee.mp4\"},
{\"name\":\"视频 4\",\"v_src\":\"video/coffee.mp4\"},
{\"name\":\"视频 5\",\"v_src\":\"video/coffee.mp4\"},
{\"name\":\"视频 6\",\"v_src\":\"video/coffee.mp4\"}
```

（2）搭建 PHP 开发环境，使用 PHP 定义视频列表 API 接口。

（3）创建 videoList.html 页面，使用 AJAX 调用 PHP 中定义的视频列表 API 接口，通过访问接口获取视频列表数据，返回数据格式如下：

```
{
  \"code\":200,
  \"data\":[{\"name\":\"视频 1\",\"v_src\":\"video/coffee.mp4\"}
        {\"name\":\"视频 2\",\"v_src\":\"video/coffee.mp4\"},
        {\"name\":\"视频 3\",\"v_src\":\"video/coffee.mp4\"},
        {\"name\":\"视频 4\",\"v_src\":\"video/coffee.mp4\"},
        {\"name\":\"视频 5\",\"v_src\":\"video/coffee.mp4\"},
        {\"name\":\"视频 6\",\"v_src\":\"video/coffee.mp4\"} ]
}
```

将视频列表数据显示在 videoList.html 页面上，如图 16-2 所示。

图 16-2

16.3 设计思路

1．创建项目

创建视频列表 Web 项目，包括的文件如表 16-1 所示。

表 16-1

类　型	文　件	说　明
html 文件	videoList.html	视频列表页面
css 文件	css/bootstrap.min.css	Bootstrap css 文件
js 文件	js/search.js	发送 AJAX 请求，获取数据，页面局部刷新
	js/jquery-3.2.1.min.js	jQuery 库
php 文件	videoRest.php	API 解析类
	api.php	API 入口，启动 videoRest

2．设计视频列表 API

（1）API 中涉及动词 POST、GET、DELETE、PUT。

（2）返回值{ \"code\":200,\"data\":[ ]}。

（3）基本格式：http:/域名/路径/资源?过滤参数。

结构如图 16-3 所示。

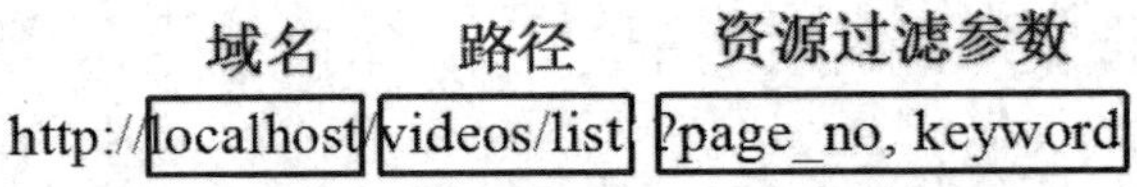

图 16-3

3．设计 PHP 中视频列表接口

（1）创建 PHP 接口文件。

创建 videoRest.php 文件和 api.php 文件，服务器接收到视频列表 API 请求后，将请求重定向至 api.php 文件，api.php 文件接收请求后启动 videoRest.php 文件，videoRest.php 文件处理 API 请求，返回视频列表数据。

（2）设计接口处理类 videoRest。

创建 videoRest.php 文件，在文件中创建 videoRest 类，用于处理 videos 相关的资源，获得请求的方法，并解析 url，得到资源列表，包括以下属性和方法。

- result 属性：硬编码 JSON 数据返回值。
- allowResource 属性：保存允许访问的资源。
- allowMethod 属性：保存允许请求的方法。
- run()函数：启动 API。
- setMethod()函数：获得请求方法。
- setResource()函数：解析资源与参数。
- sendVideos()函数：返回 result 属性值。

（3）发布 videoRest。

- 修改 Apache 服务器路由。

创建.hcaccess 文件放到 public 根目录下。

将“videos/”开头的 url，重定向到 api.php 文件。

- 创建 api.php 文件接收 API 请求，启动 videoRest 接口。

（4）请求 API 处理流程如图 16-4 所示。

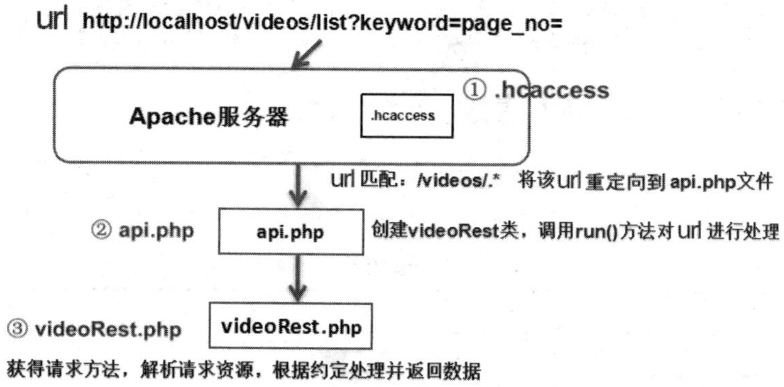

图 16-4

（5）创建视频数据。

硬编码 JSON 数据如下：

```
{
  \"code\":200,
  \"data\":[
    {\"name\":\"视频 1\",\"v_src\":\"video/coffee.mp4\"},
    {\"name\":\"视频 2\",\"v_src\":\"video/coffee.mp4\"},
    {\"name\":\"视频 3\",\"v_src\":\"video/coffee.mp4\"},
    {\"name\":\"视频 4\",\"v_src\":\"video/coffee.mp4\"},
    {\"name\":\"视频 5\",\"v_src\":\"video/coffee.mp4\"},
    {\"name\":\"视频 6\",\"v_src\":\"video/coffee.mp4\"}
  ]
}
```

4．设计视频列表页面（videoList.html）

（1）创建 videoList.html 页面，页面包括 3 个部分：搜索框、视频列表（显示 6 条视频数据）、分页栏。结构如图 16-5 所示。

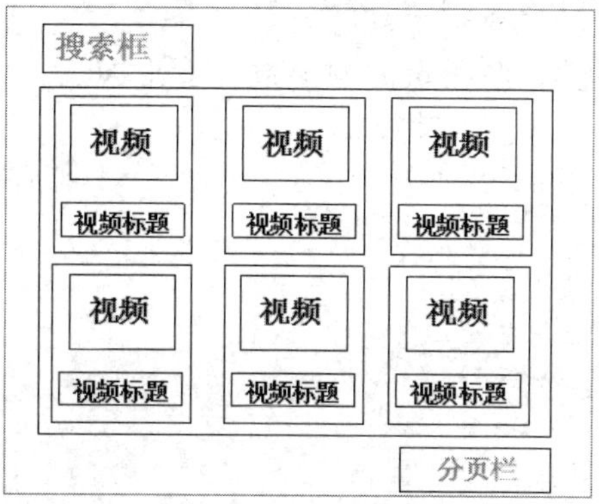

图 16-5

（2）定义一个 search()函数，处理搜索按钮 onclick 点击事件和分页按钮 onclick 点击事件。

（3）在 search()函数中使用 AJAX 调用视频列表接口，获取数据，将获取的数据显示到页面中的视频列表。

16.4 实验实施（跟我做）

16.4.1 步骤一：处理 API 请求

（1）创建 Web 工程，工程名为 rest。

（2）搭建工程目录，如表 16-2 所示。

表 16-2

文 件 夹	说 明
/css/	存放网页中的 css 文件
/js/	存放网页中的 js 文件
/video/	存放视频文件

（3）放入依赖文件。

- 将视频文件放到 video 文件夹中。
- 将 bootstrap-grid.min.css 文件放到 css 文件夹中。

（4）编写 videoRest 处理类。

- 在 rest 工程根目录下创建 videoRest.php 文件，编写 videoRest 类。
- 定义$allowResource 数组来保存允许访问的资源，定义$allowMethod 数组来保存允许请求的方法。
- 编写 setMethod()函数，获得请求方法。

```
private function setMethod() {
    // 获得当前请求，保存到属性中
    $this->requestMethod = $_SERVER["REQUEST_METHOD"];

    // 检查当前请求的方法，是否在被允许的方法数组中，若不在，则抛出异常信息
    if(! in_array($this->requestMethod, $this->allowMethod)) {
        throw new Exception("请求方法不被允许", 405);
    }
}
```

- 编写 setResource()函数，解析资源与参数：通过“REQUEST_URI”从$_SERVER 中获得 URI，通过“?”解析出参数。

```
private function setResource() {
    // 获取 http://localhost 后面的值，包括“/”
    $path = $_SERVER["REQUEST_URI"];

    // 解析参数（?之后的字符串为过滤参数）
    $tmp = explode("?", $path);
    // 判断是否含过滤参数
    if(isset($tmp[1])) {

    }
}
```

- 通过“&”和“=”把参数中的每一个值解析出来，并保存到$requestParams 中。

```
private function setResource() {
    if(isset($tmp[1])) {
        // 参数使用&间隔，分隔出每一个参数
        foreach(explode("&", $tmp[1]) as $param_str) {
            // 使用 = 分离出 key 与 value 值
            $param = explode("=", $param_str);

            // 若 value 没有值，则设为""
            if(isset($param[1])) {
                $this->requestParams[$param[0]] = $param[1];
            } else {
                $this->requestParams[$param[0]] = "";
            }
        }
    }
}
```

- 将去掉了参数的 url，通过“/”解析，然后将资源数组保存到$resources 中。

```
private function setResource() {
    // 解析资源
    // RESTful 中使用/来表示资源的层级关系，使用/切割出各级的资源列表
    $tmp = explode("/", $tmp[0]);
    // 因$_SERVER["REQUEST_URI"]包含/，切割后第一个元素为""，需要从数组中移除
    array_shift($tmp);

    // 将资源列表保存到属性中
    $this->resources = $tmp;

}
```

- 调用 in_array()函数，判断当前的根资源是否在允许资源数据之中。

```
private function setResource() {
    // 请求的第一级资源，为资源模块或类别，保存到 requestResource 中
    $this->requestResource = $tmp[0];

    // 判断请求资源是否在被允许的资源数组之中，如果不在，则表示请求资源不被允许，返回异常
信息
    if(! in_array($this->requestResource, $this->allowResource)) {
        throw new Exception("请求资源不被允许", 405);
    }
}
```

- 定义状态码属性 statusCode。

```
private $statusCode = array(
    200 => "OK",
    204 => "No Content",
    400 => "Bad Request",
    403 => "Forbidden",
    404 => "Not Found",
    405 => 'Method Not Allowed',
    500 => "Server Internel Error");
```

- 定义 json_exception()函数，用于捕获并抛出异常信息与错误码。

```
protected function json_exception($e) {
    $code = $e->getCode();
    $message = $e->getMessage();
    // 若异常码大于 200，表示出现异常，设置响应的 HTTP 状态码
    if($code > 200) {
```

```
        header("HTTP/1.1 " . $code . " " . $this->statusCode[$code]);
    }
    // 在头部设置返回内容的格式为 JSON 和编码
    header("Content-Type:application/json:charset:utf-8");
    // 如果异常消息不为空，则返回消息及异常码
    if(! empty($message)) {
        echo json_encode(array(
        "message" => $message,
        "code" => $code
        ));
    }
}
```

（5）在 videoRest.php 文件中编写 run()函数，用于启动 API。

```
// API 起动方法
public function run() {
    try {
        // 设置当前请求的方法
        $this -> setMethod();
        // 设置当前请求的资源
        $this -> setResource();
        // 判断请求的方法
        if($this->requestMethod == "GET") {
            // 判断请求的路径
            if($this->resources[1]=="videos"&&isset($this->requestParams
["page_no"])){
                $this -> sendVideos();// 返回响应视频列表数据
            }
        throw new Exception("请求资源不被允许", 404);
        }

        // 其他请求不支持，返回异常信息
        throw new Exception("请求方法不被允许", 405);
    } catch(Exception $e) {
        $this->json_exception($e);
    }
}
```

（6）用硬编码方式返回 JSON 数据。

```
function sendVideos() {
        // 判断请求的资源
        if ($this -> resources[2] == "list") {
            echo "api 访问成功";
        }// 其他请求不支持，返回异常信息
        else {
            throw new Exception("请求资源不被允许", 404);
        }
    }
}
```

（7）在 rest 项目中创建 api.php 文件，用于接收 API 请求并启动 Rest 类。

```
include_once "Rest.php";
$rest = new Rest();
$rest->run();
```

（8）重定向 API 请求。

- 将 rest 项目复制到 XAMPP 中的 htdocs 文件夹中。

- 在 htdocs 文件夹根目录下创建.hcaccess 文件。
- 保留文件和目录请求，重定向 videos 的 url。

```
<IfModule mod_rewrite.c>
RewriteEngine On
# 确保请求路径不是一个文件名或目录
RewriteCond %{REQUEST_FILENAME} !-f
RewriteCond %{REQUEST_FILENAME} !-d
# 重定向所有请求到 api.php 文件
RewriteRule ^api/(.*)$ rest/api.php?$1 [L]
</IfModule>
```

- 启动 XAMPP 中的 Apache 服务器。
- 测试：浏览器访问路径为 127.0.0.1:8080/api/videos/list，效果如图 16-6 所示。

图 16-6

16.4.2　步骤二：返回视频列表数据

（1）定义数据类 data。

- 在 rest 工程目录下创建 data.php 文件，编写 data 类。
- 定义属性$result JSON 字符串，用于保存视频列表数据。

```
$result= "{
            \"code\":200,
             \"data\":[
                {\"name\":\"视频 1\",\"v_src\":\"video/coffee.mp4\"},
                {\"name\":\"视频 2\",\"v_src\":\"video/coffee.mp4\"},
                {\"name\":\"视频 3\",\"v_src\":\"video/coffee.mp4\"},
                {\"name\":\"视频 4\",\"v_src\":\"video/coffee.mp4\"},
                {\"name\":\"视频 5\",\"v_src\":\"video/coffee.mp4\"},
                {\"name\":\"视频 6\",\"v_src\":\"video/coffee.mp4\"}
            ]
        }"
```

（2）编写 getresult()函数，用于返回$result JSON 字符串。

```
function getresult() {
            return $result;
    }
}
```

（3）在 videoRest 类的 sendVideos()函数中调用 data 类的 getresult()函数获取 JSON 数据，并输出。

```
function sendVideos() {
        // 判断请求的资源
        if ($this -> resources[2] == "list") {
            $data=new data();
            $result=data->getresult();
            echo result;
        }// 其他请求不支持，返回异常信息
        else {
```

```
            throw new Exception("请求资源不被允许", 404);
        }
    }
}
```

（4）测试：浏览器访问路径为 127.0.0.1:8080/api/videos/list，返回视频列表数据。效果如图 16-7 所示。

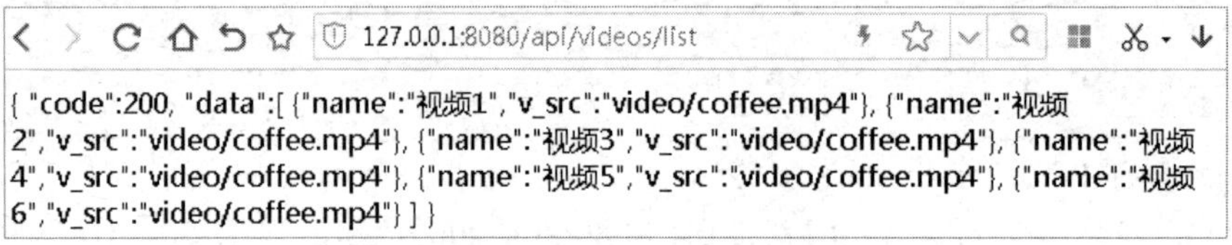

图 16-7

16.4.3 步骤三：使用 RESTful API

（1）创建 videoList.html 页面，引入 bootstrap-grid.min.css 样式，页面包括搜索框、视频列表和分页栏，代码如下：

```
<!DOCTYPE html>
<html>
    <head>
        <meta charset="utf-8">
        <title>视频列表</title>
        <link rel="stylesheet" type="text/css" href="bootstrap-grid.min.css"/>
    </head>
    <body>
        <article class="container">
        <nav class="navbar">
        <form class="form-inline mr-auto">
        <input id="keyword" type="text" class="form-control" />
        <input class="btn" type="submit" value="搜索" />
        </form>
        </nav>
        <section class="row">
        <div class="col-12">
        <div id="list" class="card-columns">
           <!--列表-->
        </div>
        </div>
        </section >
        <nav>
              <!--分页-->
        <ul class="pagination justify-content-end">
        <li class="page-item ">
          <a class="page-link" href="javascript:;" tabindex="-1">
        </a>
        </li>
        <li class="page-item">
          <a  class="page-link" href="javascript:;">1</a>
        </li>
        <li class="page-item">
          <a class="page-link" href="javascript:;"> > </a>
```

```
        </li>
        </ul>
        </nav>
        </article >
    </body>
</html>
```

页面效果如图 16-8 所示。

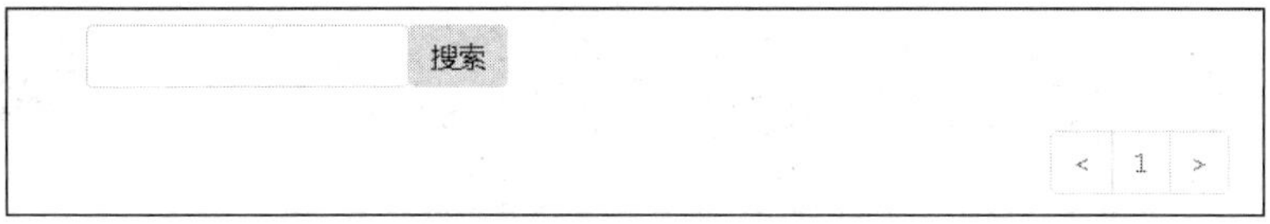

图 16-8

（2）在 js 文件夹中创建 search.js 文件，在 videoList.html 文件中导入。

- 编写 search()函数。
- 使用 AJAX 请求 videos 信息，返回视频列表数据，并显示到界面上。

```
function search(page_no) {
    var keyword = getUrlParam("keyword");
    var send_url = "/videos/list?page_no=" + page_no;
    if (keyword != null && keyword != "") {
        send_url += "&keyword=" + keyword;
    }
    $.ajax({
        type : "get",
        url : send_url,
        data : {},
        dataType : "json",
        headers : {
            Accept : "application/json; charset=utf-8"
        },
        success : function(result) {
        // 判断返回状态码
        if (result.code == 200) {
          var text = "<div class='card'>"+
                          "<a href='#'>"+
                              "<video controls='controls' class='card-img-top'
                                 src='"+value.v_src+"' ></video>"+
                                  "<div class='card-body'>
                                        <h5 class='card-title'>"+value.name+"</h5>
                                  </div>"+
                          "</a>"+
                        "</div>";
                        $("#list").append(text);
         },
        error: function(jqXHR, textStatus, errorThrown) {
            alert(jqXHR.status);
             alert("error" + jqXHR.responseText);
        }
    });
}
```

（3）效果如图 16-2 所示。

第 17 章 Laravel 框架构建动态网站（第一个 Laravel 程序）

17.1 实验目标

（1）Laravel 框架内容包括第 17 章、第 18 章和第 19 章，各章技术专题名称和训练知识点如表 17-1 所示。

表 17-1

技术专题名称	训练知识点
第一个 Laravel 程序	Composer 工具，Laravel 的创建、发布与运行，路由，Blade 模板
在线答题	路由、Blade 模板、控制器类
个人博客	DB 选择查询器、Model 类、中间件

（2）本章目标如下。

- 掌握 Composer 工具的下载、安装和使用方法。
- 掌握 Laravel 工程的创建。
- 了解 Laravel 工程目录结构。
- 理解 Laravel 路由的使用方法。
- 理解 Laravel 控制器的使用方法。
- 理解 Blade 模板的使用方法。
- 综合运用 Laravel 框架，编写“第一个 Laravel 程序”。

知识地图如图 17-1 所示。

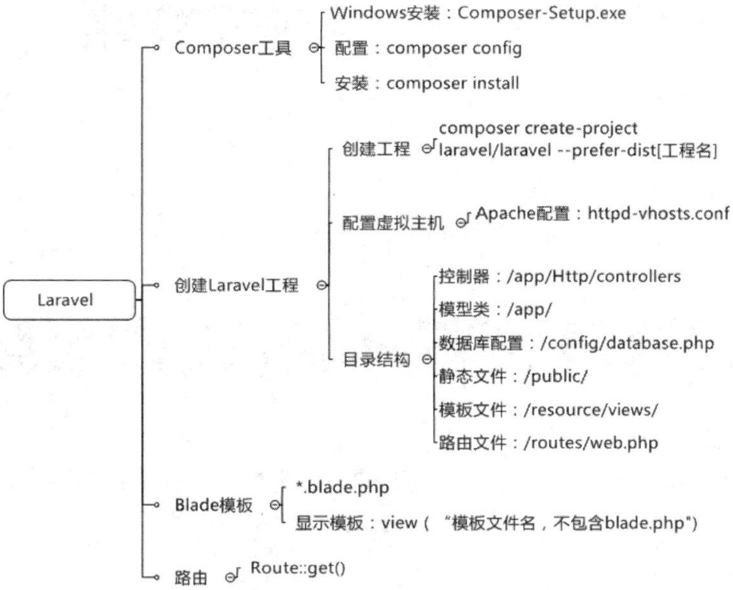

图 17-1

17.2　实验任务

（1）安装与配置 Composer 管理工具。

（2）使用 composer 命令创建默认的 Laravel 工程，如图 17-2 所示。

图 17-2

（3）编写 index.blade.php 模板页面，配置路由 web.php 文件，通过/index 路由显示“Welcome Laravel”页面，如图 17-3 所示。

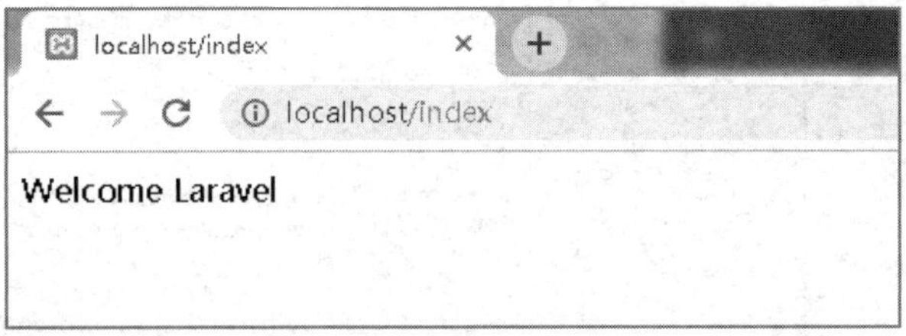

图 17-3

17.3 设计思路

1. 模型-视图-控制器（MVC）

Laravel 遵循 Model-View-Controller（MVC）架构模式，就是强制将输入到展示逻辑关系的“业务逻辑”与图形用户界面（GUI）分开，如图 17-4 所示。

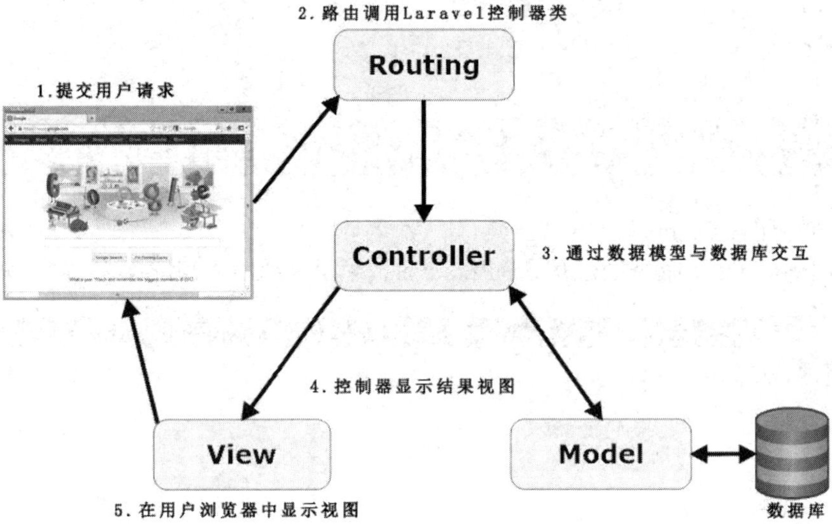

图 17-4

2. 创建 Laravel 工程目录

Laravel 工程目录及其作用如表 17-2 所示。

表 17-2

文件或文件夹	作　　用
/app/Http/controllers	存放控制器类
/app/	存放数据模型类
/bootstrap/	用来存放系统启动时需要的文件
/config/database.php	数据库配置文件
/public/	含有 Laravel 框架核心的引导文件 index.php，这个文件夹也可用来存放任何可以公开的静态资源，如 CSS、JavaScript、images 等
/resources/views/	包含控制器或路由使用的 HTML 模板（Blade）
/routes/web.php	应用程序的路由文件

续表

文件或文件夹	作　用
/.env	环境配置文件
/package.json	该工程依赖的 Composer 组件

目录如图 17-5 所示。

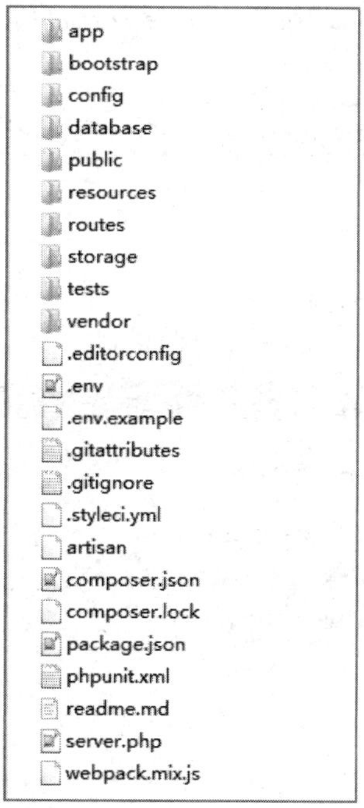

图 17-5

3. Blade 模板页面

（1）模板目录：resources/views。

（2）模板文件路径：*.blade.php。

（3）主页模板文件：index.blade.php。

4. 路由设计

（1）路由文件：routes/web.php。

（2）请求方式：GET 方式。

（3）请求 url：/index。

（4）响应页面：匿名函数，返回模板文件 index.blade.php。

17.4　实验实施（跟我做）

17.4.1　步骤一：安装 Composer

Laravel 框架使用 Composer 管理依赖，所以需要下载并安装 Composer。

Composer 中文网：https://www.phpcomposer.com/。

（1）通过在浏览器地址栏输入 https://getcomposer.org/download/下载 Composer-Setup.exe，

如图 17-6 所示。

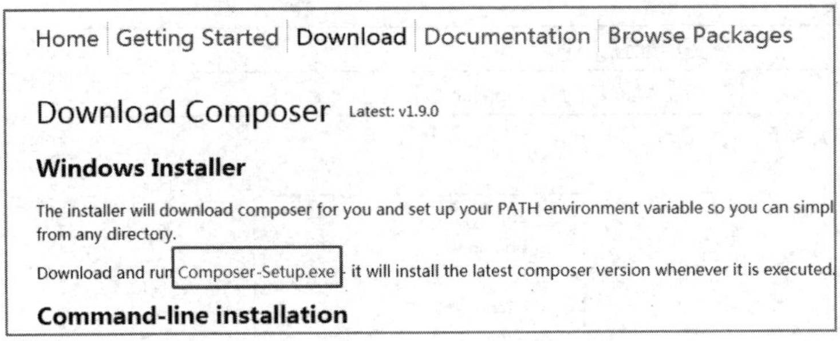

图 17-6

（2）运行 Composer-Setup.exe。

- 可选择开发模式，也可不选择。
- 选择本机 php.exe 文件目录，如图 17-7 所示。

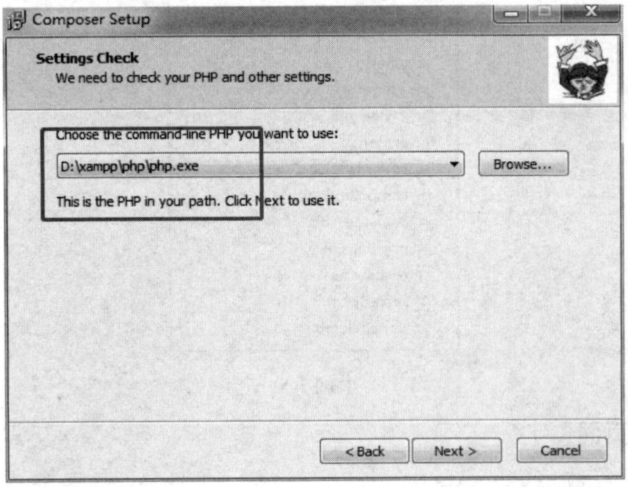

图 17-7

- 如图 17-8 所示的界面采用默认即可，直接单击“Next”按钮，等待安装成功。

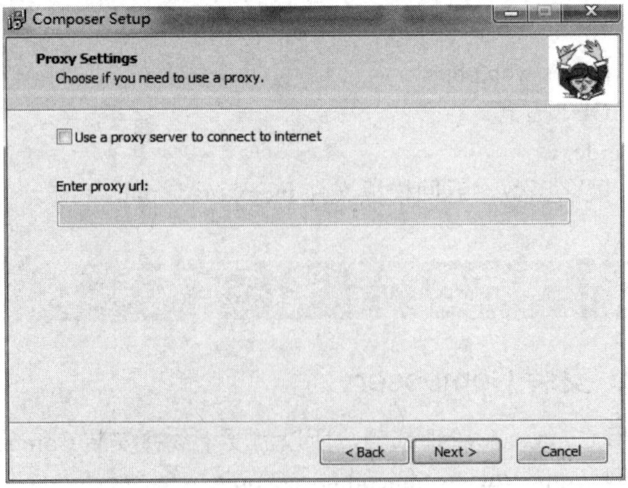

图 17-8

（3）在运行中输入 cmd，启动控制台，输入“composer”命令，若出现如图 17-9 所示的内容，则表示安装成功。

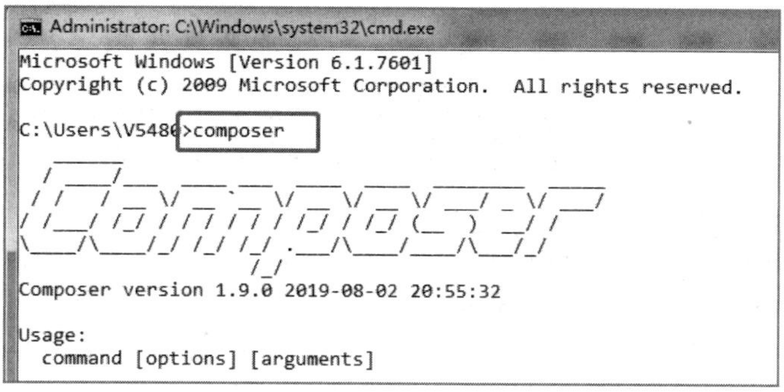

图 17-9

17.4.2　步骤二：配置国内镜像

（1）启动控制台。

（2）输入如图 17-10 所示的命令：composer config -g repo.packagist composer https://packagist.phpcomposer.com。

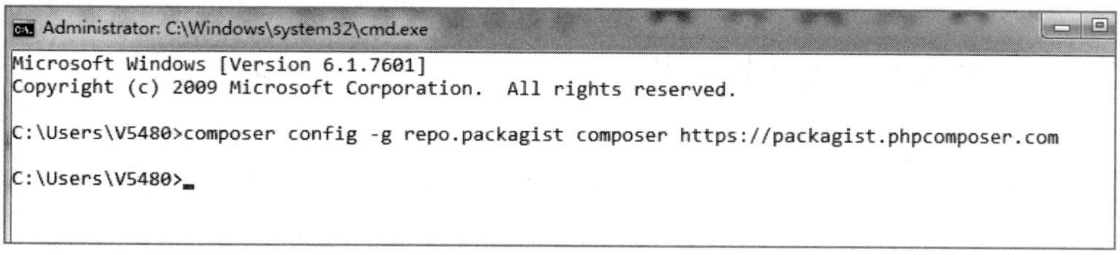

图 17-10

17.4.3　步骤三：创建 Laravel 工程

（1）在创建工程的文件夹里启动控制台（如 E 盘根目录）。

按 Shift 键，并右击，在弹出的快捷菜单中会出现“在此处打开命令窗口”命令，如图 17-11 所示。

图 17-11

（2）使用 composer 的 create-project 命令创建一个新的项目，这个项目的名称就是“工程名”，若不填写，则默认名为“laravel”。格式为 composer create-project --prefer-dist laravel/laravel（工程名）。

创建默认工程，输入命令：composer create-project --prefer-dist laravel/laravel。

（3）需要等待一段时间，即可安装成功，如图 17-12 所示。

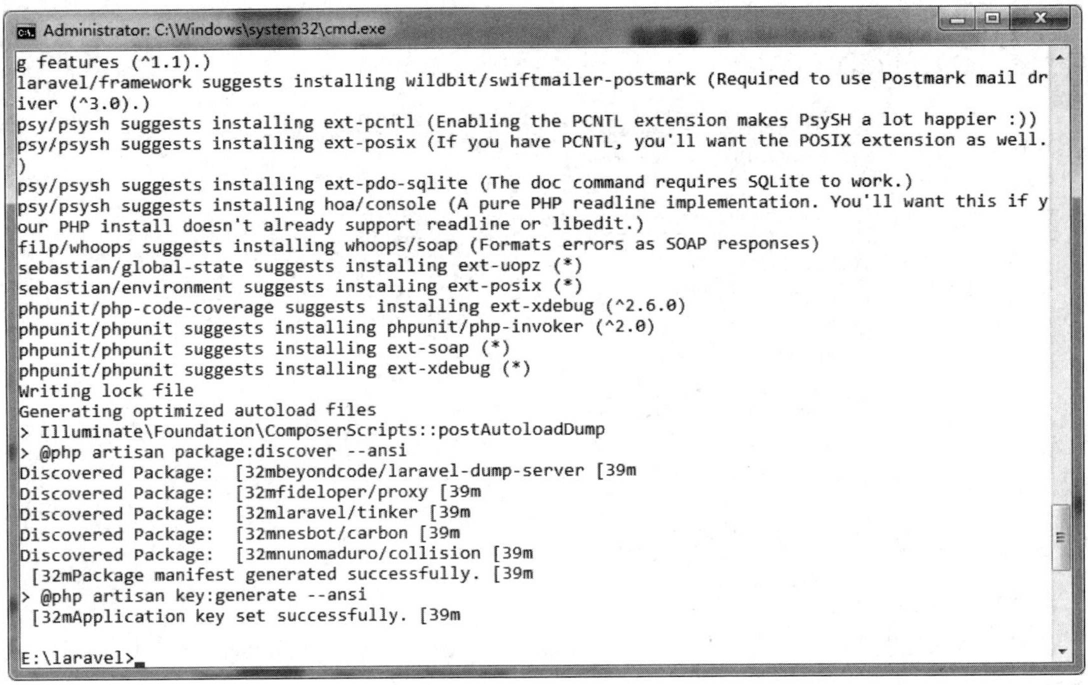

图 17-12

17.4.4 步骤四：配置虚拟主机

（1）打开 apache/conf/extra 文件夹下的 httpd-vhosts.conf 文件，如图 17-13 所示。编辑 httpd-vhosts.conf 文件，在文件末尾添加虚拟主机“<VirtualHost *:80></VirtualHost>”。

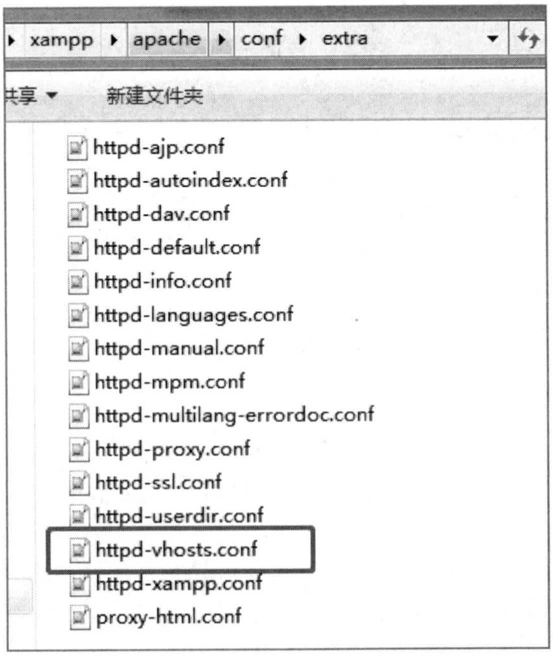

图 17-13

（2）添加虚拟主机。

Laravel 工程根目录文件夹如图 17-14 所示。

图 17-14

创建并编辑 httpd-vhosts.conf 文件，添加本项目的虚拟主机（E:/laravel/public），代码如下：

```
<VirtualHost *:80>
    DocumentRoot "E:/laravel/public"
    <Directory "E:/laravel/public">
        Options Indexes FollowSymLinks MultiViews
        AllowOverride all
        Require all granted
        php_admin_value upload_max_filesize 128M
        php_admin_value post_max_size 128M
        php_admin_value max_execution_time 360
        php_admin_value max_input_time 360
    </Directory>
</VirtualHost>
```

（3）配置完成后，重启 XAMPP。

（4）Laravel 框架安装成功后，在浏览器地址栏中输入 http://localhost，出现如图 17-15 所示界面，表示安装成功。

图 17-15

17.4.5 步骤五：编写 index.blade.php 文件

（1）在 resources/views 文件夹下，创建 index.blade.php 文件。

（2）编写如下代码：

```
<!DOCTYPE html>
<html>
    <head>
        <meta charset="utf-8">
    <title></title>
    </head>
    <body>
        Welcome Laravel
    </body>
</html>
```

17.4.6 步骤六：编写路由

（1）编写 routes/web.php 文件。

```
Route::get("/index", function(){
    return view("index");
});
```

（2）启动 XAMPP 服务器，访问 http://localhost/index，效果如图 17-16 所示。

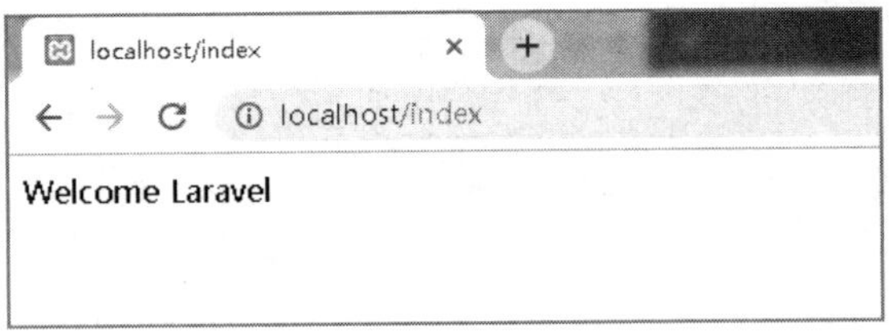

图 17-16

第 18 章 Laravel 框架构建动态网站（在线答题）

18.1 实验目标

（1）掌握 PHP 面向对象编程技术。
（2）掌握 Laravel 控制器的使用方法。
（3）掌握 Blade 模板的使用方法。
（4）掌握 Laravel 路由的使用方法。
（5）综合运用 Laravel，开发“在线答题”程序。
知识地图如图 18-1 所示。

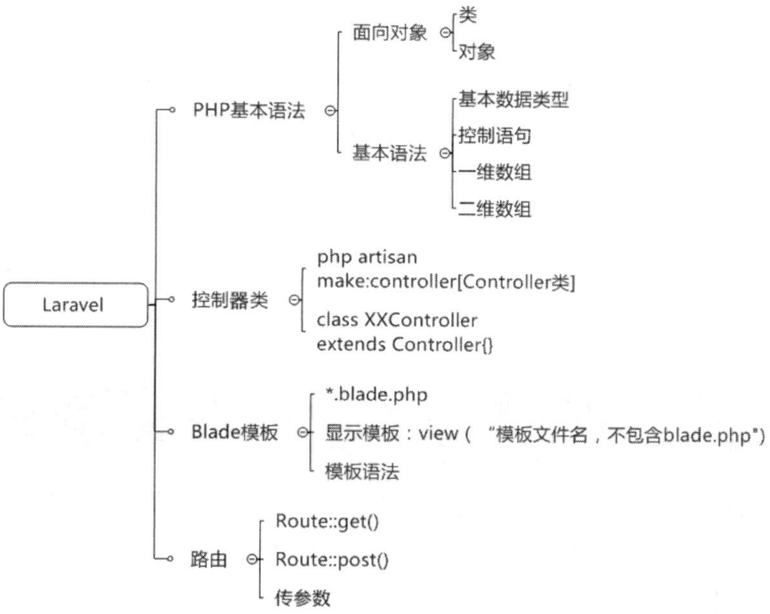

图 18-1

18.2 实验任务

使用 Laravel 框架编写一个简单的在线答题系统。

（1）试题共 4 道数学题，每题 3 个选项，都为单选题。每题 25 分，共 100 分。题目内容、选项和答案如下。

```
第 1 题: 10+4=? 选项: A.12  B.14  C.16 答案: B
第 2 题: 20-9=? 选项: A.7  B.13  C.11 答案: C
第 3 题: 7×3=? 选项: A.21  B.24  C.25 答案: A
第 4 题: 8/2=? 选项: A.10  B.2  C.4 答案: C
```

（2）每做完一题，单击“下一题”按钮，提交当前题目答案，并显示下一题的内容，如图 18-2 所示。

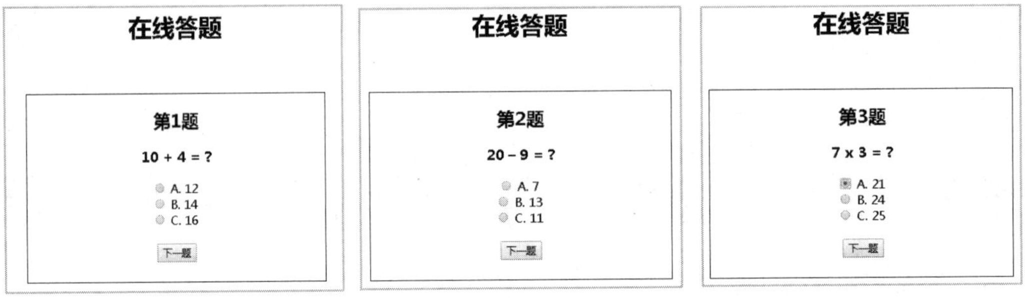

图 18-2

（3）在出现最后一题时，按钮显示为“提交”。

（4）单击“提交”按钮后，显示答对的题数和得分情况，总分数为 100 分，如图 18-3 所示。

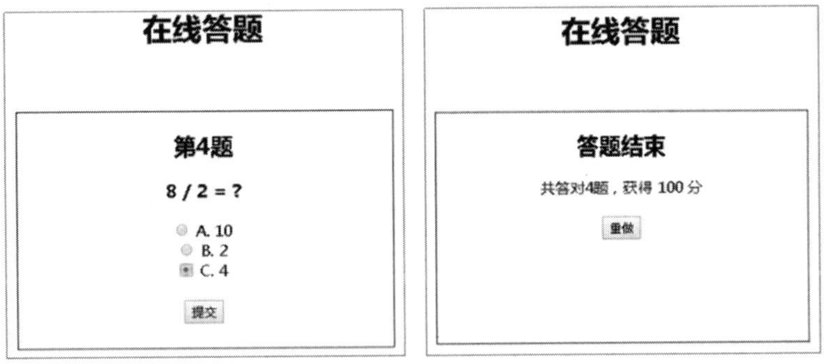

图 18-3

18.3 设计思路

1. 创建工程

使用 composer 命令创建 Laravel 工程 quiz。

2. 文件设计

文件设计如表 18-1 所示。

表 18-1

类　　型	文　　件	说　　明
php 文件	routes/web.php	路由文件
	resource/views/quiz.blade.php	答题页面
	resource/views/result.blade.php	结果页面
	app/Http/Controllers/QuizController.php	Quiz 控制器类文件
css 文件	css/quiz.css	页面样式

3．页面设计（resource/views）

（1）答题页面为 quiz.blade.php，如图 18-4 所示。

（2）结果页面为 result.blade.php，如图 18-5 所示。

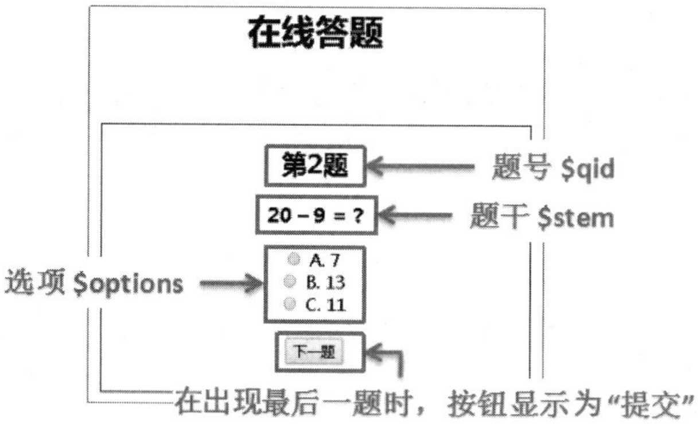

图 18-4

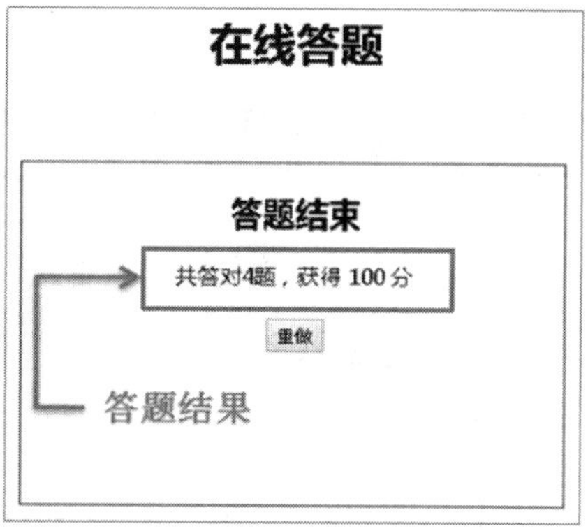

图 18-5

4．路由设计

（1）路由文件：routes/web.php。

（2）进入答题系统路由，请求方式为 GET；url 为/；响应函数为 QuizController::start()。

（3）提交当前题答案，进入下一题，请求方式为 POST；url 为/next/{题号}；响应函数为 QuizController::next(题号)。

（4）提交最后一题，并显示答题结果，请求方式为 POST；url 为/submit；响应函数为 QuizController::submit()。

5．控制器类

（1）控制器类基类：app/Http/Controllers/Controller。

（2）答题控制器类：QuizController，其继承于 Controller 类。

（3）使用 artisan 命令创建控制器。

进入工程根目录，启动命令窗口，输入命令：php artisan make:controller QuizController。

（4）function start()：开始答题。

（5）function next()：获得下一题，并保存当前题的答案。

（6）function submit()：提交试卷，计算分数，并返回结果。

（7）function getQuestion()：通过题号获得试题信息。

6．数据定义

（1）在 QuizController 类中定义 static $questions 数组对象。

（2）使用二维数组保存试题数据。

（3）定义 const PARAM_ANSWERS = "answers"，作为 Session 中保存用户答案的对象的键值。

7．防止 CSRF 攻击

表单以 POST 方式提交数据时，需要添加 CSRF TOKEN 字段，有如下 4 种写法。

（1）<input type="hidden" name="_token" value="{{csrf_token()}}">。

（2）{{ csrf_field() }}。

（3）{!! csrf_field() !!}。

（4）@csrf。

18.4　实验实施（跟我做）

18.4.1　步骤一：创建 Laravel 工程

（1）进入 E 盘，启动命令行。

（2）运行 composer 命令，创建 Laravel 工程 quiz。命令为 composer create-project --prefer-dist laravel/laravel quiz。

（3）工程创建完成后的目录结构如图 18-6 所示。

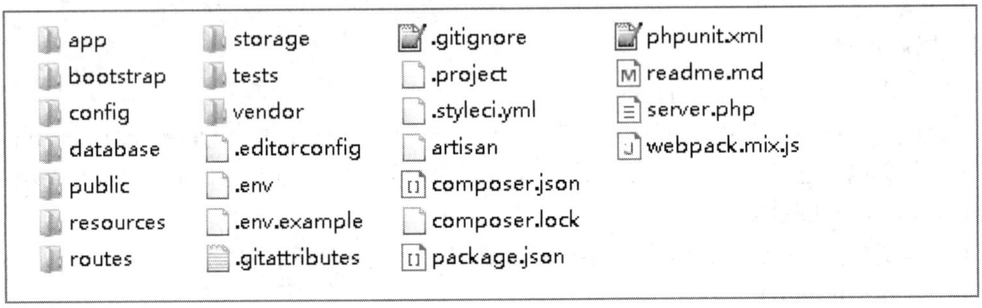

图 18-6

（4）配置 Apache 服务器（xampp/apache/conf/extra/httpd-vhosts.conf）。

```
<VirtualHost *:80>
    DocumentRoot "E:/quiz/public/"
    <Directory "E:/quiz/public/">
        Options Indexes FollowSymLinks MultiViews
        AllowOverride all
        Require all granted
        php_admin_value upload_max_filesize 128M
        php_admin_value post_max_size 128M
        php_admin_value max_execution_time 360
        php_admin_value max_input_time 360
    </Directory>
</VirtualHost>
```

（5）重启 XAMPP 服务器。

（6）在浏览器地址栏中输入 http://localhost/，打开如图 18-7 所示的界面。

图 18-7

18.4.2　步骤二：配置路由

编写 routes/web.php 文件。

（1）进入答题系统路由：Route::get('/', "QuizController@start")。

（2）提交当前题答案，进入下一题：Route::post("/quiz/next/{qid}", "QuizController@next")。

（3）提交最后一题，并显示答题结果：Route::post("/quiz/submit", "QuizController@submit")。

18.4.3　步骤三：创建控制器类 QuizController

（1）进入 quiz 文件夹，启动命令行。

（2）输入 php artisan make:controller QuizController 命令，如图 18-8 所示。

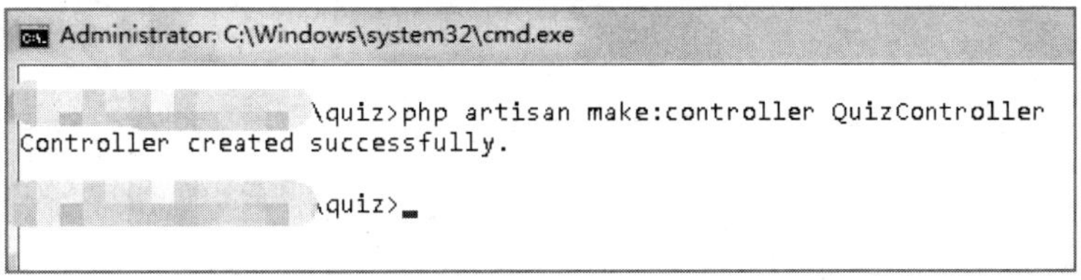

图 18-8

（3）在文件夹 app/Http/Controllers/中，创建文件 QuizController.php。

（4）创建 start()、next()、submit()函数。

```
public function start(Request $request) {
}
public function next(Request $request, $qid) {
}
```

```
public function submit(Request $request) {
}
```

18.4.4 步骤四：编写 quiz.blade.php 文件

（1）创建页面样式文件。

在 public/css 文件夹中创建 quiz.css 文件。

```
h1{text-align: center;}
.box{
    margin: auto;
    border: solid 1px black;
    margin-top: 5%;
    width: 400px;
    height: 250px;
    text-align: center;
}
```

（2）在 resource/views/中创建 quiz.blade.php 文件。

- 导入静态 css/quiz.css 文件时，使用内置的 url 类上的 asset()函数来引入 css 文件和 js 文件。默认在 Web 根目录下，也就是 public 文件夹。

```
<!DOCTYPE html>
<html>
<head>
<meta charset="utf-8" />
<link rel="stylesheet" href="{{ URL::asset('css/quiz.css') }}">
</head>
<body>
    <h1>在线答题</h1>
    <div class="box">
    </div>
    </div>
</body>
</html>
```

目录结构如图 18-9 所示。

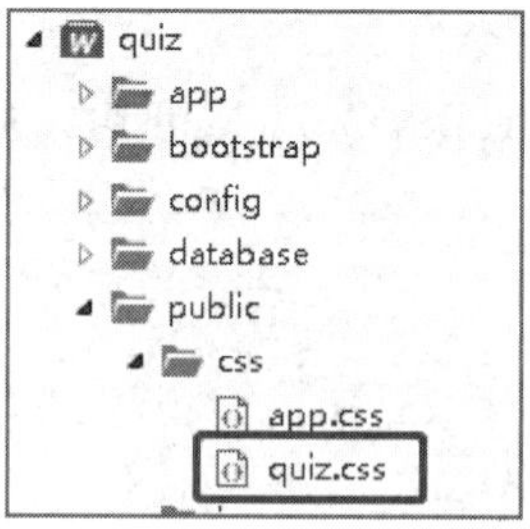

图 18-9

- 显示当前的题号（$qid），添加 form 表单，判断当前题是否为最后一题，如果不是最后一题，则 action 为/quiz/next/题号，如果是最后一题，则为/quiz/submit。

```
<!DOCTYPE html>
<html>
    ……
    <body>
        <h1>在线答题</h1>
```

```
        <div class="box">
            <div>
            <h2 id="test_status">第{{ $qid }}题</h2>
            <div id="test">
            <form method="post"action="{{ !$last ? '/quiz/next/'.$qid : '/quiz/
submit' }}">
                ……
            </form>
        </div>
        ……
    </body>
</html>
```

- 因为当前是以 POST 方式提交表单数据的，所以需要添加 CSRF TOKEN 字段。

```
……
<body>
    ……
    <form method="post"action="{{ !$last ? '/quiz/next/'.$qid : '/quiz/
submit' }}">
        {!! csrf_field() !!}
    </form>
    ……
</body>
```

- 显示题干（$stem），使用 foreach 显示选项，使用 if...else 语句显示不同按钮。

```
……
<body>
    ……
    <h3>{{$stem}}</h3>
    @foreach($options as $key => $value)
    <input type="radio"name="choices" value="{{$key}}"> {{$value}} </input>
<br />
    @endforeach
    <br />
    @if(!$last)
    <button type="submit">下一题</button>
    @else
    <button type="submit">提交</button>
    @endif
    ……
</body>
```

18.4.5 步骤五：编写 result.blade.php 文件

在 resource/views/中创建 result.blade.php 文件。

（1）显示答对的题数和得分。

```
<!DOCTYPE html>
<html>
    <head>
        <meta charset="utf-8" />
        <link rel="stylesheet" href="{{URL::asset('css/quiz.css')}}">
    </head>
    <body>
        <h1>在线答题</h1>
        <div class="box">
```

```
        <div>
            <h2 id="test_status">答题结束</h2>
            <div id="test">
                共答对{{ $right_num }}题，获得 {{ $score }} 分
            </div>
        </div>
    </div>
  </body>
</html>
```

（2）添加“重做”按钮，返回到“/”页面。

```
<!DOCTYPE html>
<html>
    <head>
        <meta charset="utf-8" />
        <link rel="stylesheet" href="{{URL::asset('css/quiz.css')}}">
    </head>
    <body>
        <h1>在线答题</h1>
        <div class="box">
        <div>
            ……
            <br />
            <button type="button" onclick="window.location='/';">重做</button>
        </div>
    </body>
</html>
```

18.4.6 步骤六：编写 QuizController()处理函数

（1）定义试题数据。

```
static $questions = array(
    array("10 + 4 = ?", "12","14","16","B"),
    array("20 - 9 = ?", "7", "13", "11", "C"),
    array("7 x 3 = ?", "21", "24", "25", "A"),
    array("8 / 2 = ?", "10", "2", "4", "C")
);
```

（2）定义保存到 Session 中的属性名常量。

```
const PARAM_ANSWERS = "answers";
```

（3）创建 getQuestion()函数，访问权限为 private，参数为题号，然后读取试题内容。

- 使用 for 循环语句解析出各个选项，选项前添加字母 A～C。

为了能够动态生成字母，可利用 ord()函数将字符转为整数，利用 chr()函数将整数转为字符。选项字符串格式为“[A-Z].选项内容”，key 值为[A-Z]。

```
private function getQuestion($qid) {
    // 获得当前题目
    $question = self::$questions[$qid];
    $options = array();
    for($i = 1; $i < 4; $i ++) {
        $val = chr(ord("A") + $i - 1);
        $options[$val] = $val . ". " . $question[$i];
    }
    ……
}
```

- 使用数组返回，qid 为题号，stem 为题干，options 为选项列表，last 为是否为最后一题的标识（若为最后一题则为 true，否则为 false）。

```
private function getQuestion($qid) {
    ……
    // 返回试题信息
    return array(
        "qid" => $qid + 1,
        "stem" => $question[0],
        "options" => $options,
        "last" => (count(self::$questions) == $qid + 1) ? true : false
    );
}
```

（4）编写 start()函数。

- 读取题目内容后，通过 view()函数返回并传给 quiz.blade.php 页面。
- 通过$request 获得 Session，forget()函数表示删除某一个元素，put()函数表示添加一个元素，初始时，值为一个空的数组。

```
public function start(Request $request) {
    // 读取第一题
    $question = $this->getQuestion(0);
    // 清空 Session
    $request->session()->forget(self::PARAM_ANSWERS);
    // 创建用来保存用户答案的属性
    $request->session()->put(self::PARAM_ANSWERS, array());

    // 显示 quiz 模板
    return view("quiz", $question);
}
```

（5）编写 next()函数。

- next()函数的第 2 个参数是路由转入的，必须和路由参数名保持一致（$qid）。
- 从请求中取出用户的选择值，然后从 Session 中取出用户的答案数组，将该答案添加进去，并更新 Session 中的值。

```
public function next(Request $request, $qid) {
    // 获得上一题用户的答案
    $choice = $request->input("choices");
    // 将用户的答案保存到 Session 中
    $answers = $request->session()->get(self::PARAM_ANSWERS);
    array_push($answers, $choice);
    $request->session()->put(self::PARAM_ANSWERS, $answers);
    // 获得下一题的内容
    $question = $this->getQuestion($qid);
    return view("quiz", $question);
}
```

（6）编写 submit()函数。

- 从 Session 中取出用户的答案数组，然后从$request 中获得最后一题的答案并追加到答案数组中。

```
public function submit(Request $request) {
    // 从 Session 中取出前面的答案，并清空 Session
    $answers = $request->session()->get(self::PARAM_ANSWERS);
    $request->session()->forget(self::PARAM_ANSWERS);
```

```
    // 获得最后一题用户的答案，并更新答案列表
    $choice = $request->input("choices");
    array_push($answers, $choice);

    ……
}
```

- 使用 count()函数计算数组的元素个数。
- 对比两个数组答案的匹配情况，并计算出答对的题数。
- 计算得分（100 分制）。

```
public function submit(Request $request) {
    ……
    // 计算正确答案的个数
    $question_count = count(self::$questions);
    $right_num = 0;
    for($i = 0; $i < $question_count; $i ++) {
        if($answers[$i] == self::$questions[$i][4]) {
            $right_num ++;
        }
    }
    // 计算分数
    $score = 100 * ($right_num / $question_count);
}
```

- 返回到 result.blade.php 页面，将得分数和答对的题数传入。

```
public function submit(Request $request) {
    ……
    // 返回结果页面
    return view("result", [
        score" => $score,
        "right_num" => $right_num
    ]);
}
```

第 19 章 Laravel 框架构建动态网站（个人博客）

19.1 实验目标

（1）掌握 Laravel 数据库的配置方法。
（2）掌握 Laravel 数据库查询选择器的使用方法。
（3）掌握 Laravel 数据库模型类的创建。
（4）掌握 Laravel 使用模型方式操作数据库的方法。
（5）掌握 Laravel 中间件的使用方法。
（6）综合运用 Laravel，开发“个人博客”程序。

知识地图如图 19-1 所示。

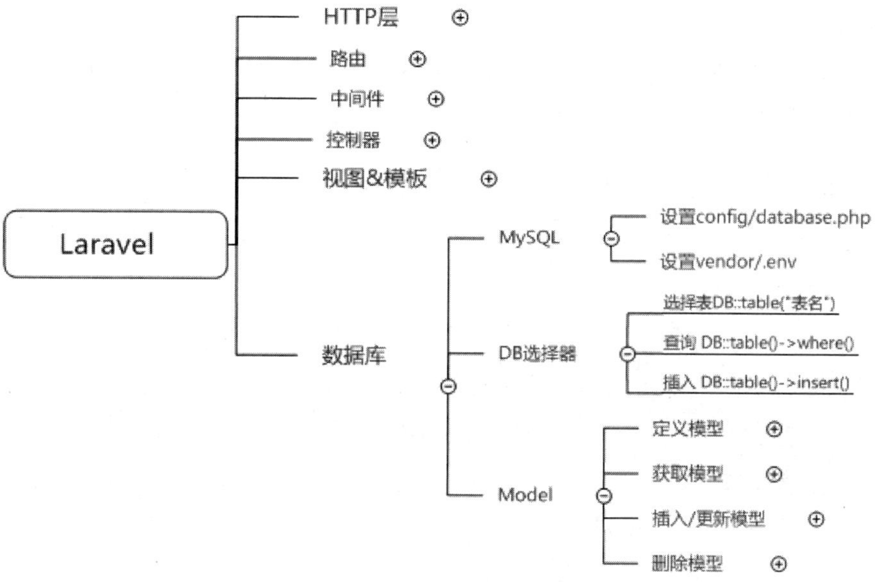

图 19-1

19.2 实验任务

使用 Laravel 框架开发一个简单的“个人博客”程序。

1. 登录与登出

（1）用户输入账号和密码，单击“登录”按钮，如图 19-2 所示。若验证不成功则显示“账号或密码不一致”；若验证成功，则跳到主页。

（2）验证不成功的界面如图 19-3 所示。

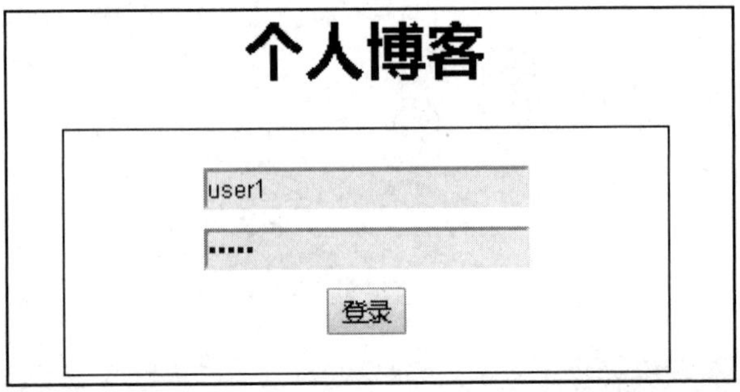

图 19-2

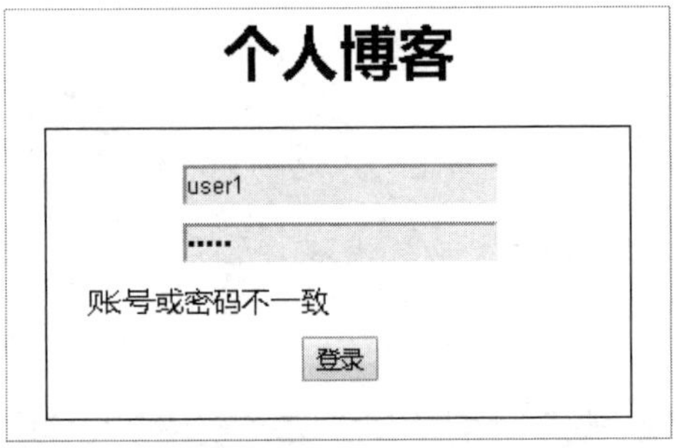

图 19-3

（3）主页显示登录的账号，如图 19-4 所示。

（4）点击账号超链接可以登出系统，则主页上显示“未登录”，如图 19-5 所示。点击“未登录”超链接可以进入登录页面。

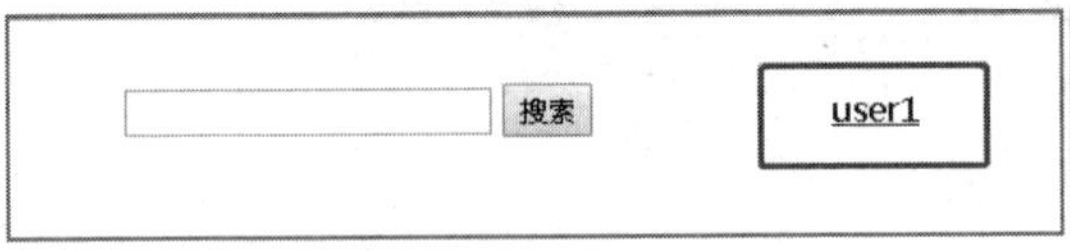

图 19-4

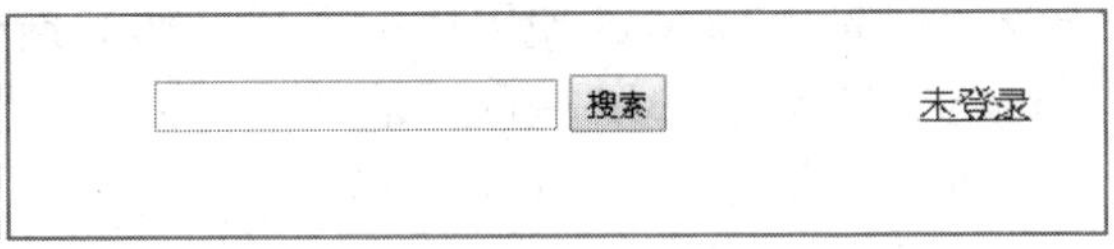

图 19-5

2. 添加博客

用户登录后，可以发布一条新的博客。输入标题和内容，单击“发布”按钮，即可添加博客，如图 19-6 所示。

图 19-6

3. 显示博客列表

（1）在左侧显示博客标题列表。

（2）在右侧添加表单之下，显示博客详细列表。

如图 19-7 所示。

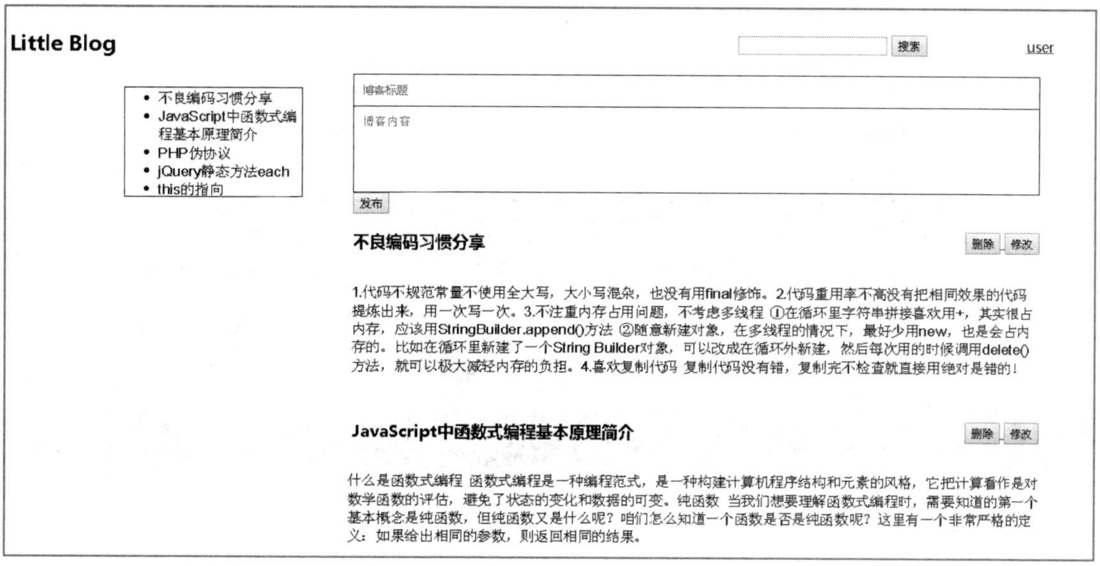

图 19-7

4．在博客详细列表中，包含“删除”与“修改”按钮

（1）用户登录后，单击“删除”按钮可以删除此条记录。

（2）用户登录后，单击“修改”按钮，将当前记录显示到上方表单中，并将按钮改为“更新”，如图 19-8 所示。

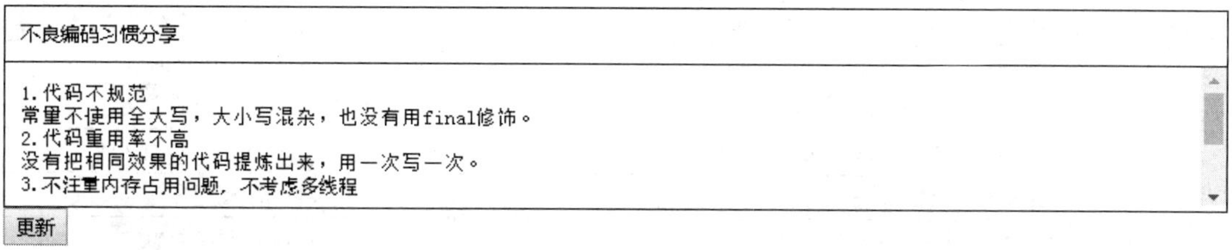

图 19-8

（3）用户登录后，单击“更新”按钮，即可更新博客信息。

5．搜索博客

（1）进入主页时，可查询所有的博客信息。

（2）用户登录后，可查询当前用户的全部博客记录。

（3）在主页顶部的搜索框中输入内容，可以搜索标题中包含该关键字的博客列表，如图 19-9 所示。

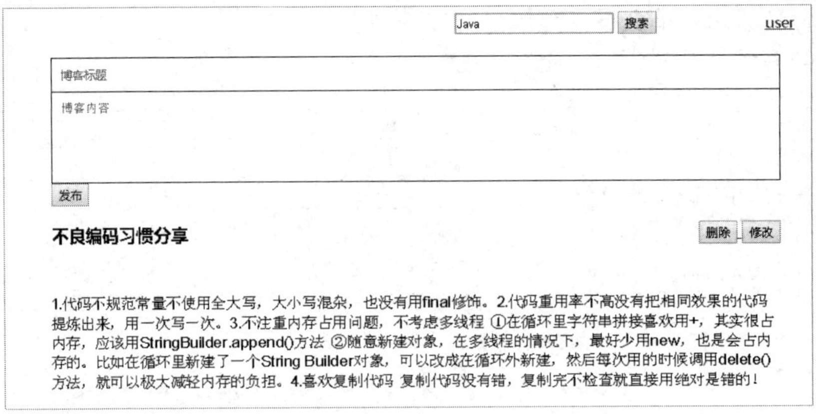

图 19-9

19.3 设计思路

1. 创建工程

使用 composer 命令创建 Laravel 工程 blogs。

2. 文件设计

文件设计如表 19-1 所示。

表 19-1

类　　型	文　　件	说　　明
php 文件	routes/web.php	路由文件
	resources/views/index.blade.php	博客管理模板页面
	resources/views/login.blade.php	登录模板页面
	app/Http/Controllers/UserController.php	User 控制器类文件
	app/Http/Controllers/BlogController.php	Blog 控制器类文件
	app/Home/User.php	User 模型类
	app/Home/Blog.php	Blog 模型类
css 文件	css/Blog.css	页面样式
js 文件	js/Blog.js	页面脚本文件

3. 页面设计（resources/views）

（1）登录模板页面为 login.blade.php，如图 19-10 所示。

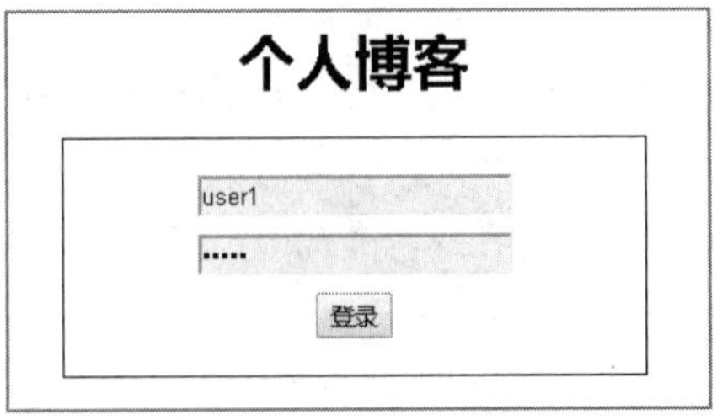

图 19-10

（2）博客管理模板页面为 index.blade.php，如图 19-11 所示。

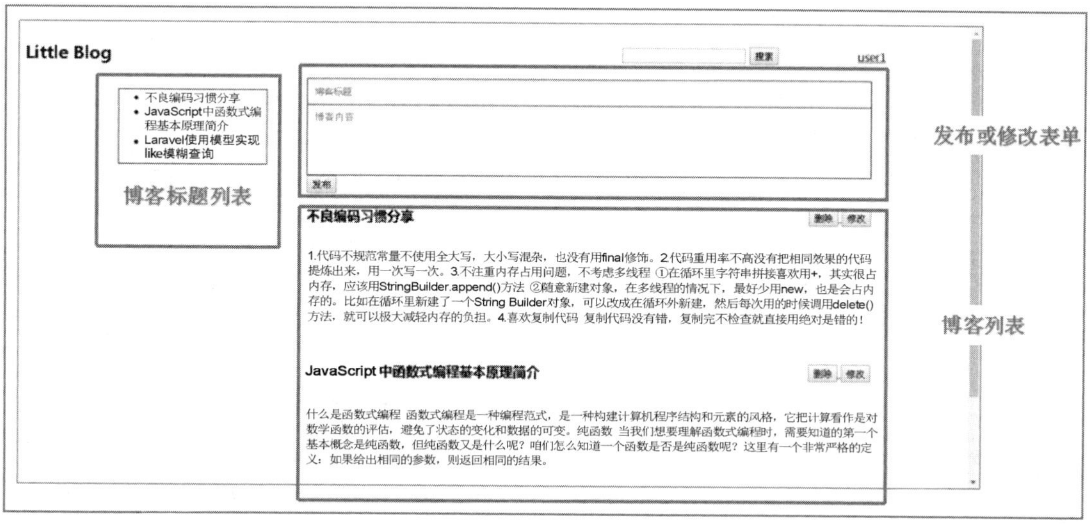

图 19-11

4．路由设计

（1）路由文件：routes/web.php。

（2）用户相关路由如表 19-2 所示。

表 19-2

路　由	方　法	响　应
/login	GET	请求 login.blade.php 页面
/index	GET	请求 index.blade.php 页面
/user/login	POST	UserController::login()函数
/user/logoff	GET	UserController::logoff()函数

（3）博客相关路由如表 19-3 所示。

表 19-3

路　由	方　法	响　应
/blog/add	POST	BlogController::add()函数
/blog/search	GET	BlogController::search()函数
/blog/del/{bid}	GET	BlogController::del()函数
/blog/mod/{bid}	GET	BlogController::get()函数
/user/mod/	POST	BlogController::mod()函数

5．控制器类

（1）控制器类基类：app/Http/Controllers/Controller。

（2）用户控制器类：UserController，继承于 Controller 类。

（3）博客控制器类：BlogController，继承于 Controller 类。

（4）使用 artisan 命令创建控制器。

进入工程根目录，启动命令窗口，依次输入命令：php artisan make:controller UserController 及 php artisan make:controller BlogController。

6．模型类

（1）模型基类：Illuminate\Database\Eloquent\Model。

（2）用户模型类：app/Http/Home/User，继承于 Model 类。

（3）博客模型类：app/Http/Home/Blog，继承于 Model 类。

（4）使用 artisan 命令创建模型类。

进入工程根目录，启动命令窗口，依次输入命令：php artisan make:model Home/User 及 php artisan make:model Home/Blog。

7．创建数据库脚本文件（blogdb.sql）

创建数据库脚本文件（blogdb.sql）的代码如下：

```
drop database if exists blogdb;
create database blogdb;
use blogdb;

SET NAMES utf8mb4;
SET FOREIGN_KEY_CHECKS = 0;

-- ----------------------------
-- Table structure for `blogs`
-- ----------------------------
DROP TABLE IF EXISTS `blogs`;
CREATE TABLE `blogs` (
  `id` int(11) NOT NULL AUTO_INCREMENT,
  `user_id` int(11) NOT NULL,
  `title` varchar(128) NOT NULL,
  `content` text DEFAULT NULL,
  `create_time` timestamp NULL DEFAULT current_timestamp() ON UPDATE
current_timestamp(),
  PRIMARY KEY (`id`),
  KEY `user_id` (`user_id`),
  CONSTRAINT `blogs_ibfk_1` FOREIGN KEY (`user_id`) REFERENCES `users` (`id`)
) ENGINE=InnoDB AUTO_INCREMENT=2 DEFAULT CHARSET=utf8;

-- ----------------------------
-- Records of blogs
-- ----------------------------
INSERT INTO `blogs` VALUES ('1', '1', 'this 的指向', '通常函数中的 this 指向的是调
用函数的对象（谁调用指向谁）\r\n 事件函数中的 this 通常指向的是绑定事件的事件源元素\r\n 构
造函数中的 this,(使用 new 调用构造函数创建对象),通常指向的是 new 所创建出来的对象本身\r\n
全局范围的 this 通常指向的是全局对象（浏览器中是 window）', '2019-08-27 20:05:43');
INSERT INTO `blogs` VALUES ('2', '1', 'JQuery 静态方法 each()', '1.首先是静态所
以直接可以用[jQuery./$.+方法名]来调用；\r\n2.格式为$.each(object,[callback]) >>>
callback 中第一个参数是 index，第二个参数是 value；\r\n3.有返回值，返回值就是其遍历的数
组；\r\n4.不可以在回调函数中对遍历数组进行处理；', '2019-08-27 20:06:19');
INSERT INTO `blogs` VALUES ('3', '1', 'PHP 伪协议', 'PHP 伪协议，事实上是其支持的
协议与封装协议\r\n 支持的种类有 12 种 \r\n* file:// — 访问本地文件系统 \r\n* http://
— 访问 HTTP(s) 网址 \r\n* ftp:// — 访问 FTP(s) URLs \r\n* php:// — 访问各个输入
/输出流(I/O streams) \r\n* zlib:// — 压缩流 \r\n* data:// — 数据(RFC 2397) \r\n*
glob:// — 查找匹配的文件路径模式 \r\n* phar:// — PHP 归档 \r\n* ssh2:// — Secure
Shell 2 \r\n* rar:// — RAR \r\n* ogg:// — 音频流 \r\n* expect:// — 处理交互式
的流', '2019-08-27 20:08:07');
INSERT INTO `blogs` VALUES ('4', '2', 'Laravel 使用模型实现 like 模糊查询', 'public
```

```
function search(Request $request){\r\n $echostr=$request->input(\"search\");
\r\n $msg=Search::where(\'title\',$echostr)->orWhere(\'title\',\'like\',\'%\'.
$echostr.\'%\')\r\n ->get()->toArray();\r\n return $msg;\r\n }\r\n}', '2019-
08-27 20:45:58');

-- ----------------------------
-- Table structure for `users`
-- ----------------------------
DROP TABLE IF EXISTS `users`;
CREATE TABLE `users` (
  `id` int(11) NOT NULL AUTO_INCREMENT,
  `account` varchar(20) NOT NULL,
  `password` varchar(32) NOT NULL,
  PRIMARY KEY (`id`)
) ENGINE=InnoDB AUTO_INCREMENT=2 DEFAULT CHARSET=utf8;

-- ----------------------------
-- Records of users
-- ----------------------------
INSERT INTO `users` VALUES ('1', 'user', 'user');
INSERT INTO `users` VALUES ('2', 'user1', 'user1');
```

19.4　实验实施（跟我做）

19.4.1　步骤一：创建 Laravel 工程

（1）进入 E 盘，启动命令行。

（2）运行 composer 命令，创建 Laravel 工程 blogs。命令为 composer create-project --prefer-dist laravel/laravel blogs。

（3）工程创建完成后的目录结构如图 19-12 所示。

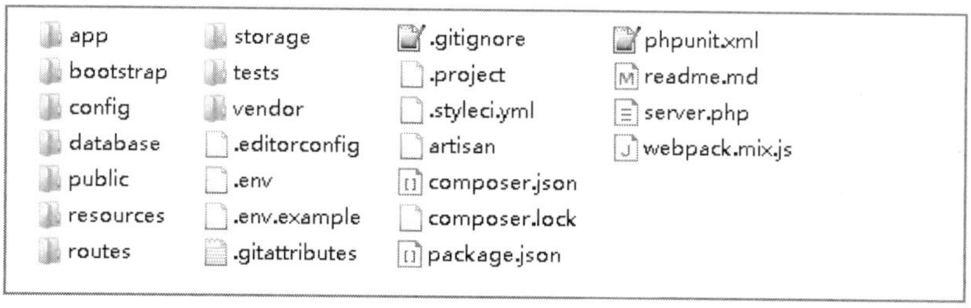

图 19-12

（4）配置 Apache 服务器（xampp/apache/conf/extra/httpd-vhosts.conf）。

```
<VirtualHost *:80>
    DocumentRoot "E:/blogs/public/"
    <Directory "E:/blogs/public/">
        Options Indexes FollowSymLinks MultiViews
        AllowOverride all
        Require all granted
        php_admin_value upload_max_filesize 128M
        php_admin_value post_max_size 128M
        php_admin_value max_execution_time 360
```

```
        php_admin_value max_input_time 360
    </Directory>
</VirtualHost>
```

（5）重启 XAMPP 服务器。

（6）在浏览器地址栏输入 http://localhost/，效果如图 19-13 所示。

图 19-13

（7）进入 Shell，登录 MySQL 数据库，使用 source 命令导入 blogdb.sql 数据库创建脚本。在 config/database.php 文件中配置 mysql 用户名、密码和数据库名，在.env 文件中配置数据库。

19.4.2　步骤二：配置路由

编写 routes/web.php 文件。

（1）进入主页，先查询博客获得数据再显示主页（GET）。

```
Route::get('/index', "BlogController@search");
```

（2）进入登录页面（GET）。

```
Route::get("/login", function() {
   return view("login");
});
```

（3）用户登录（POST）。

```
Route::post("/user/login", "UserController@login");
```

（4）用户登出（GET）。

```
Route::get("/user/logoff", "UserController@logoff");
```

（5）查询博客（GET）。

```
Route::get("/blog/search", "BlogController@search");
```

（6）添加博客，使用中间件验证用户是否登录（POST）。

```
Route::post("/blog/add", "BlogController@add");
```

（7）删除博客，使用中间件验证用户是否登录（GET）。

```
Route::get("/blog/del/{bid}", "BlogController@del");
```

（8）修改博客，使用中间件验证用户是否登录（GET）。

```
Route::get("/blog/mod/{bid}", "BlogController@get");
Route::post("/blog/mod", "BlogController@mod");
```

19.4.3　步骤三：创建控制器类

（1）进入 blogs 文件夹，启动命令行。

（2）输入命令：php artisan make:controller UserController。

（3）输入命令：php artisan make:controller BlogController。

如图 19-14 所示。

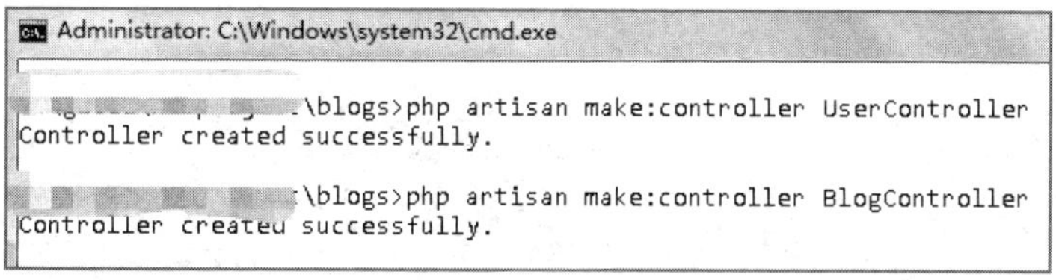

图 19-14

（4）在 UserController 类创建 login()、logoff()函数。

（5）在 BlogController 类创建 search()、add()、del()、get()、mod()函数。

19.4.4　步骤四：实现登录功能（查询构建器）

1．创建 login.blade.php 模板文件

代码如下：

```
<!DOCTYPE html>
<html>
<head>
<meta charset="utf-8">
<link rel="stylesheet" href="{{ URL::asset('css/blog.css') }}">
<title>个人博客</title>
</head>
<body>
    <h1>个人博客</h1>
    <form class="log" action="/user/login" method="post">
        {{ csrf_field() }}
        <input type="text" name="account" placeholder="输入账号" />
        <input type="password" name="password" placeholder="输入密码" />
        <label>{{ isset($message) ? $message : "" }}</label>
        <input type="submit" value="登录" />
    </form>
</body>
</html>
```

2．编写 UserController::login()函数

（1）从$request 中取得表单中的账号和密码。

（2）使用 DB::table("users")选择 users 表，调用 where()函数进行过滤，获得输入的账号和密码与表单中的账号和密码相同的用户。

```
public function login(Request $request) {
```

```
    // 取出用户账号和密码
    $account = $request->input("account");
    $password = $request->input("password");

    // 查询用户
    $user = DB::table("users")->where(["account" => $account,
                                  "password" => $password])->first();
    ......
}
```

（3）若查询到用户，则表示登录成功，在 Session 中保存账号和用户的 id，跳转到主页；若登录失败，则返回到登录页面。

```
public function login(Request $request) {
    ......
    if($user) {
        // 将用户账号保存到 Session 中
        session()->put("account", $account);
        // 将用户 id 保存到 Session 中
        session()->put("userid", $user->id);
        // 重定向跳转到主页
        return redirect('/index');
    } else {
        // 未查询到记录，返回登录页面，并将 message 消息传回页面
        return view("login", [
        "message" => "账号或密码不一致"
        ]);
    }
}
```

19.4.5 步骤五：创建模型类

（1）在 app 文件夹下创建 Home 文件夹。

（2）进入工程目录，启动命令行，输入命令创建 User 和 Blog 模型类，如图 19-15 所示。

```
[redacted].\blogs>php artisan make:model Home/User
Model created successfully.

[redacted].\blogs>php artisan make:model Home/Blog
Model created successfully.
```

图 19-15

（3）配置模型类。

- 配置 User 模型类。

```
class User extends Model
{
    // 定义模型关联的数据表（一个模型只操作一个表）
    protected $table = 'users';
    // 定义禁止操作的时间
    public $timestamps = false;
    // 设置允许写入的数据字段
    protected $fillable = ['account','password'];
}
```

- 配置 Blog 模型类。

```
class Blog extends Model
{
    // 定义模型关联的数据表（一个模型只操作一个表）
    protected $table = 'blogs';
    // 定义禁止操作的时间
    public $timestamps = false;
    // 设置允许写入的数据字段
    protected $fillable = ['user_id','title','content'];
}
```

19.4.6　步骤六：实现登录功能

1. 编写 UserController::login()函数

（1）从$request 中取得表单中的账号和密码。

（2）使用 User 模型类，调用 where()函数进行过滤，获得输入的账号和密码与表单中的账号和密码相同的用户。

```
public function login(Request $request) {
    // 取出用户账号和密码
    $account = $request->input("account");
    $password = $request->input("password");

    // 查询用户
    $user = User::where([
        "account" => $account,
        "password" => $password
    ])->first();
}
```

（3）若查询到用户，则表示登录成功，在 Session 中保存账号和用户的 id，跳转到主页；若登录失败，则返回到登录页面。

```
public function login(Request $request) {
    ……
    if($user) {
        // 将用户账号保存到 Session 中
        session()->put("account", $account);
        // 将用户 id 保存到 Session 中
        session()->put("userid", $user->id);
        // 重定向跳转到主页
        return redirect('/index');
    } else {
        // 未查询到记录，返回登录页面，并将 message 消息传回页面
        return view("login", [
        "message" => "账号或密码不一致"
        ]);
    }
}
```

2. 编写 UserController::logoff()函数

将 Session 中保存的用户的登录信息清除，返回到主页。

```
public function logoff(Request $request) {
    // 清除 Session 中的 account 和 userid
    session()->forget("account");
```

```
    session()->forget("userid");
    // 跳转到主页
    return redirect('/index');
}
```

3. 编写 index.blade.php 文件

（1）创建 index.blade.php 模板文件。

（2）blade 模板条件语句如下：

```
@if()
显示账号
@else
显示“未登录”
@endif
```

（3）取出 Session 中的 account 值。

```
<!DOCTYPE html>
<html>
    <head>
    <meta charset="utf-8" />
    <link rel="stylesheet" href="{{ URL::asset('css/blog.css') }}">
    <title>个人博客</title>
    </head>
    <body>
        <header>
            <nav>
                <h2>Little Blog</h2>
                <p id="account">
                    @if(session()->exists("account"))
                    <a href="/user/logoff">{{session()->get("account") }}</a>
                    @else
                    <a href='/login'>未登录</a>
                    @endif
                </p>
            </nav>
        </header>
    </body>
</html>
```

19.4.7 步骤七：显示博客列表

1. 页面样式文件

在 public/css 文件夹中创建 blog.css 文件。

```
body{ min-width:677px}
/* 登录页面 */
h1{ text-align: center;}
.log input{
    display: block;
    margin:10px auto;
}
form.log{
    width: 300px;
    padding: 10px;
    margin: auto;
    border: 1px black solid;
```

```
}
/* 主页 */
nav{
    display: flex;
    align-items: center;
}
nav h2{flex: 1;}
nav form{
    flex: 3;
    text-align: right;
}
nav #account{
    flex: 1;
    text-align: center;
}
aside{
    float: left;
    width: 15%;
    margin-left: 10%;
}
aside ul{ border:1px black solid;}
section{
    float: right;
    width: 60%;
    margin-right: 10%;
}
section form div{
    border: 1px black solid;
}
section form input[type="text"]{
    display: block;
    width: 100%;
    border: 0;
    border-bottom: 1px black solid;
}
section form textarea{
    border: 0;
    width: 100%;
    resize: none;
}
section input[type="text"],textarea{
    box-sizing: border-box;
    outline: 0;
    padding: 10px;
}
article .b-t{
    display: flex;
    align-items: center;
    justify-content: space-between;
}
```

2. 在 index.blade.php 模板文件中添加搜索框

代码如下：

```
<!DOCTYPE html>
<html>
    <head>
```

```
    <meta charset="utf-8" />
    <link rel="stylesheet" href="{{ URL::asset('css/blog.css') }}">
    <title>个人博客</title>
    </head>
    <body>
        <header>
            <nav>
                <h2>Little Blog</h2>
                <form action="/blog/search" method="get">
                    <input type="text" name="keyword" />
                    <input type="submit" value="搜索" />
                </form>
                ……
            </nav>
        </header>
    </body>
</html>
```

3. 编写 BlogController::search()函数

从$request 中获得 keyword 属性，从 Session 中获得 userid 值。根据 keyword 与 userid 的情况，查询方式可分为 4 种。

（1）登录，搜索。

（2）登录，未搜索。

（3）未登录，搜索。

（4）未登录，未搜索。

代码如下：

```
public function search(Request $request) {
    $keyword = $request->input("keyword");
    if(session()->exists("userid")) {
        $userid = session()->get("userid");
        if($keyword) {
        } else {
        }
    } else {
        if($keyword) {
        } else {
        }
    }
    return view("index", [ "blogs" => $blogs]);
}
```

情况 1：用户登录，进行搜索。

当$userid 和$keyword 都有值，则过滤出 user_id 与$userid 相等，title 中包含$keyword 的记录。

情况 2：用户登录，未进行搜索。

当$userid 存在，而$keyword 不存在，则过滤出 user_id 与$userid 相等的记录。

代码如下：

```
public function search(Request $request) {
    ……
    if(session()->exists("userid")) {
        ……
        if($keyword) {
```

```
            $blogs = Blog::orderBy("create_time", "desc")->where("user_id", "=",
$userid)->where("title", "like", "%$keyword%")->get();
        } else {
            $blogs = Blog::orderBy("create_time", "desc")->where("user_id", "=",
$userid)->get();
        }
    }
    ……
}
```

情况 3：用户未登录，进行搜索。

当$keyword 存在，而用户未登录，则只过滤出 title 中包含$keyword 的记录。

情况 4：用户未登录，未进行搜索。

当$userid 与$keyword 都不存在时，搜索出所有的记录。

代码如下：

```
public function search(Request $request) {
    ……
    if(session()->exists("userid")) {
        ……
        } else {
        if($keyword) {
            $blogs = Blog::orderBy("create_time", "desc")->where("title",
"like", "%$keyword%")->get();
        } else {
            $blogs = Blog::orderBy("create_time", "desc")->get();
        }
    }
    ……
}
```

4．在 index.blade.php 文件中显示查询的记录

（1）添加<aside>侧边栏，使用 foreach 遍历$blogs，使用<ul><li></li></ul>标签显示博客标题的列表。

（2）使用@if 判断$blogs 变量是否存在，若存在则显示博客标题列表，若不存在则不显示。

```
……
    <body>
        <header>
            ……
        </header>
        <aside>
            @if(isset($blogs))
            <ul>
            @foreach($blogs as $b)
            <li>{{$b->title}}</li>
            @endforeach
            </ul>
            @endif
        </aside>
    </body>
</html>
```

（3）定义<section>标签显示博客详细列表，每篇博客都使用<article>标签。

（4）分别显示博客标题和内容。

```
……
```

```
<body>
……
<section>
   @if(isset($blogs))
   @foreach($blogs as $b)
   <article>
      <div class="b-t">
         <h3>{{$b->title}}</h3>
      </div>
      <p id="b-c">{{$b->content}}</p>
   </article>
   @endforeach
   @endif
</section>
```

19.4.8 步骤八：添加博客

（1）在 index.blade.php 模板文件中添加发布博客的表单。

```
<section>
<form action="/blog/add" method="post">
   <div>
      {!! csrf_field() !!}
      <input type="hidden" name="bid" value="" />
      <input type="text" name="title" placeholder="博客标题" value="" />
      <textarea name="content" rows="5" placeholder="博客内容"></textarea>
   </div>
   <input type="submit" value="发布" />
</form>
```

（2）编写 BlogController::add()函数。

- 从$request 对象中获得表单中的 title 和 content 值。
- 创建 Blog 对象，设置字段值，调用 save()函数保存数据，返回到主页。

```
public function add(Request $request) {
   $title = $request->input("title");
   $content = $request->input("content");

   $blog = new Blog();
   $blog->title = $title;
   $blog->content = $content;
   $blog->user_id = $request->session()->get("userid");
   $blog->save();

   return redirect('/index');
}
```

19.4.9 步骤九：修改和删除博客

（1）添加删除和修改按钮，给按钮添加<a>标签。

- 删除：href ="/blog/del/博客 id"。
- 修改：href ="/blog/mod/博客 id"。

```
……
<section>
@if(isset($blogs))
@foreach($blogs as $b)
<article>
```

```
<div class="b-t">
    <h3>{{$b->title}}</h3>
    <div class="act">
        <a href="/blog/del/{{ $b->id }}"><button>删除</button></a>
        <a href="/blog/mod/{{ $b->id }}"><button>修改</button></a>
    </div>
</div>
……
```

（2）编写 BlogController::del()函数。

```
public function del(Request $request, $bid) {
    Blog::where("id", $bid)->delete();
    return redirect('/index');
}
```

（3）编写 BlogController::mod()函数。

```
public function mod(Request $request) {
    $bid = $request->input("bid");
    $title = $request->input("title");
    $content = $request->input("content");

    $blog = Blog::where("id", $bid)->first();
    $blog->title = $title;
    $blog->content = $content;
    $blog->save();
    return redirect('/index');
}
```

（4）编写 BlogController::get()函数。

```
public function get(Request $request, $bid) {
    $blog = Blog::where("id", $bid)->first();
    return view("index", [
    "blog" => $blog
    ]);
}
```

（5）修改 index.blade.php 模板文件中的发布博客表单。

```
<form action="{{ isset($blog) ? '/blog/mod' : '/blog/add' }}" method="post">
    <div>
        {!! csrf_field() !!}
        <input type="hidden" name="bid" value="{{ isset($blog) ? $blog->id :
0 }}" />
        <input type="text" name="title" placeholder="博客标题" value="{{ isset
($blog) ? $blog->title : '' }}" />
        <textarea name="content" rows="5" placeholder="博客内容">{{ isset($blog)
 ? $blog->content : '' }}</textarea>
    </div>
    <input type="submit" value="{{ isset($blog) ? '更新' : '发布' }}" />
</form>
```

第 20 章 AJAX 制作动态网页（天气预报）

20.1 实验目标

（1）掌握 XMLHttpRequest 对象的创建和使用方法。
（2）掌握使用 AJAX 服务器发送异步请求的方法。
（3）掌握 AJAX 服务器响应的方法。
（4）掌握 JSON 数据格式解析的方法。
（5）掌握移动端页面视口的使用方法。
（6）掌握使用 HTML5 和 CSS3 制作移动端页面的方法。
（7）综合运用 AJAX 技术、HTML5 和 CSS3，开发“天气预报”移动端程序。

知识地图如图 20-1 所示。

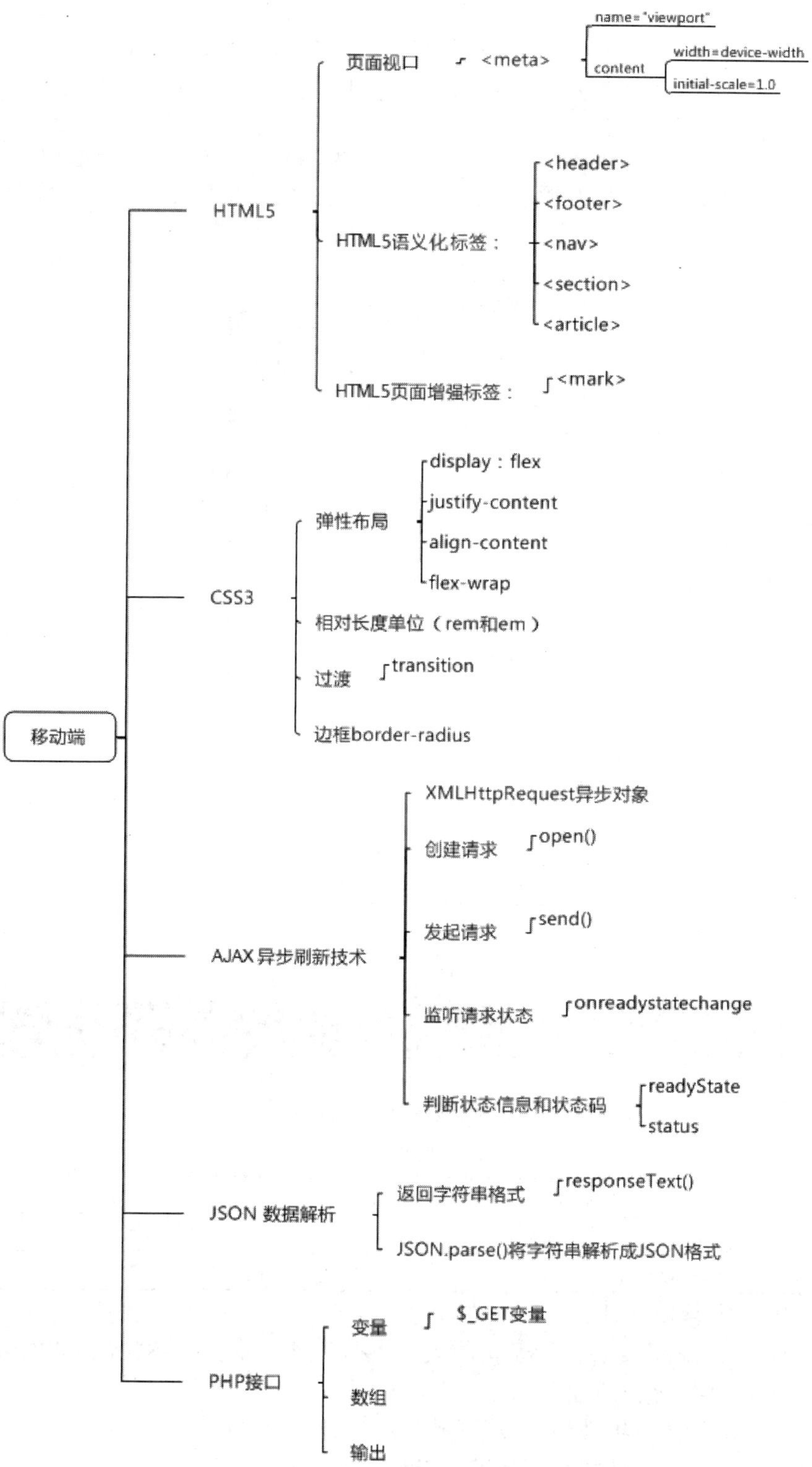

图 20-1

20.2 实验任务

创建天气预报页面，适配移动端访问，使用 AJAX 请求 PHP，获取北京、上海、广州、深圳和武汉这 5 个城市的天气数据，每次请求 PHP 都会随机生成天气数据。

天气数据内容如下：

```
{"name" : "北京","min": "20℃","max" :"20℃","weather" : "多云转阴"}
```

然后使用 JavaScript 操作 DOM 将获取的天气信息实时更新至页面。页面效果如图 20-2 所示。

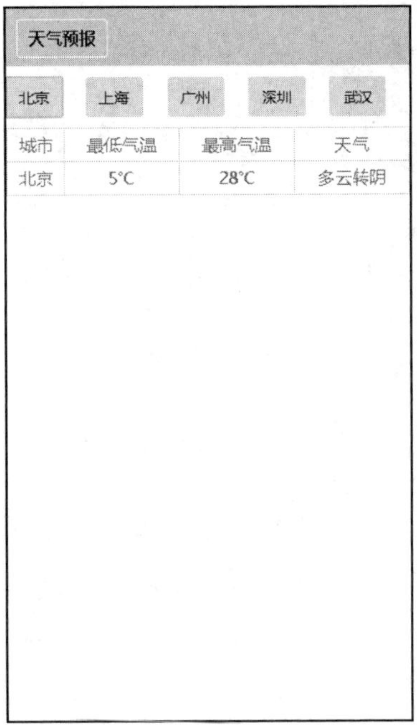

图 20-2

20.3 设计思路

创建一个名为 weather 的工程，工程文件如表 20-1 所示。

表 20-1

类　　型	文　　件	说　　明
html 文件	index.html	天气预报首页，展示天气信息
php 文件	listWeather.php	返回 JSON 格式的天气预报文件

（1）创建 PHP 接口文件。

创建 listWeather.php 文件，用于接收天气数据请求，并返回 JSON 格式的天气数据。

- city 变量：用于存放城市数据。
- 使用 array()创建二维数组，以硬编码方式输入天气数据。
- 使用 json_encode()函数对变量进行 JSON 编码。
- 使用 echo 命令输出 JSON 格式的数据。

（2）设计移动端的天气预报页面展示天气信息，使用语义化标签搭建页面结构。

- 移动端天气预报页面如图 20-3 所示。
- 语义化标签如图 20-4 所示。

图 20-3

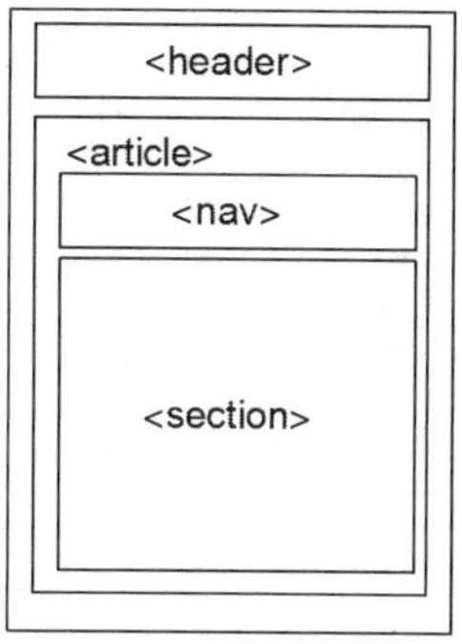

图 20-4

（3）设计天气预报页面样式。

- 使用 flex 弹性布局设置城市导航栏在一行中显示。
- 使用 transition 过渡属性给当前被点击的城市添加变宽的效果。
- 使用 rem、em、百分比（%）单位设置元素大小。

（4）通过 AJAX 获取 JSON 格式的天气数据，实现异步获取数据。

- 使用 open()函数创建请求，设置请求类型、请求路径、异步请求。
- 使用 send()函数发起请求。
- 为 onreadystatechange 属性设置函数，监听请求状态。
- 使用 responseText()函数获取返回的数据，用 JSON.parse()函数将字符串解析成 JSON 格式。

（5）通过 JavaScript 操作 DOM 实现天气信息实时更新至页面，实现异步刷新。

20.4 实验实施（跟我做）

20.4.1 步骤一：创建工程和文件

（1）创建工程：工程名为 weather。

（2）创建如下文件。

- index.html：天气预报首页。
- listWeather.php：返回 JSON 格式的天气数据。

目录结构如图 20-5 所示。

图 20-5

20.4.2 步骤二：实现 PHP 数据接口

在 loadJSON.php 文件中编写 JSON 格式的数据。

- PHP 脚本声明：以<?php 开始，以?>结束。
- PHP 变量：创建变量$city，以$符号开始，后面跟着变量的名称。
- PHP 关联数组：使用 array()创建二维数组，0～4 指定下标，=>指定键值。
- PHP：创建 json_encode()函数对变量进行 JSON 编码。
- PHP 语句：使用 echo 命令输出 JSON 格式的数据。

添加 JSON 格式的天气数据，代码如下：

```
<?php
    $city=$_GET["city"];
    $data = array(
        0 => array(
            "name" => "北京",
            "min" => rand(0, 20)."℃",
            "max" => rand(20, 40)."℃",
            "weather" => "多云转阴"
        ),
        1 => array(
            "name" => "上海",
            "min" => rand(0, 20)."℃",
            "max" => rand(20, 40)."℃",
            "weather" => "晴"
        ),
        2 => array(
            "name" => "广州",
            "min" => rand(0, 20)."℃",
            "max" => rand(20, 40)."℃",
            "weather" => "小雨转晴"
        ),
        3 => array(
            "name" => "深圳",
            "min" => rand(0, 20)."℃",
            "max" => rand(20, 40)."3",
            "weather" => "晴"
        ),
        4 => array(
            "name" => "武汉",
            "min" => rand(0, 20)."℃",
            "max" => rand(20, 40)."℃",
            "weather" => "晴"
        )
    );
    if($city == "北京"){
        echo json_encode($data[0]);
    }else if($city == "上海"){
        echo json_encode($data[1]);
    }else if($city == "广州"){
        echo json_encode($data[2]);
    }else if($city == "深圳"){
        echo json_encode($data[3]);
    }else{echo json_encode($data[4]);}
?>
```

20.4.3　步骤三：制作 HTML 页面

（1）在 index.html 页面的<head>标签中设置移动端适配属性 viewport，使用语义化标签搭建页面结构，代码如下：

```
<!DOCTYPE html>
<html>
    <head>
        <meta charset="utf-8">
        <meta name='viewport' content='width=device-width, initial-scale=1.0'>
        <title>天气预报</title>
    </head>
    <body>
        <header>
            <h4>天气预报</h4>
        </header>
        <nav class="btn">
            <!-- 城市导航栏 -->
        </nav>
        <section>
            <!-- 天气预报数据表格 -->
        </section>
    </body>
</html>
```

（2）在<nav>标签中定义获取对应城市天气数据的按钮，给按钮绑定 onclick 事件，并将自身的 value 属性作为参数，代码如下：

```
<nav class="btn">
    <button onclick="load(this.value)" value="北京">北京</button>
    <button onclick="load(this.value)" value="上海">上海</button>
    <button onclick="load(this.value)" value="广州">广州</button>
    <button onclick="load(this.value)" value="深圳">深圳</button>
    <button onclick="load(this.value)" value="武汉">武汉</button>
    <br /><br />
</nav>
```

（3）编写展示天气数据的表格，代码如下：

```
<table width="100%">
    <tr>
        <td>城市</td>
        <td>最低气温</td>
        <td>最高气温</td>
        <td>天气</td>
        </tr>
        <tr>
        <td></td>
        <td></td>
        <td></td>
        <td></td>
    </tr>
</table>
```

运行效果如图 20-6 所示。

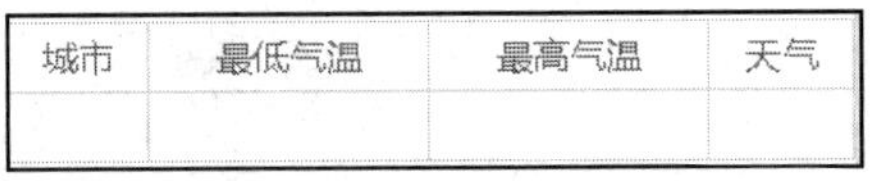

图 20-6

20.4.4 步骤四：制作 CSS 样式

（1）在 index.html 文件中添加<style>标签，在<style>标签里面编写页面样式，在头部标签中声明 viewport（视口）以适应移动端页面，设置 content='width=device-width, initial-scale=1.0'。

代码如下：

```
<!DOCTYPE html>
<html>
   <head>
      <meta charset="utf-8">
      <meta name='viewport' content='width=device-width, initial-scale=1.0'>
      <title>天气预报</title>
      <style type="text/css">
         /*编写页面样式*/
      </style>
   </head>
   <body>
   </body>
</html>
```

（2）使用 flex 弹性布局使城市导航栏在一行显示。

```
nav {
   display: flex;
   justify-content: space-between;/*各项之间留有等间距的空白*/
   align-items: center;/*居中对齐弹性盒的各项元素*/
}
```

运行效果如图 20-7 所示。

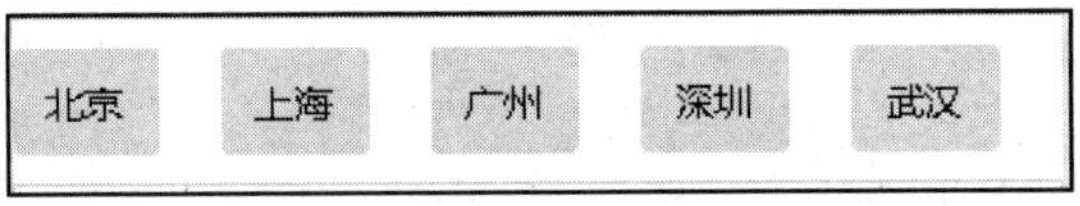

图 20-7

（3）使用 transition 过渡属性给当前被点击的城市添加变宽的效果。

```
.btn button {
   font-size: 0.875rem;
   width: 3.75em;
   height: 2.75em;
   border: 0;
   border-radius: 3px;
   transition: width 100ms;/*在 100ms 内改变 width 属性*/

}
.btn button:active {
   width: 4.5rem;/*当点击 button 时宽度变为 4.5rem */
}
```

运行效果如图 20-8 所示。

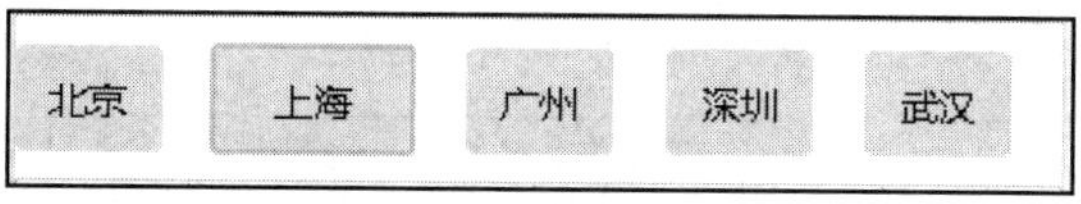

图 20-8

20.4.5　步骤五：编写 AJAX 请求

1．在 index.html 中请求 PHP 接口

（1）创建对象：通过判断 window.XMLHttpRequest，创建 XMLHttpRequest 对象。

（2）监听请求状态：为 onreadystatechange 属性设置函数。

（3）判断状态信息和状态码：判断 readyState 和 status 属性，即判断请求是否成功。

（4）创建请求：使用 open()函数，3 个参数依次为 GET 请求类型、url 请求路径、true 异步请求。

（5）请求参数：将对应城市的名称通过 url 传参。

（6）发起请求：send()函数。

（7）编写 AJAX 请求 XML 数据，代码如下：

```
function load(value){
    var xmlHttp;
    if (window.XMLHttpRequest){
        // 使用 IE7+、Firefox、Chrome、Opera、Safari 浏览器执行代码
        xmlHttp=new XMLHttpRequest();
    }
    xmlHttp.onreadystatechange=function(){
        if (xmlHttp.readyState==4 && xmlHttp.status==200){
            /* 天气信息实时更新 */
        }
    }
    xmlHttp.open("GET", "./listWeather.php?city="+ value, true);
    xmlHttp.send();
}
```

2．在 index.html 中更新页面

（1）获取 JSON 格式天气数据：使用 responseText()函数返回字符串格式，使用 JSON.parse()函数将字符串解析成 JSON 格式。

（2）获取天气数据并输入到<td>标签中。

（3）获取 JSON 对象中的 name 值并通过 innerHTML 赋值给第 5 个<td>标签。

（4）获取 JSON 对象中的 min 值并通过 innerHTML 赋值给第 6 个<td>标签。

（5）获取 JSON 对象中的 max 值并通过 innerHTML 赋值给第 7 个<td>标签。

（6）获取 JSON 对象中的 weather 值并通过 innerHTML 赋值给第 8 个<td>标签。

```
var json = JSON.parse(xmlHttp.responseText);
document.getElementsByTagName("td")[4].innerHTML = json.name;
document.getElementsByTagName("td")[5].innerHTML = json.min;
document.getElementsByTagName("td")[6].innerHTML = json.max;
document.getElementsByTagName("td")[7].innerHTML = json.weather;
```

3. 访问页面

访问页面，并点击城市按钮，效果如图 20-9 所示。

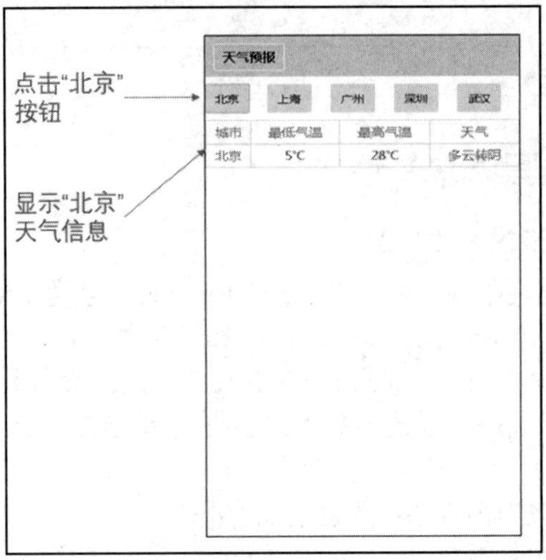

图 20-9

第21章 综合实践（淘兴趣）

21.1 项目简介

1．业务背景

“淘兴趣”是一个兴趣讨论的平台，用户通过注册然后登录到淘兴趣。在淘兴趣中，用户可以看到各种各样的趣点，还可以通过单击某一趣点查看趣点的详细信息和其他用户发布的微博。用户可以评论微博，也可以通过订阅趣点来发布自己的微博。淘兴趣项目包括如下基本功能。

（1）用户通过注册然后登录到淘兴趣首页。

（2）从首页可以查看所有趣点，单击趣点可以查看该趣点的具体信息和相关微博。

（3）用户还可以在趣点详情页面单击订阅按钮来订阅这些趣点，并可以在个人微博页面发布微博到订阅的趣点中，来参与趣点的讨论。

2．技术背景

学习 Web 前后端数据交互、响应式开发等知识，具备动态网页设计、开发、调试、维护等能力，能够开发企业级 Web 前端项目。

“淘兴趣”是一个 Web 前端项目，核心技术有 HTML5、CSS3、JavaScript、Bootstrap、MySQL、PHP、Laravel、AJAX、RESTful API 等，该项目遵循企业标准开发过程，按迭代开发思路进行开发。

21.2 实践目标

通过开发“淘兴趣”程序，实现如下目标。

（1）掌握 XAMPP 的安装与使用方法，并掌握 HBuilder 的安装与使用方法。

（2）掌握 Bootstrap 中布局、组件、基本样式、插件的使用方法。

（3）掌握 PHP 的基本语法：数据类型、数据输出、编码规范、常量、变量、PHP 运算符、数据类型转换。

（4）掌握 PHP 语句：条件判断语句、循环控制语句。

（5）掌握 PHP 中的数组和函数。

（6）掌握 PHP 面向对象编程。

（7）掌握 PHP 操作 MySQL 数据库、管理 MySQL 数据库中数据的方法。

（8）掌握基本的 RESTful API 设计方法。

（9）掌握使用 AJAX 技术实现异步刷新、异步获取数据的方法。

（10）掌握 Laravel 框架构建动态网站的方法。

（11）具备动态网页设计、开发、调试、维护等能力，综合应用 MySQL、PHP、Bootstrap、AJAX 等动态网页技术，开发“淘兴趣”PC 端和移动端程序。

21.3 需求分析

项目功能结构如图 21-1 所示。

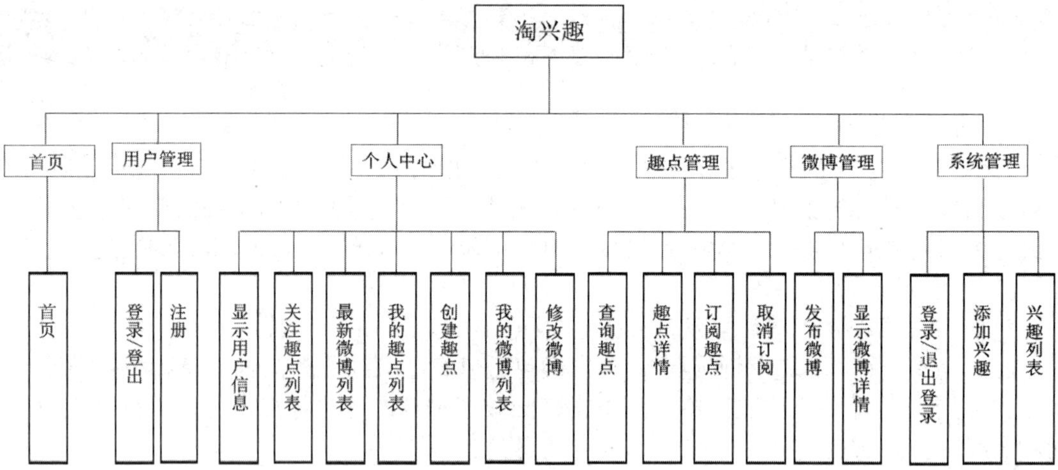

图 21-1

系统分为 6 个模块，包括登录、注册、系统管理、个人中心、趣点管理、微博管理，各模块的功能描述如下。

1. 登录模块

（1）登录：已注册的用户可以通过登录来进入系统。登录成功后进入个人中心页面。

（2）登出：选择右上角下拉列表框中的“退出登录”，可以清除用户登录状态，返回到登录页面。

2. 注册模块

游客访问系统，可以通过注册成为系统的用户，获得使用系统部分功能的权利。注册成功后进入登录页面。

3. 个人中心模块

（1）查看用户资料。

用户登录成功后，进入个人中心页面。在此页面可以查看用户的基本资料（如用户昵称、用户头像和性别等）。

（2）创建趣点。

用户登录成功后，可以单击个人中心页面右上角隐藏菜单中的“趣点管理”，进入趣点管理页面。在此页面中单击“创建趣点”，来访问“创建趣点”页面，填写趣点相关的信息（如标题、内容、主题和图像）。填写完成后单击“创建”按钮，对趣点相关的信息进行提交，通过返回的消息提示来得知是否创建成功。

（3）查看我创建的趣点列表。

在个人中心页面单击“我的趣点”标签，显示用户创建的关注列表。

（4）查看关注趣点列表。

在个人中心页面单击“关注趣点”标签，显示用户的关注列表。

（5）查看用户微博。

通过单击用户账号或用户头像，可以进入该用户的个人微博页面。在此页面，通过时间降序的方式列出了该用户发布的所有微博。

4．趣点管理模块

（1）在首页列出趣点。

访问“淘兴趣”首页时，在首页以图片墙的形式列出所有趣点的信息，包括趣点图像、趣点名。也可以通过单击首页的类别，访问相应类别下的趣点。

（2）查看趣点资料。

在“淘兴趣”首页，通过单击某个趣点的图片，可以访问趣点详情页面。在此页面中显示了该趣点的详细信息，如趣点名和趣点内容等。

（3）订阅趣点。

访问趣点详情页面时，可以通过单击“订阅”按钮来订阅该趣点。订阅后，该趣点下的微博将在个人微博页面显示，同时订阅列表也会添加该趣点的信息，通过在订阅列表单击该趣点可以直接访问该趣点的查看趣点页面。并且在用户发布微博时，可以选择把微博发布到该趣点下。

（4）取消订阅。

访问查看趣点页面时，可以通过单击“取消订阅”按钮来取消对该趣点的订阅。取消订阅后，该趣点下的微博将不在个人微博页面显示，同时订阅列表也会清空该趣点的信息。并且在用户发布微博时，不能选择把微博发布到该趣点下。

5．微博管理模块

（1）发布微博。

访问个人微博页面时，可以在页面输入框中输入微博内容，单击“发布”按钮，提交微博内容。在默认情况下，微博不会关联发布到用户订阅的趣点下，如果需要关联，可以通过输入框上方的下拉框进行选择。

（2）查看趣点微博。

在查看趣点页面，通过时间降序的方式列出所有关联发布到此趣点下的微博。

（3）查看评论。

在所有显示微博的页面中，可以点击某条微博下的“回复”超链接，来查看该条微博的评论。

6．系统管理模块

在系统管理模块中主要实现趣点类别管理功能。

管理员用户登录成功后，进入系统管理页面。在此页面中，通过单击左侧菜单中的“兴趣管理”，会出现兴趣管理的相关按钮，单击这些按钮后可通过右侧显示的相应管理页面来对趣点进行相关的管理。

21.4 页面设计

21.4.1 工作任务

（1）根据需求，“淘兴趣”程序需要包含的页面如表 21-1 所示。

表 21-1

模　　块	功　　能	静态页面名称
首页	首页	/index.html
用户管理	登录	/login.html
	注册	/register.html
个人中心	个人中心页面	/user_center.html
	显示用户信息	/show_user.html
	关注趣点列表	/user_index.html
	我的趣点列表	/my_topics.html
	创建趣点	/add_topic.html
	我的微博列表	/search_blogs.html
趣点管理	查询趣点	/search_topics.html
	趣点详情页面	/show_topic.html
	订阅趣点	/follow.html
微博管理	显示微博详情	/show_blog.html
	发布微博	/add_blog.html
	评论微博	/add_reply.html
系统管理	系统管理首页	/admin_index.html
	管理员登录	/admin_login.html
	添加兴趣	/add_interest.html
	兴趣列表	/search_interests.html

（2）选取 3 个典型页面作为示例，使用 Bootstrap 框架制作静态 HTML 页面，完成设计和制作。

- 表单页面：用户登录页面（login.html）。
- 展示页面：首页（index.html）。
- 管理页面：个人中心页面（user_center.html）。

21.4.2 设计思路

1. 页头和页脚

页面的头部和脚部是一致的，可将其抽离出来单独进行设计和制作。

（1）页头使用 Bootstrap 中的导航栏组件和下拉插件进行制作，如图 21-2 所示。

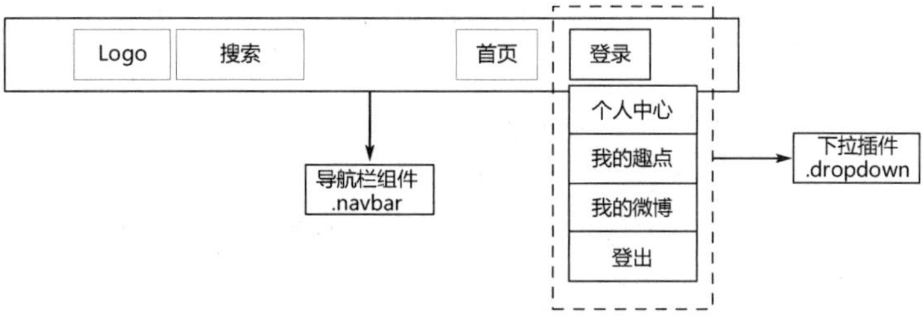

图 21-2

（2）页脚信息居中显示，如图 21-3 所示。

2. 登录页面

登录页面使用 Bootstrap 表单组件进行制作，用于输入用户登录信息，包括“账号”和“密码”字段信息，以及“登录”按钮和“注册”超链接，如图 21-4 所示。

图 21-3

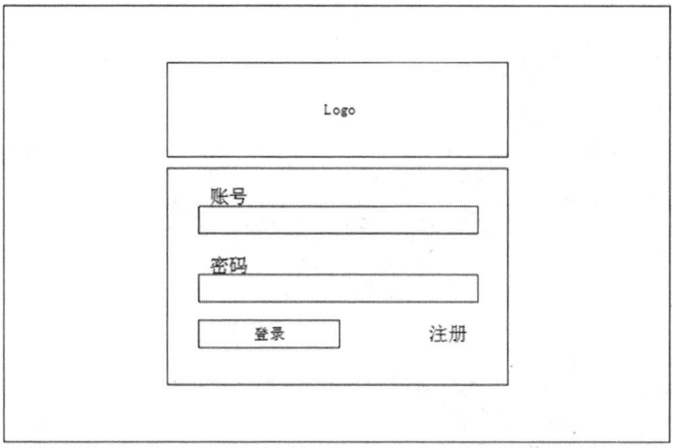

图 21-4

3. 首页

首页使用栅格布局分为左右两列，左侧为兴趣列表，右侧为趣点列表，如图 21-5 所示。

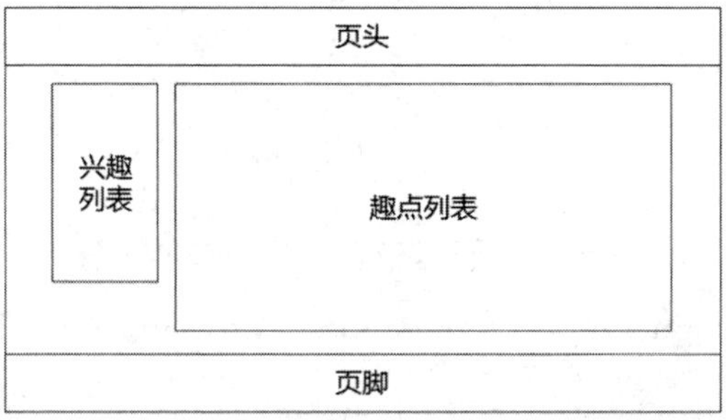

图 21-5

4. 个人中心页面

使用 iframe 框架制作 tab 标签，单击标签可切换不同的功能界面，一般为列表或表单，如图 21-6 所示。

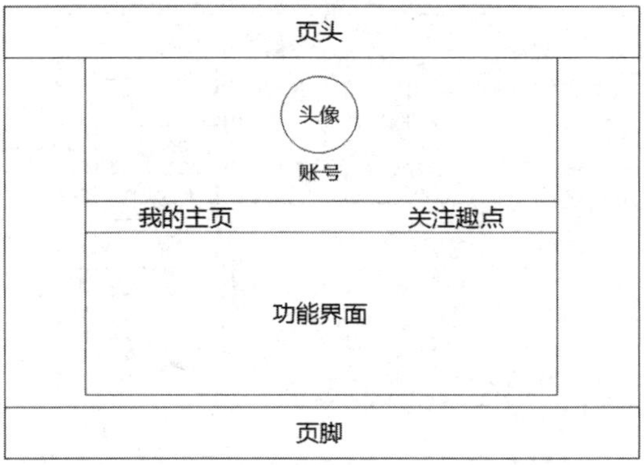

图 21-6

21.4.3 实现（跟我做）

1. 制作页头和页脚

（1）制作页头。

- 使用 Bootstrap 中的导航栏组件（.navbar）制作页头。

```
<!-- 导航栏 -->
<nav class="navbar navbar-expand navbar-light bg-light">
</nav>
```

- 在导航栏中添加 Logo 及搜索框和搜索按钮。

```
……
<!-- Logo -->
<a class="navbar-brand" href="#"><img src="img/logo.png">淘兴趣</a>
<!-- 搜索框和搜索按钮 -->
<form class="form-inline" action="#" method="get">
   <input class="form-control" type="search">
   <button class="btn btn-outline-success" type="submit">搜索</button>
</form>
……
```

- 继续添加导航（.navbar-nav），使用下拉插件（.dropdown）制作下拉列表。

```
……
<ul class="navbar-nav ml-auto">
   <li class="nav-item"><a class="nav-link" href="index.html">首页</a></li>
      <!-- 下拉列表 -->
      <li class="nav-item dropdown">
      <button class="btn btn-primary dropdown-toggle" data-toggle="dropdown">
登录</button>
      <div class="dropdown-menu dropdown-menu-right">
         <a class="dropdown-item" href="user_center.html">个人中心</a>
         <a class="dropdown-item" href="my_topic.html">我的趣点</a>
         <a class="dropdown-item" href="my_blogs.html">我的微博</a>
         <a class="dropdown-item" href="login.html">登出</a>
      </div>
   </li>
</ul>
……
```

（2）制作页脚。

使用.text-center 让页脚信息居中显示。

```
<div class="text-center p-2 small">
   <a>服务条款</a><span>|</span>
   <a>隐私策略</a><span>|</span>
   <a>广告服务</a><span>|</span>
   <a>客服中心</a>
</div>
<div class="text-center p-2 small">
   淘兴趣 - 关注你感兴趣的人和事
</div>
```

（3）页面效果。

- 页头页面效果如图 21-7 所示。

图 21-7

- 页脚页面效果如图 21-8 所示。

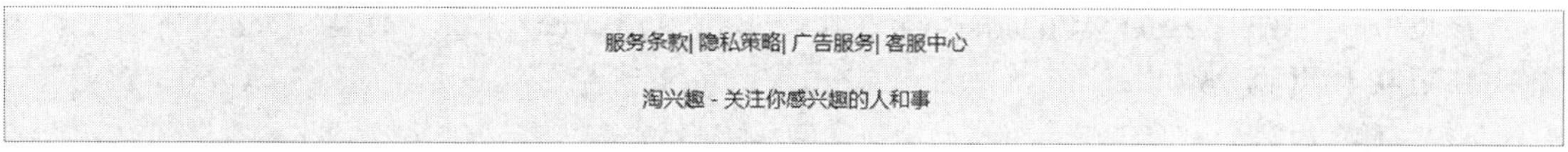

图 21-8

2. 制作用户登录页面

用户登录页面分为上下两部分，上侧为 Logo 和网站标语，下侧为登录表单。

（1）使用弹性布局制作 Logo 和网站标语。

```
<div class="main">
   <!-- Logo 和网站标语 -->
   <div class="d-flex align-items-center justify-content-around">
      <img src="img/logo.png">
      <h1 class="title text-center">淘兴趣<p>关注你感兴趣的人和事</p></h1>
   </div>
</div>
```

（2）使用 Bootstrap 中的表单控件样式（.form-control）制作登录表单。

```
<!-- 登录表单 -->
<form class="form" action="index.html" method="post">
   <div class="form-group p-2">
      <label for="account">账号:</label>
      <input type="text" id="account" name="account" class="form-control"
placeholder="请输入账号" required="required" />
   </div>
   ……
   <div class="form-group p-2 d-flex align-items-center">
```

```
        <input id="log_btn" class="mr-auto" type="submit" value="登录" />
        <a id="to_register" href="register.html">注册</a>
    </div>
</form>
```

（3）页面效果如图 21-9 所示。

图 21-9

3．制作首页

（1）引入页头和页脚。

在页面中创建<header></header>标签和<footer></footer>标签，使用 jQuery 的 load()函数引入页头和页脚文件。

（2）正文内容。

首页正文部分为左右结构，整体使用 Bootstrap 的栅格系统布局。

- 兴趣列表。

兴趣列表位于左侧，占两列宽度（.col-md-2），通过使用 .flex-column 类更改 flex 项目的轴项，使列表内容垂直排布。

```
<div class="col-md-2">
    <div class="nav flex-column nav-pills">
        <a class="nav-link active" href="">推荐</a>
        <a class="nav-link" href="">萌宠</a>
        ……
    </div>
</div>
```

- 趣点列表。

趣点列表位于右侧，占十列宽度（.col-md-10），使用卡片组件（.card）来展示每一个趣点，所有趣点包含在 .card-columns 中，将卡片从上到下、从左到右瀑布式排列。

```
<div class="col-md-10">
    <div class="card-columns">
        <div class="card">
            <a href="show_topic.html">
            <div class="card-body">
                    <h5 class="card-title">喵星人的日常</h5>
                    <small class="text-muted">34150 参与</small>
```

```
            </div>
            <img class="card-img-bottom" src="upload/topic_img/
wallhaven-418zxp.jpg" alt="Card image">
         </a>
      </div>
      ……
   </div>
</div>
```

（3）页面效果如图 21-10 所示。

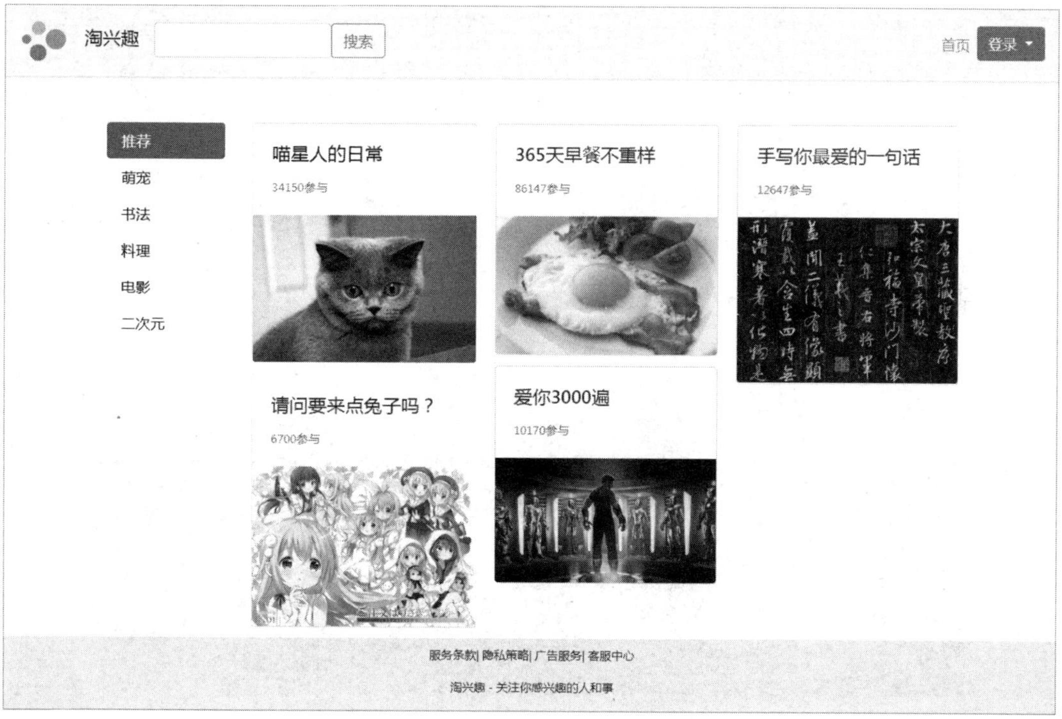

图 21-10

4．制作个人中心页面

（1）引入页头和页脚。

（2）正文内容。

个人中心页面正文部分为上下结构。

• 头像背景。

使用 .img-thumbnail 类为头像背景设置 1 个 1 像素宽的边框，使用.rounded-circle 类将头像图片设置为圆形。

```
……
<!-- 头像背景 -->
<div class="user_info pt-5 text-center w-100">
   <div class="user_img m-auto">
      <img src="img/img.png" class="img-thumbnail rounded-circle">
   </div>
   <div class="user_nick text-white mt-4">
      喵星人
   </div>
```

```
</div>
……
```

- 标签内容。

在“头像背景”下面增加一个 tab 标签，用来切换不同的内容，标签内容显示在下方的 iframe 框架中。

```
……
<!-- tab 标签 -->
<div class="tab text-center w-100">
    <ul class="w-75 m-auto d-flex">
        <li class="w-50"><a href="user_index.html" target="Iframe">我的主页
</a></li>
        <li class="w-50"><a href="follow_topic.html" target="Iframe">关注趣点
</a></li>
    </ul>
</div>
<!-- iframe 框架 -->
<iframe name="Iframe" src="user_index.html" width="100%" height="500"></iframe>
……
```

（3）页面效果如图 21-11 所示。

图 21-11

21.5 第一阶段 PHP 页面混合式：创建工程

21.5.1 工作任务

（1）下载并安装 XAMPP 集成套件。

（2）下载并安装 HBuilder 开发工具。

（3）使用 HBuilder 开发工具创建“淘兴趣”项目。

（4）根据项目业务，提炼数据库表，设计数据库表之间的关系，并创建数据库脚本。

（5）PHP 公共类：实体类、数据库连接类。

21.5.2 设计思路

1. 创建工程

使用 HBuilder 开发工具创建“淘兴趣” Web 工程 interest，在工程目录下创建如表 21-2 所示的文件夹。

表 21-2

文 件 夹	说 明
/app	业务处理 php 文件，不能通过 url 直接请求
/public/	存放前台页面
/public/admin/	存放管理员端前台页面
/public/bootstrap/	存放 Bootstrap 框架文件
/public/css/	存放网页中的 css 文件
/public/img/	存放网页中的静态图片
/public/js/	存放网页中的 js 文件
/public/upload/	上传文件根目录
/public/upload/topic_img/	存放上传的趣点图片
/public/upload/user_img/	存放上传的头像图片
/public/upload/blog_img/	存放上传的微博图片
/public/upload/blog_video/	存放上传的微博视频

2. 创建数据库

（1）数据库表。

- 用户表（users）如表 21-3 所示。

表 21-3

字段	字段名	类型	是否为空	默认值	说 明
id	id	int	not null	自增	主键
账号	account	varchar(16)	not null		6～16 位，由字母、数字和下画线组成
密码	password	varchar(32)	not null		使用 md5()加密
性别	sex	smallint	not null	1	0 表示男，1 表示女
手机	mobile	varchar(32)			
邮箱	email	varchar(128)			

续表

字段	字段名	类型	是否为空	默认值	说　明
用户昵称	nickname	varchar(64)			
用户头像	image	varchar(255)	not null		未上传图片时，为默认图片 /upload/user/default.jpg
个人简介	resume	text			
创建时间	create_time	timestamp	not null	系统当前时间	
更新时间	update_time	timestamp	not null	系统当前时间	执行更新或添加操作时，更新时间
逻辑删除	del	smallint	not null		0 表示未删除，1 表示已删除

- 管理员表（admins）如表 21-4 所示。

表 21-4

字段	字段名	类型	是否为空	默认值	说　明
id	id	int	not null	自增	主键
账号	account	varchar(16)	not null		6～16 位，由字母、数字和下画线组成
密码	password	varchar(32)	not null		使用 md5()加密
创建时间	create_time	timestamp	not null	系统当前时间	
逻辑删除	del	smallint	not null		0 表示未删除，1 表示已删除

- 兴趣表（interests）如表 21-5 所示。

表 21-5

字段	字段名	类型	是否为空	默认值	说　明
id	id	int	not null	自增	主键
兴趣名	name	varchar(64)	not null		
描述	discribe	text			
趣点数	topic_num	int	not null	0	添加趣点时增 1，删除时减 1
创建时间	create_time	timestamp	not null	系统当前时间	
更新时间	update_time	timestamp	not null	系统当前时间	执行更新或添加操作时，更新时间
逻辑删除	del	smallint	not null		0 表示未删除，1 表示已删除

- 趣点表（topics）如表 21-6 所示。

表 21-6

字段	字段名	类型	是否为空	默认值	说　明
id	id	int	not null	自增	主键
兴趣 ID	interest_id	int	not null		外键 interests(id)
用户 ID	user_id	int			外键 users(id)
趣点名	name	varchar(64)	not null		
订阅数	subscripe_num	int	not null	0	订阅时增 1，取消订阅时减 1
内容	discribe	text			
趣点图像	image	varchar(255)	not null		未上传图片时，为默认图片 /upload/topic_img/default.jpg
创建时间	create_time	timestamp	not null	系统当前时间	
更新时间	update_time	timestamp	not null	系统当前时间	执行更新或添加操作时，更新时间
逻辑删除	del	smallint	not null		0 表示未删除，1 表示已删除

- 订阅表（follows）如表 21-7 所示。

表 21-7

字段	字段名	类型	是否为空	默认值	说　　明
用户 ID	user_id	int	not null		联合主键 外键 users(id)
趣点 ID	topic_id	int	not null		联合主键 外键 topics(id)
创建时间	create_time	timestamp	not null	系统当前时间	

- 微博表（blogs）如表 21-8 所示。

表 21-8

字段	字段名	类型	是否为空	默认值	说　　明
id	id	int	not null	自增	主键
用户 ID	user_id	int	not null		外键 users(id)
趣点 ID	topic_id	int	not null		外键 topics(id)
内容	content	text	not null		
评论数	subscripe_num	int	not null	0	回复时增 1，删除时减 1
微博图片	image	varchar(256)			
微博视频	video	varchar(256)			
创建时间	create_time	timestamp	not null	系统当前时间	
更新时间	update_time	timestamp	not null	系统当前时间	执行更新或添加操作时，更新时间
逻辑删除	del	smallint	not null		0 表示未删除，1 表示已删除

- 评论表（replies）如表 21-9 所示。

表 21-9

字段	字段名	类型	是否为空	默认值	说　　明
id	id	int	not null	自增	主键
用户 ID	user_id	int	not null		外键 users(id)
微博 ID	blog_id	int	not null		外键 blogs(id)
内容	content	text	not null		
创建时间	create_time	timestamp	not null	系统当前时间	
逻辑删除	del	smallint	not null		0 表示未删除，1 表示已删除

- 站内信（messages）如表 21-10 所示。

表 21-10

字段	字段名	类型	是否为空	默认值	说　　明
id	id	int	not null	自增	主键
发信人	from	int	not null		外键 users(id)
收信人	to	int	not null		外键 users(id)
内容	content	text	not null		
状态	status	smallint	not null	0	0 表示未查看，1 表示已查看
创建时间	create_time	timestamp	not null	系统当前时间	
逻辑删除	del	smallint	not null		0 表示未删除，1 表示已删除

（2）各数据库表之间的关系如图 21-12 所示。

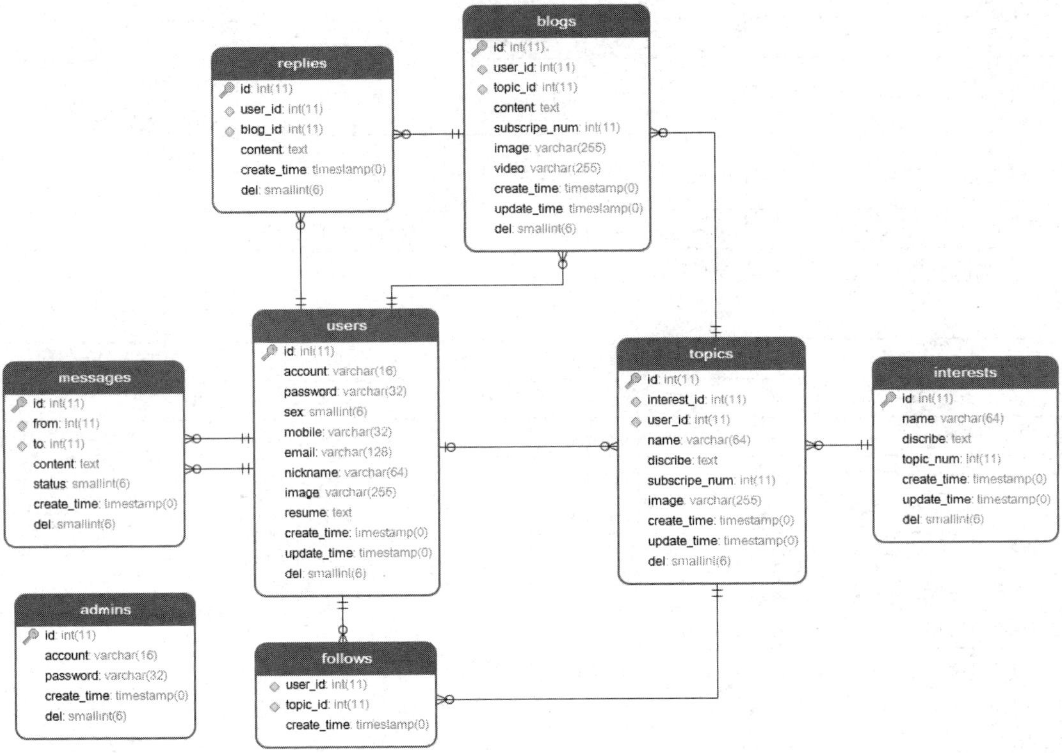

图 21-12

3．创建实体类

创建实体类，如表 21-11 所示。

表 21-11

管理员实体类	类　名
用户实体类	User 类
兴趣实体类	Interest 类
趣点实体类	Topic 类
微博实体类	Blog 类
评论实体类	Reply 类
站内信实体类	Message 类

21.5.3　实现（跟我做）

1．下载并安装 XAMPP

（1）从官方网站下载 XAMPP，如图 21-13 所示。

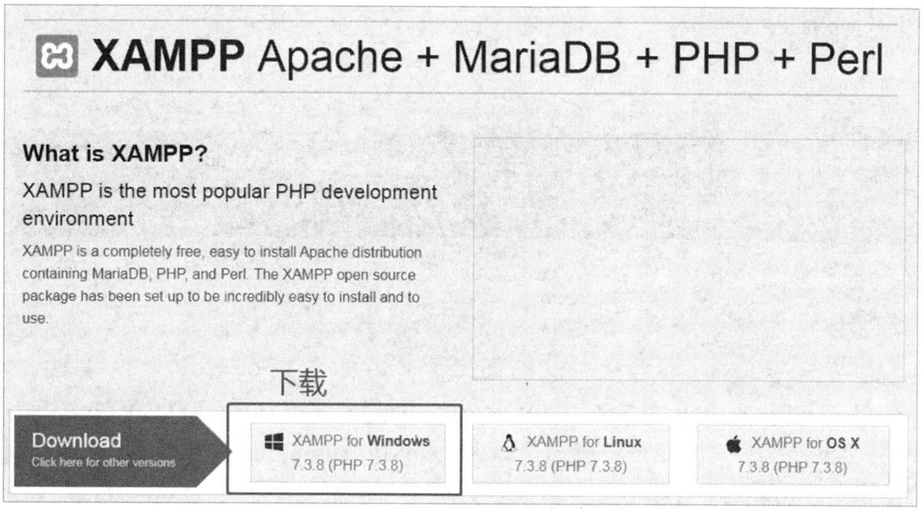

图 21-13

（2）安装 XAMPP。

- 双击运行安装文件，采用默认安装即可（也可以手动改变安装目录）。
- 运行 C:\xampp\xampp-control.exe 程序，打开控制面板，启动 Apache 与 MySQL。如图 21-14 所示。

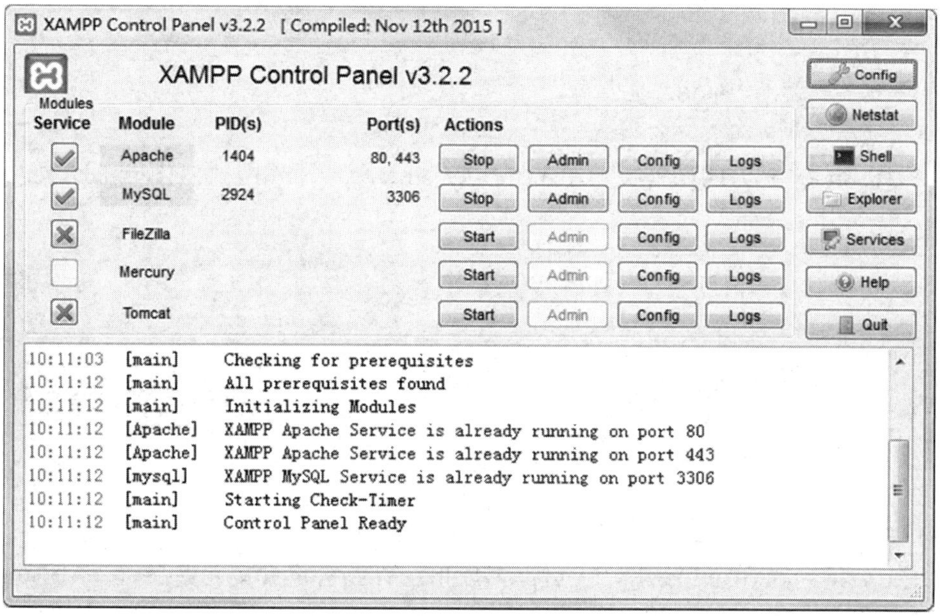

图 21-14

2. 配置 XAMPP

（1）单击 XAMPP 控制面板中的“Shell”按钮打开 Windows 命令提示符窗口。

修改 MySQL 密码，例如，将新密码设置为 123456，语法格式如下：

```
# mysqladmin --user=root password 123456
```

如图 21-15 所示。

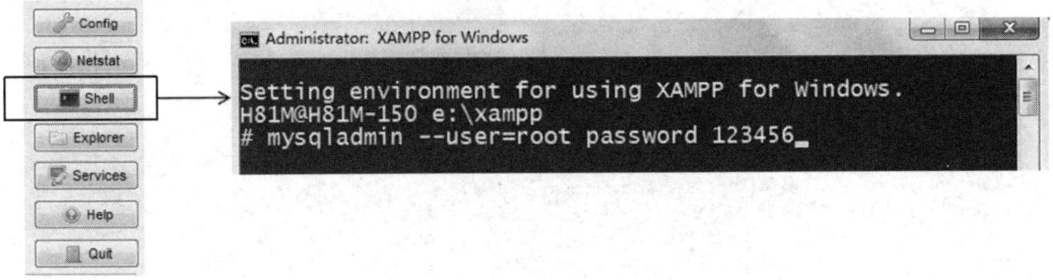

图 21-15

（2）修改 config.inc.php 中的 MySQL 密码，以便能够操作 MySQL Web 管理端。单击控制面板中 Apache 的“Config”按钮，打开 phpMyAdmin(config.inc.php)文件，然后修改密码，如图 21-16 所示。

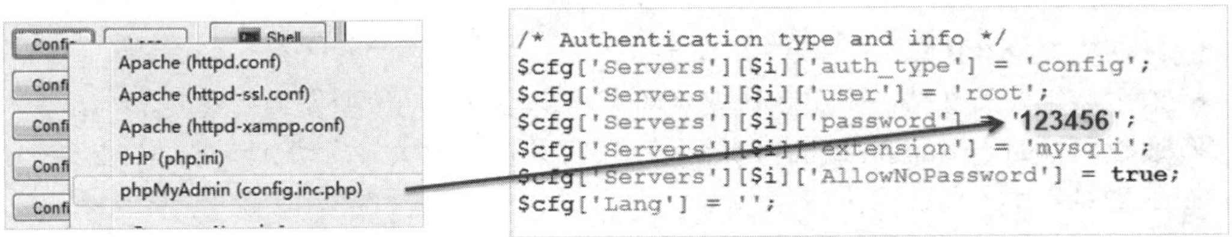

图 21-16

3．下载并安装 HBuilder

（1）下载

进入 HBuilder 官方网站首页，单击“DOWNLOAD”按钮下载 HBuilder，如图 21-17 所示。

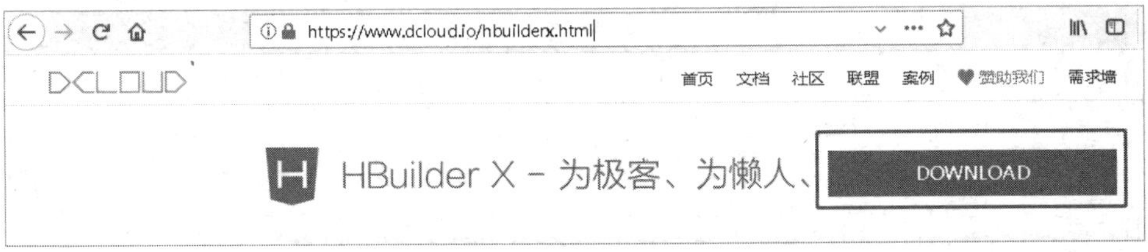

图 21-17

（2）安装

解压下载得到的 HBuilder.9.1.29.windows.zip 文件到自定义文件夹下，运行 HBuilder.exe 即可启动 HBuilder。

4．创建“淘兴趣”项目

在 HBuilder 中创建 Web 工程 interest

（1）应用逻辑处理：app。

（2）服务器请求页面：public。

目录如图 21-18 所示。

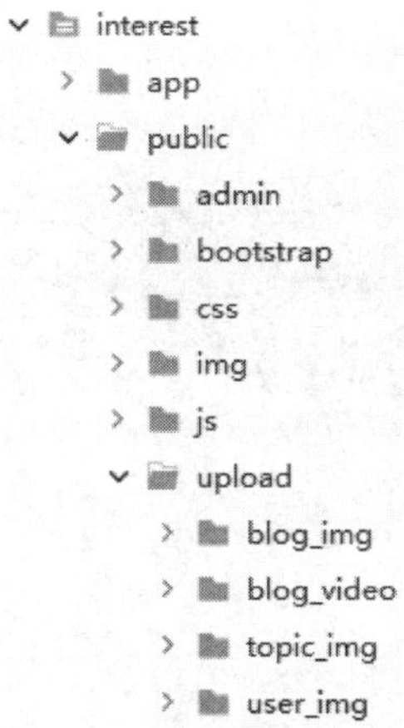

图 21-18

5. 创建数据库

数据库名为 xxxx 表，编写 SQL 脚本，在 xxxx 地方运行脚本。

以管理员表（admins）为例，创建数据库脚本，其他表的数据库脚本与此类似。

```
-- ----------------------------
-- Table structure for `admins`
-- ----------------------------
CREATE TABLE `admins` (
   `id` int(11) NOT NULL AUTO_INCREMENT,
   `account` varchar(16) NOT NULL COMMENT '6~16 位，由字母、数字和下画线组成',
   `password` varchar(32) NOT NULL COMMENT '使用 md5()加密',
   `create_time` timestamp NOT NULL DEFAULT current_timestamp(),
   `del` smallint(6) NOT NULL DEFAULT 0 COMMENT '0 表示未删除，1 表示已删除',
   PRIMARY KEY (`id`)
) ENGINE=InnoDB AUTO_INCREMENT=2 DEFAULT CHARSET=utf8;
```

6. 创建实体类

以管理员实体类为例，在/app/Admin.php 中创建 Admin 类。

（1）创建 Admin 类，定义与数据库字段对应的属性。

```
<?php
// 管理员实体类（对应表 admins）
class Admin {
  // 自增 id 字段
  private $id;
  // 管理员账号
  private $account;
  // 管理员密码
  private $password;
  // 创建时间
  private $create_time;
  // 删除标识字段
  private $del;

  // 构造函数
```

```
  // set 和 get 方法
}
```

（2）编写构造函数。

```
// 构造函数
function __construct() {
    $id = 0;
    $this -> account = "";
    $this -> password = "";
    $this -> del = 0;
}
```

（3）编写各个字段的 set 和 get 方法。

```
// set 和 get 方法
function setId($par) {
$this -> id = $par;
}
function getId() {
return $this -> id;
}
function setAccount($par) {
$this -> account = $par;
}
function getAccount() {
  return $this -> account;
}
function setPassword($par) {
  $this -> password = $par;
}
function getPassword() {
  return $this -> password;
}
function getCreateTime() {
  return $this -> create_time;
}
function setCreateTime($par) {
  return $this -> create_time = $par;
}
function setDel($par) {
  $this -> del = $par;
}
function getDel() {
  return $this -> del;
}
```

其他实体类的创建方法与此类似。

7. 创建数据库连接类

在/app/Database.php 中创建 Database 类。

（1）数据库信息。

```
<?php
/**
 * 数据库连接类
 */
class Database {
  static $host = "127.0.0.1";
```

```
  static $dbname = "interestdb";    // 数据库名
  static $user = "root";            // 数据库账号
  static $pass = "123456";          // 数据库密码
  public $conn;                     // 数据库连接

  // 数据库关闭

  // 连接数据库
}
```

（2）数据库关闭。

```
// 数据库关闭
function __destruct() {
  if ($this -> conn) {
    @$this -> conn -> close();
  }
}
```

（3）连接数据库。

```
// 连接数据库
function open() {
  // 连接数据库，@为错误抑制符
  $this -> conn = @new mysqli(self::$host, self::$user, self::$pass, 
self::$dbname);
  // 判断连接是否有错误
  if (mysqli_connect_errno()) {
    return false;
  }
  // 设置中文字符
  $this -> conn -> query("SET NAMES utf8");
  return true;
}
```

21.6　第一阶段 PHP 页面混合式：系统管理

21.6.1　PHP 页面混合式：管理员登录

1. 工作任务

此部分的工作任务为实现管理员登录功能。

（1）管理员通过输入账号和密码登录后端管理系统，登录成功之后跳转到系统管理页面。

（2）单击“退出登录”则清除管理员登录状态，并返回到登录页面。

（3）未登录的管理员不可以进入后端管理系统。

登录页面如图 21-19 所示。

图 21-19

系统管理页面如图 21-20 所示。

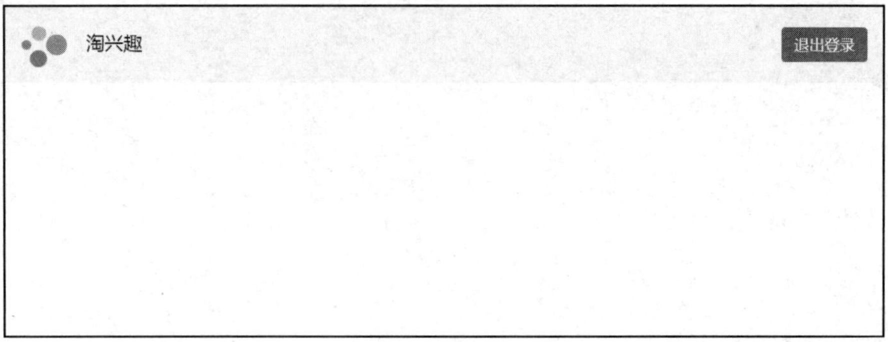

图 21-20

2．设计思路

（1）在 app 文件夹中创建 Admin.php 文件，并创建 Admin 实体类。

（2）在 app 文件夹中创建 AdminDao.php 文件，并创建管理员登录函数 login($admin)。

（3）在 public/admin 文件夹中创建 admin_login.php 动态网页，内容为一个 form 表单请求和一个错误提示信息。

（4）在 public/admin 文件夹中创建 adminLogin.php 脚本文件，调用 AdminDao.php 文件中的函数，处理请求。

登录实现流程如图 21-21 所示。

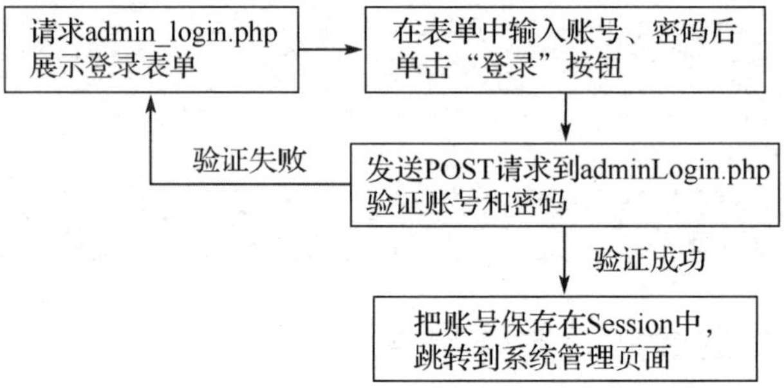

图 21-21

（5）在 public/admin 文件夹中创建系统管理页面（admin_index.php），在页头添加一个退出登录超链接，链向 adminLogin.php 脚本文件，并传入一个 msg 为“logout”的参数。

（6）在 adminLogin.php 脚本文件中判断请求方式和接收的参数，处理退出登录的业务逻辑。

退出登录实现流程如图 21-22 所示。

3．实现（跟我做）

1）创建 Admin 实体类

在 app 文件夹中创建 Admin.php 文件，对应表 admins 创建 Admin 类。

（1）创建 Admin 类，定义与数据库字段对应的属性。

（2）编写构造函数：function __construct()。

（3）编写各个字段的 set 与 get 方法。

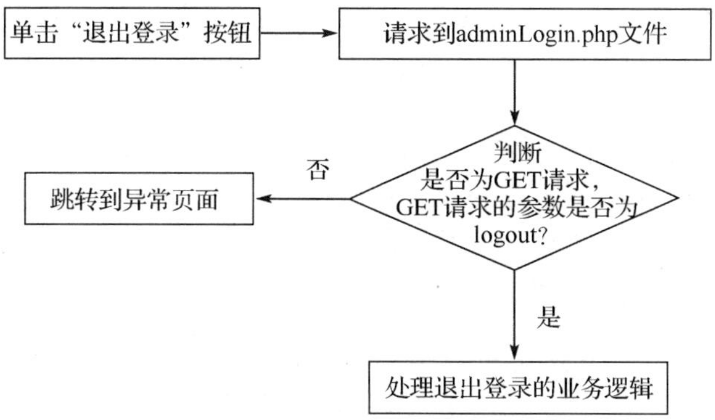

图 21-22

2）操作数据库

在 app 文件夹中创建 AdminDao.php 文件，定义管理员登录函数。

（1）在 AdminDao.php 文件中引入 Database 类和 Admin 实体类。

```
include_once __DIR__ . "/Database.php";
include_once __DIR__ . "/Admin.php";
```

（2）创建一个 admins 表数据操作类，继承 Database 基类。

```
// 创建 admins 表数据操作类
class AdminDao extends Database {

}
```

（3）在 AdminDao 类中定义管理员登录函数，根据账号和密码查询 admins 表，如果查询成功则设置管理员 id。

```
class AdminDao extends Database {
  // 管理员登录函数
  function login($admin) {
    try {
      $flag = false;
      // 连接数据库
      if ($this -> open()) {
        // 执行查询语句
        $sql = "select id from admins where account=? and password=?";
        $stmt = $this -> conn -> prepare($sql);
        $account = $admin -> getAccount();
        $password = $admin -> getPassword();
        $stmt -> bind_param("ss", $account, $password);
        $stmt -> bind_result($id);
        $stmt -> execute();
        // 获得管理员 id，将 id 值设置到 admin 对象，并返回是否登录结果
        if ($stmt -> fetch()) {
          $admin -> setId($id);
          $flag = true;
        }
        $stmt -> free_result();
      } else {
        print("open false.");
      }
      return $flag;
    } catch(Exception $e) {
      var_dump($e -> getMessage());
```

```
    }
}
```

3）登录

（1）在 public/admin 文件夹中创建登录页面（admin_login.php），创建登录表单，把输入的账号和密码提交到 adminLogin.php 文件中。

```
<form class="form" action="adminLogin.php" method="post">
    <div class="form-group p-2">
        <label for="account">账号:</label>
        <input type="text" id="account" name="account" class="form-control"
placeholder="请输入账号" required="required" />
    </div>
    <div class="form-group p-2">
        <label for="password">密码:</label>
        <input type="password" id="password" name="password" class="form-control"
placeholder="请输入密码" required="required" />
    </div>
    <div class="form-group">
        <input id="log_btn" class="mr-auto" type="submit" value="登录" />
    </div>
</form>
```

（2）在 adminLogin.php 文件中验证登录信息。

- 引入 Admin 实体类文件和操作数据库文件（AdminDao.php）。
- 判断是否为 POST 请求。
- 从表单中取值。
- 创建管理员实体类，设置账号和密码。
- 创建管理员数据操作类，调用 login()函数，验证登录信息。
- 验证成功则启动会话，将用户账号存入 Session 中，并跳转到系统管理页面（admin_index.php）。
- 验证失败则跳转到 admin_login.php 页面并返回一个 message 为"账号或密码错误"的参数。

```
<?php
include_once dirname(dirname(__DIR__)) . "/app/Admin.php";
include_once dirname(dirname(__DIR__)) . "/app/AdminDao.php";
// 判断是否为 POST 请求
if ($_SERVER["REQUEST_METHOD"] == "POST") {
    // 从表单中取值
    $account = $_POST["account"];
    $password = $_POST["password"];
    // 创建管理员实体类
    $admin = new Admin();
    $admin -> setAccount($account);
    $admin -> setPassword(md5($password));
    // 创建管理员数据操作类，验证登录信息
    $dao = new AdminDao();
    if ($dao -> login($admin)) {
        // 登录成功启动会话，并将用户的账号存入 Session 中
        session_start();
        $_SESSION["admin"] = $account;
        // 跳转到系统管理页面
        header("location:admin_index.php");
```

```
    } else {
        // 验证失败则跳转到登录页面
        header("location:admin_login.php?message=" . "账号或密码错误");
    }
}
```

（3）在 admin_login.php 文件中添加一个提示信息，如果登录信息验证失败，则将 message 为"账号或密码错误"的参数显示在页面上。

```
<p class="text-warning">
    <?php
        if (isset($_GET['message'])) {
            echo $_GET['message'];
        }
    ?>
</p>
```

页面效果如图 21-23 所示。

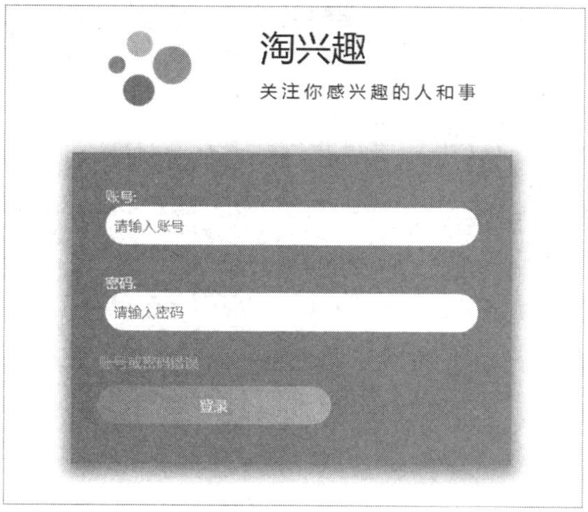

图 21-23

4）退出登录

（1）在 public/admin 文件夹中创建系统管理页面（admin_index.php），并创建页头，添加退出登录超链接，传递一个 msg 参数。

```
<header>
    <nav class="navbar navbar-expand navbar-light bg-light">
        <a class="navbar-brand" href="#">
            <img src="../img/logo.png">淘兴趣
        </a>
        <a class="btn btn-secondary ml-auto" href="adminLogin.php?msg=logout">
退出登录</a>
    </nav>
</header>
```

（2）在 admin_index.php 文件中判断是否存在 Session 值，如果不存在就跳转到登录页面。

```
<?php
    session_start();
    if (!isset($_SESSION["admin"])) {
        header("location:admin_login.php");
    }
?>
```

（3）在 adminLogin.php 文件中判断传入的 msg 的参数是否为“logout”，如果是则删除 Session 中的账号并终止 Session 会话，再跳转到登录页面。

```
if($_GET["msg"] == "logout") {
    session_start();
    unset($_SESSION["admin"]);
    session_destroy();
    header("location:admin_login.php");
}
```

页面效果如图 21-24 所示。

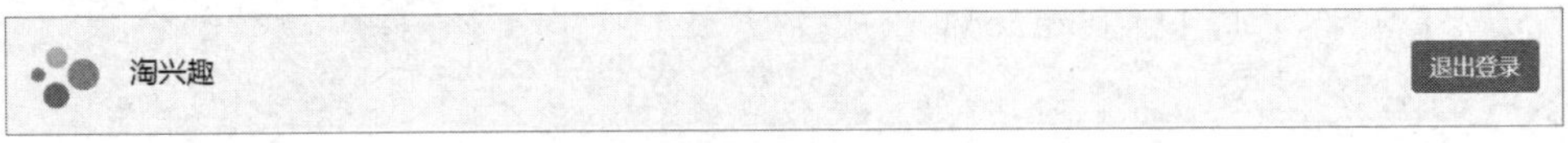

图 21-24

21.6.2 PHP 页面混合式：兴趣管理

1. 工作任务

此部分的工作任务为实现兴趣管理功能。

（1）管理员登录后可以查看兴趣。

（2）管理员登录后可以新增兴趣。

查看兴趣的页面效果如图 21-25 所示。

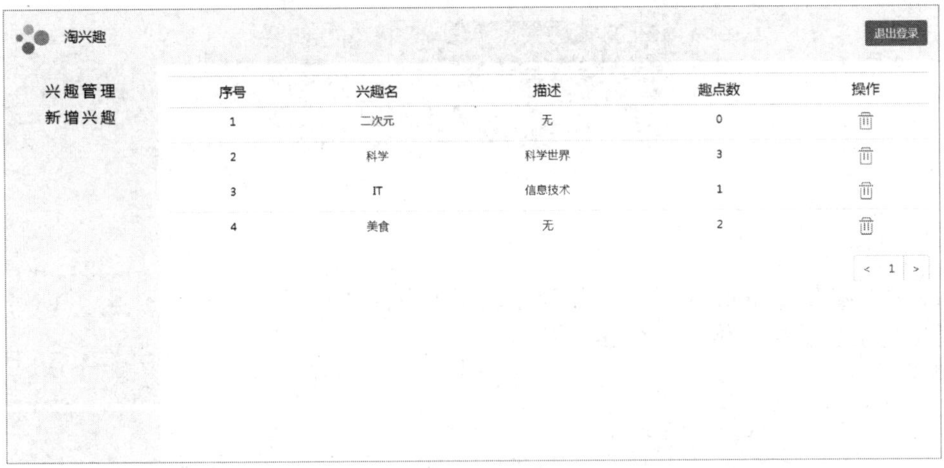

图 21-25

新增兴趣的页面效果如图 21-26 所示。

2. 设计思路

（1）在 app 文件夹中创建 Interest.php 文件，并创建 Interest 实体类。

（2）在 app 文件夹中创建 InterestDao.php 文件，编写两个操作 interests 表的函数，分别为查询兴趣列表函数 queryInterests ()和新增兴趣函数 addInterest($interest)。

（3）在 public 文件夹中创建 interest_manage.php 动态网页和 add_interest.php 动态网页。

- 在 admin_index.php 动态网页中使用 iframe 框架加载两个子页面：interest_manage.php 动态网页和 add_interest.php 动态网页。

- interest_manage.php 动态网页以表格的形式分页展示兴趣列表。
- add_interest.php 动态网页展示新增兴趣的表单，并发送请求到 addInterest.php 文件中。

图 21-26

（4）在 app 文件夹中创建 addInterest.php 文件，处理表单提交的请求。

（5）在 interest_manage.php 中通过调用 InterestDao.php 文件中的函数来获取列表数据渲染在页面中。

3．实现（跟我做）

1）制作系统管理页面

在 admin_index.php 文件基础上，新增页面正文内容。

```
<div class="container-fluid">
    <div class="row">
        <div class="left col-2 p-3 text-center bg-light">
            <a class="p-2 d-block" href="interest_manage.php?page_no=1" target=
"Iframe">兴趣管理</a>
            <a class="p-2 d-block add_title" href="add_interest.php?add=
1" target="Iframe">新增兴趣</a>
        </div>
        <div class="col-10">
            <iframe src="interest_manage.php?page_no=1" width="100%" height=
"600" name="Iframe"></iframe>
        </div>
    </div>
</div>
```

2）创建和编写 Page.php 文件

在 app 文件夹中创建 Page.php 文件。

（1）创建 Page 类，并定义字段对应的属性。

（2）编写构造函数：function __construct()。

（3）编写各个字段的 set 与 get 方法。

```
<?php
/**
 * 分页模型类
 */
class Page {
```

```
    private $page_no;             // 页数
    private $page_size;           // 每页大小
    private $total_count;         // 总记录数
    private $total_page_num;      // 总页数
    public $data;                 // 查询页的数据

    function __construct($page_size = 4) {
        $this->page_no = 1;
        $this->page_size = $page_size;
        $this->total_count = 0;
        $this->total_page_num = 0;
        $this->data = array();
    }

    function setPageNo($par) {
        $this->page_no = $par;
    }
    function getPageNo() {
        return $this->page_no;
    }
    function setTotalCount($par) {
        $this->total_count = $par;
        // 计算总页数
        $this->total_page_num = intval($this->total_count / $this->page_size);
        if($this->total_count % $this->page_size != 0) {
            $this->total_page_num ++;
        }
    }
    function getTotalCount() {
        return $this->total_count;
    }
    function getTotalPageNum() {
        return $this->total_page_num;
    }
    function add($obj) {
        array_push($this->data, $obj);
    }
    function getBeginNo() {// 获取分页第一条数据
        return ($this->page_no - 1) * $this->page_size;
    }
    function getPageSize() {
        return $this->page_size;
    }
}
```

3）分页查询兴趣列表

（1）在 app 文件夹中创建 InterestDao.php 文件，并创建数据操作类 InterestDao，然后定义函数 queryInterests()，用于操作数据库，分页查询兴趣列表。

```
<?php
include_once __DIR__ . "/Database.php";
include_once __DIR__ . "/Interest.php";

class InterestDao extends Database {
    // 分页查询兴趣列表
    function queryInterests($page) {
```

```
    if ($this -> open()) {
      // 计算总记录数
      $sql = "select count(id) as count from interests where del = 0";
      $stmt = $this -> conn -> prepare($sql);
      $stmt -> bind_result($count);
      $stmt -> execute();
      if ($stmt -> fetch()) {
        $page -> setTotalCount($count);
      }
      $stmt -> free_result();
      // 判断页数是否超过，若超过则切换到最后一页
      $total_page_num = $page -> getTotalPageNum();
      if ($total_page_num < $page -> getPageNo()) {
        $page -> setPageNo($total_page_num);
      }
      // 查询当前页的记录
      $begin_no = $page -> getBeginNo();
      $page_size = $page -> getPageSize();

      $sql = "select id,name,discribe,topic_num from interests where del = 0
order by create_time desc limit ?,?";
      $stmt = $this -> conn -> prepare($sql);
      $stmt -> bind_param("ii", $begin_no, $page_size);
          $stmt -> bind_result($id,$name,$discribe,$topic_num);
      $stmt -> execute();
      while ($stmt -> fetch()) {
        $interest = new Interest();
        $interest -> setId($id);
        $interest -> setName($name);
        $interest -> setDiscribe($discribe);
        $interest -> setTopicNum($topic_num);
        $page -> add($interest);
      }
      $stmt -> free_result();
    }
    return $page;
  }
}
```

（2）在 public 文件夹中创建 interest_manage.php 动态页面，嵌入 PHP 代码，分页展示兴趣列表。

- 引入文件。
- 判断$_GET["page_no"]的值是否为空，如果为空，说明页面不是在 admin_index.php 中打开的，则跳转到登录页面，如果不为空，则创建兴趣数据操作类，调用 InterestDao.php 的查询趣点类别函数 queryInterests($page)，获取查询到的结果。

```
<?php
include_once dirname(dirname(__DIR__)) . "/app/Interest.php";
include_once dirname(dirname(__DIR__)) . "/app/Page.php";
include_once dirname(dirname(__DIR__)) . "/app/InterestDao.php";

if ($_GET["page_no"]=="") {
   header("location:admin_login.php");
}else{
   // 创建兴趣数据操作类，查询所有兴趣
```

```
    $dao = new InterestDao();
    // 创建分页类
    $page = new Page();
    // 获取当前页的页码
    $page_no = $_GET["page_no"];
    // 设置当前页的页码
    $page->setPageNo($page_no);
    // 获取当前页第一条兴趣的序号
    $beginNo = $page->getBeginNo() + 1;
    // 获取当前页的趣点类别列表
    $interest_list = $dao -> queryInterests($page) -> data;
    // 获取总页数
    $total_page_num = $dao -> queryInterests($page) -> getTotalPageNum();
}
?>
```

- 遍历获取到的数据，渲染在页面中，一页显示 4 条。

```
<table class="table mt-3 text-center">
    <tr class="lead">
        <th>序号</th>
        <th>兴趣名</th>
        <th>描述</th>
        <th>趣点数</th>
        <th>操作</th>
    </tr>
    <?php foreach ($interest_list as $key => $value):?>
    <tr>
        <td><?php echo $beginNo++ ?></td>
        <td><?php echo $value->getName() ?></td>
        <?php if($value->getDiscribe() == ""):?>
        <td>无</td>
        <?php else:?>
        <td><?php echo $value->getDiscribe() ?></td>
        <?php endif;?>
        <td><?php echo $value->getTopicNum() ?></td>
        <td><img class="del" src="../img/del.png" width="24px"></td>
    </tr>
    <?php endforeach;?>
</table>
```

- 使用三元表达式判断当前的页数，实现分页切换。

如果当前是第一页，则“<”处于禁用状态，单击“>”，向 interest_manage.php 传入的页码数为“当前页码数+1”，进入下一页。

如果当前是最后一页，则“>”处于禁用状态，单击“<”，向 interest_manage.php 传入的页码数为“当前页码数-1”，进入上一页。

```
<nav>
    <ul class="pagination justify-content-end">
        <li class="<?=$page_no==1?"page-item disabled":"page-item"?> ">
            <a class="page-link " href=<?="interest_manage.php?page_no=
".($page_no==1?1:$page_no-1) ?> tabindex="-1"><</a>
        </li>
        <li class="page-item">
            <a class="page-link" href=<?= "interest_manage.php?page_no=
".$page_no ?>><?= $page_no ?></a>
        </li>
```

```
        <li                        class="<?=$page_no==$total_page_num?"page-item
disabled":"page-item"?> ">
            <a class="page-link" href=<?= "interest_manage.php?page_no=
".($page_no==$total_page_num?$total_page_num:$page_no+1) ?>>></a>
        </li>
    </ul>
</nav>
```

第一页页面效果如图 21-27 所示。

图 21-27

最后一页页面效果如图 21-28 所示。

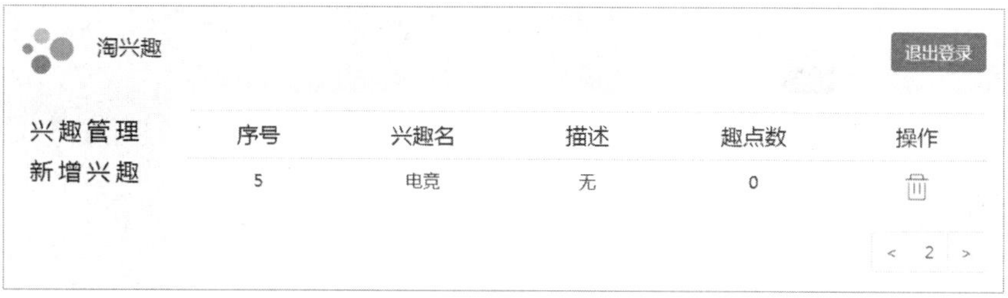

图 21-28

4）新增兴趣

（1）在 InterestDao.php 文件原有基础上，编写新增兴趣函数 addInterest($interest)，若新增数据成功则返回 true。

```
/* 新增兴趣函数 */
function addInterest($interest) {
    $flag = false;
    if ($this -> open()) {
        $sql = "insert into interests(name, discribe) values(?,?)";
        $stmt = $this -> conn -> prepare($sql);
        $name = $interest -> getName();
        $discribe = $interest -> getDiscribe();
        $stmt -> bind_param("ss", $name, $discribe);
        $stmt -> execute();
        if ($stmt -> affected_rows == 1) {
            $interest -> setId(mysqli_insert_id($this -> conn));
            $flag = true;
        }
    }
```

```
    return $flag;
}
```

（2）在 public/admin 文件夹中创建 add_interest.php 页面。

- 判断$_GET["add"]的值是否等于 1，如果不是，说明页面不是在 admin_index.php 中打开的，则跳转到登录页面，如果是，则显示新增兴趣表单。

```
<?php
if (!$_GET["add"]=="1") {
    header("location:admin_login.php");
}
?>
```

- 创建表单将兴趣名和描述提交到 addInterest.php 文件中。

```
<form class="mt-3 w-50" action="addInterest.php" method="post">
    <input type="text" class="form-control" placeholder="兴趣名" name="name"
required>
    <input type="text" class="form-control mt-3" placeholder="描述" name=
"discribe">
    <button type="submit" class="btn btn-primary mt-3" >确定</button>
</form>
```

页面效果如图 21-29 所示。

图 21-29

（3）在 public/admin 文件夹中创建 addInterest.php 文件，处理请求。

- 引入文件。
- 判断是否为 POST 请求。
- 从表单中取值。
- 创建兴趣实体类。
- 创建兴趣数据操作类，添加数据。
- 如果添加成功则跳转到系统管理页面（admin_index.php），如果请求异常则跳转到异常页面。

```
<?php
include_once dirname(dirname(__DIR__)) . "/app/Interest.php";
include_once dirname(dirname(__DIR__)) . "/app/InterestDao.php";

// 判断是否为 POST 请求
if ($_SERVER["REQUEST_METHOD"] == "POST") {
    // 从表单中取值
    $name = $_POST["name"];
    $discribe = $_POST["discribe"];

    // 创建兴趣实体类
    $interest = new Interest();
    $interest -> setName($name);
```

```
    $interest -> setDiscribe($discribe);

    // 创建兴趣数据操作类，添加数据
    $dao = new InterestDao();
    if ($dao -> addInterest($interest)) {
        // 跳转到兴趣管理页面
        header("location:interest_manage.php?page_no=1");
    }
} else {
    // 跳转到异常页面
    header("location:error.php?message=" . "请求方式错误。");
}
```

在表单中输入内容，页面效果如图 21-30 所示。

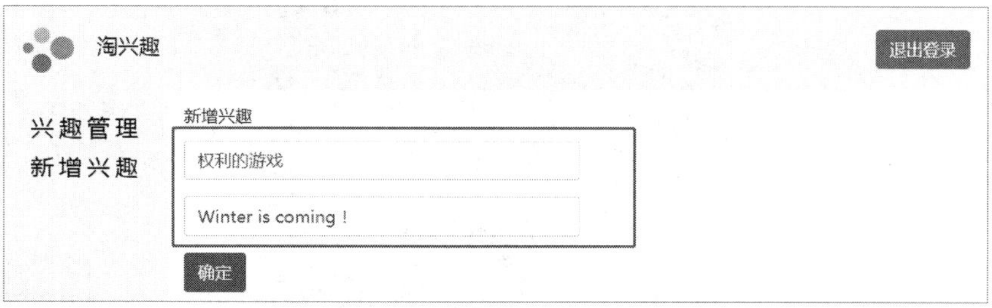

图 21-30

新增兴趣成功后，页面效果如图 21-31 所示。

图 21-31

21.7 第一阶段 PHP 页面混合式：用户注册

21.7.1 工作任务

游客访问系统，可以通过注册成为系统的用户，注册页面包含账号、密码、确认密码、性别、邮箱、昵称、手机号、头像图片和个人简介，以及注册按钮等信息，其中账号、密码、确认密码、性别和头像图片为必填项。若注册成功则跳转到登录页面；若注册失败则将在注册页面显示错误信息。

页面效果如图 21-32 所示。

图 21-32

21.7.2 设计思路

1. 页面设计

（1）注册页面：public/register.php。

使用 form 表单来请求 check_reg.php 文件以处理注册请求。由于用户输入数据中包含图片，属于文件，所以表单中要添加 enctype="multipart/form-data"，使用 POST 方式进行请求。

（2）注册处理页面：public/check_reg.php。

从$_POST 中根据表单中控件的 name 值，获得用户的基本信息：账号、密码、性别、手机号、邮箱、昵称、个人简介。从$_FILES 中获得上传的头像图片文件。调用数据库操作类的 UserDao::exists()函数判断该账号是否已存在，若存在则注册失败，返回注册页面；若不存在，则创建 User 类的实例对象，将用户的数据调用相应的 set 方法存储到属性中，并调用 UserDao::addUser()函数添加一个用户。

2. 数据处理类设计

（1）用户实体类：app/User。

用户实体类中的属性与 users 表中的字段一致，为私有属性。为每一个属性定义相应的 set 与 get 方法，set 方法用来设置值，get 方法用来取值。定义 function __contruct()函数，初始化实体类属性的值。

（2）用户操作类：app/UserDao。

定义 function exists($account)：使用 select 语句查询 users 表中 account 字段是否已存在$account。

定义 function addUser($user)：使用 insert 语句向数据库 users 表中添加一条记录。

3．文件上传

（1）在 form 表单中需要加上 enctype="multipart/form-data"。

（2）使用<input>标签的 file 类型控件。

（3）上传时从$_FILES 中获得上传的图片的信息。

（4）将临时文件移动到固定的上传文件夹（upload/user_img）中。

21.7.3　实现（跟我做）

1．创建用户实体类

创建 app/User.php 文件，对应 users 表创建 User 类。

（1）创建 User 类，定义与数据库字段对应的属性。

（2）编写构造函数：function __construct()。

（3）编写各个字段的 set 与 get 方法。

2．创建数据操作类

（1）在 app 文件夹中创建 UserDao.php 文件，编写 UserDao 类。

```
class UserDao extends Database {

}
```

（2）创建并编写 exists()函数，判断用户是否已存在。

通过 SQL 的 select 语句查询用户表（users）中是否存在该账号对应的 id，如果存在则返回 true，否则返回 false。

```
function exists($account) {
    $flag = false;
    if ($this -> open()) {
        $sql = "select id from users where account=?";
        $stmt = $this -> conn -> prepare($sql);
        $stmt -> bind_param("s", $account);
        $stmt -> execute();
        if ($stmt -> fetch()) {
            $flag = true;
        }
        $stmt -> free_result();
    } else {
        print("open false.");
    }
    return $flag;
}
```

（3）创建并编写 addUser()函数，添加用户。

通过 SQL 的 insert 语句向用户表（users）中添加一条记录，通过 User 类中的 get 方法获取注册信息，绑定参数，调用 mysqli 类的 execute()函数，添加一条记录。

```
function addUser($user) {
    $flag = false;
    if ($this -> open()) {
        $sql = "insert into users(account, password, sex,mobile,email,nickname,
image,resume) values(?,?,?,?,?,?,?,?)";
        $stmt = $this -> conn -> prepare($sql);
        $user_account = $user -> getAccount();
```

```
        $user_password = $user -> getPassword();
        ……
        $stmt -> bind_param("sssssss", $user_account, $user_password, user_sex,
$user_mobile,$user_email,$user_nickname,$user_img,$user_resume);
        $stmt -> execute();
        if ($stmt -> affected_rows == 1) {
            $flag = true;
        }
        $stmt -> free_result();
    }
    return $flag;
}
```

3. 创建注册页面

（1）在 public 文件夹中创建 register.php 文件。

（2）注册表单。

根据数据库 users 表中的字段信息，在注册页面（register.php）创建表单。

enctype 属性规定了在发送到服务器之前应该如何对表单数据进行编码，在使用包含文件上传控件的表单时，必须设置 enctype 的值为"multipart/form-data"。

```
<form class="form" method="post" action="check_reg.php"  enctype="multipart/
form-data">
    <div class="form-group d-flex align-items-center">
        <label for="account">账号</label>
        <input id="account" name="account" type="text" class="form-control"
placeholder="请输入账号" required="required" />
    </div>
    <div class="form-group d-flex align-items-center">
        <label for="password">密码</label>
        <input id="password" name="password" class="form-control" type="password"
placeholder="请输入密码" required="required"/>
    </div>
    <div class="form-group d-flex align-items-center">
        <label for="re_password">确认密码</label>
        <input id="re_password" class="form-control" type="password" placeholder=
"请再次输入密码" required="required"/>
    </div>
    <div class="form-group d-flex align-items-center">
        <label>性别</label>
        <label class="radio-inline">
            <input type="radio" name="sex" id="man" value="0" checked>男
        </label>
        <label class="radio-inline">
            <input type="radio" name="sex" id="wom"  value="1"> 女
        </label>
    </div>
    <div class="form-group d-flex align-items-center">
        <label for="email">邮箱</label>
        <input id="email" name="email" class="form-control" type="email"
placeholder="请输入邮箱"/>
    </div>
    <div class="form-group d-flex align-items-center">
        <label for="nickname">昵称</label>
        <input id="nickname" name="nickname" class="form-control" type="text"
placeholder="请输入昵称"/>
```

```
    </div>
    <div class="form-group d-flex align-items-center">
        <label for="mobile">手机号</label>
        <input id="mobile" name="mobile" class="form-control" type="text"
placeholder="请输入手机号"/>
    </div>
    <div class="form-group d-flex align-items-center">
        <label for="img">头像图片</label>
        <input id="img" name="img" class="form-control" type="file" accept=
"image/*" required="required"/>
    </div>
    <div class="form-group d-flex align-items-center">
        <label for="resume">个人简介</label>
        <textarea id="resume" name="resume" class="form-control" type="text"
placeholder="个人简介"></textarea>
    </div>
    <div class="form-group">
        <input id="reg_btn" type="submit" value="注册" />
    </div>
</form>
```

（3）注册错误信息。

增加一个段落标签，当注册失败时，显示返回的错误信息。

```
<p>
    <?php
        if(isset($_GET['message'])){
            echo $_GET['message'];
        }
    ?>
</p>
```

4. 处理注册请求

在 public 文件夹中创建 check_reg.php 文件，处理注册请求。

（1）导入文件。

```
<?php
include_once dirname(__DIR__) . "/app/user.php";
include_once dirname(__DIR__) . "/app/userDao.php";
include_once dirname(__DIR__) . "/app/Code.php";
```

（2）判断$_SERVER["REQUEST_METHOD"]变量的值是否为 POST，从$_POST 中获取用户在注册页面中填写的表单数据。

```
if ($_SERVER["REQUEST_METHOD"] == "POST") {
    // 从表单中取值
    $account = $_POST["account"];
    $password = $_POST["password"];
    $sex = $_POST["sex"];
    $mobile = $_POST["mobile"];
    $email = $_POST["email"];
    $nickname = $_POST["nickname"];
    $resume = $_POST["resume"];
    // 获得上传的文件
    if ($_FILES["img"]["error"] > 0) {
        $result["code"] = Code::UPLOAD_FAILED;
        $result["message"] = "上传失败!";
        return $result;
```

```
    }
    $image_path = __DIR__ . "/upload/user_img/" . $_FILES["img"]["name"];
    move_uploaded_file($_FILES["img"]["tmp_name"], $image_path);
    $img= "upload/user_img/" . $_FILES["img"]["name"];
    // 创建用户实体类
    $user = new User();
    $user -> setAccount($account);
    $user -> setPassword(md5($password));
    $user -> setSex($sex);
    $user -> setMobile($mobile);
    $user -> setEmail($email);
    $user -> setNickname($nickname);
    $user -> setImg($img);
    $user -> setResume($resume);
    // 查询用户是否已存在
}
```

（3）创建 UserDao 类的实例对象，调用 exists()函数，验证用户是否已存在，若不存在则调用 addUser()函数添加用户，注册成功后跳转到登录页面。

```
// 查询用户是否已存在
$result["code"] = Code::OK;
$dao = new UserDao();

if ($dao -> exists($account) == True) {
    header("location:register.php?message=该账号已存在!");
}// 若用户不存在，则添加用户
else if (!$dao -> addUser($user)) {
    header("location:register.php?message=用户注册失败!");
}else{
    header("location:login.php");
}
```

21.8 第一阶段 PHP 页面混合式：用户登录

21.8.1 工作任务

已注册的用户可以通过登录来进入系统，登录成功后进入个人中心页面，登录失败则在登录页面显示错误信息。登录页面效果如图 21-33 所示。

图 21-33

21.8.2　设计思路

1. 页面设计

（1）登录页面：public/login.php。

使用 form 表单来请求 check_login.php 文件处理登录请求，使用 POST 方式进行请求。

（2）登录处理页面：public/check_login.php。

验证$_SERVER["REQUEST_METHOD"]变量的值是否为 POST，如果是 POST，则表示当前请求为登录请求。

从$_POST 中根据表单中控件的 name 值，获得用户的账号（account）和密码（password）。调用数据库操作类的函数 UserDao::checkLogin()验证用户的账号和密码。若验证成功，则调用 session_start()函数启动会话，向$_SESSION 中设置 user_id 的元素并保存当前用户的 id。若验证失败则跳转到登录页面。

2. 数据处理类设计

（1）用户实体类：app/User。

（2）用户操作类：app/UserDao。

定义 function checkLogin($user)：查询 users 表中 account 和 password 字段是否和传入的$user 对象中的值相同，若相同则返回 true，若不同则返回 false。

21.8.3　实现（跟我做）

1. 创建登录页面

（1）在 public 文件夹中创建 login.php 文件。

（2）登录表单。

用户填写账号和密码，进行登录。

```
<form class="form" action="check_login.php" method="post">
    <div class="form-group p-2">
        <label for="account">账号: </label>
        <input type="text" id="account" name="account" class="form-control" 
placeholder="请输入账号" required="required" />
    </div>
    <div class="form-group p-2">
        <label for="password">密码: </label>
        <input type="password" id="password" name="password" class="form-
control" placeholder="请输入密码" required="required" />
    </div>
    <div class="form-group p-2 d-flex align-items-center">
        <input id="log_btn" class="mr-auto" type="submit" value="登录" />
        <a id="to_register" href="register.html">注册</a>
    </div>
</form>
```

（3）登录错误信息。

增加一个段落标签，当登录失败时，显示返回的错误信息。

```
<p>
    <?php
        if(isset($_GET['message'])){
            echo $_GET['message'];
```

```
        }
    ?>
</p>
```

2．操作数据库

在 app 文件夹中的 UserDao.php 文件基础上，新增 checkLogin()函数，处理登录请求，并验证账号与密码。

```
// 处理登录请求，并验证账号与密码
function checkLogin($user) {
    $flag = false;
    if ($this -> open()) {
        $sql = "select id from users where account=? and password=?";
            $stmt = $this -> conn -> prepare($sql);
            $account = $user -> getAccount();
            $password = $user -> getPassword();
            //bind_param()函数绑定了 SQL 语句中的参数，且告诉数据库参数的值，“s”字符
告诉数据库该参数为字符串
            $stmt -> bind_param("ss", $account, $password);
            // 绑定查询结果
            $stmt->bind_result($id);
            // 执行 SQL 语句
            $stmt -> execute();
            // 获得执行结果
            if ($stmt -> fetch()) {
                $flag = true;
                $user->setId($id);
            }
            $stmt -> free_result();
    } else {
        print("open false.");
    }
    return $flag;
}
```

3．处理登录请求

在 public 文件夹中创建 check_login.php 文件，处理登录请求。

（1）导入文件。

```
<?php
include_once dirname(__DIR__) . "/app/user.php";
include_once dirname(__DIR__) . "/app/userDao.php";
include_once dirname(__DIR__) . "/app/Code.php";
```

（2）获取登录页面用户填写的表单数据，创建用户实体类。

```
// 判断是否为 POST 请求
if ($_SERVER["REQUEST_METHOD"] == "POST") {
    // 从表单中取值
    $account = $_POST["account"];
    $password = $_POST["password"];

    // 创建用户实体类
    $user = new User();
    $user -> setAccount($account);
    $user -> setPassword(md5($password));

    // 查询用户是否已存在
}
```

（3）查询用户是否已存在，若登录成功则将用户的账号信息存入 Session 中，并跳转到个人中心页面；若登录失败则返回错误信息，显示在登录页面。

```
// 查询用户是否已存在
$result["code"] = Code::OK;
$dao = new UserDao();
// 检查登录信息
if ($dao -> checkLogin($user)) {
    // 登录成功启动会话，并将用户的账号存入 Session
    session_start();
    $_SESSION["user_id"] = $user ->getId();
    // 跳转到个人中心页面
    header("location:user_center.php");
} else {
    // 请求异常跳转到登录页面并显示错误信息
    header("location:login.php?message=账号或密码错误");
}
```

21.9 第一阶段 PHP 页面混合式：个人中心

21.9.1 工作任务

（1）用户登录成功后进入个人中心页面，页头下拉列表框处显示用户账号，页面效果如图 21-34 所示。

图 21-34

（2）展开下拉列表框，选择“登出”，将清除用户登录信息，跳转到登录页面，页面效果如图 21-35 所示。

图 21-35

（3）个人中心页面显示用户头像和用户名，页面效果如图 21-36 所示。

图 21-36

（4）个人中心页面使用 iframe 框架内嵌两个子页面，“我的主页”显示用户个人资料，页面效果如图 21-37 所示。

图 21-37

21.9.2 设计思路

1. 页面设计

（1）页头：public/header.php。

判断$_SESSION 中是否包含 user_id 的元素，若不包含，表示当前用户未登录，则显示登录按钮；若包含，则创建 UserDao 类的实例对象，调用 searchById()函数查询用户的详细信息，得到$user 对象。页面中显示用户的账号，并显示下拉列表框。

- “个人中心”的 href 设为 user_center.php。
- “我的趣点”的 href 设为 my_topic.php。
- “我的微博”的 href 设为 my_blogs.php。
- “登出”的 href 设为 check_login.php?method=8。

（2）个人中心页面：public/user_center.php。

判断$_SESSION 中是否包含 user_id 的元素，若不包含，表示当前用户未登录，则显示登录按钮；若包含，则创建 UserDao 类的实例对象，调用 searchById()函数查询用户的详细信息，得到$user 对象。页面中显示用户的账号和头像图片。

- “我的主页”的 href 设为 user_index.php。
- “关注趣点”的 href 设为 follow_topic.php。

（3）登录处理页面：public/check_login.php。

验证$_SERVER["REQUEST_METHOD"]变量的值是否为 GET，如果为 GET，则表示当前请求是登出请求。启动会话，调用 unset()函数清除$_SESSION 中的 user_id 元素，并调用 session_destroy()函数注销当前会话，返回到登录页面。

（4）我的主页：public/user_index.php。

判断$_SESSION 中是否包含 user_id 的元素，若不包含，表示当前用户未登录，则显示登录按钮；若包含，则创建 UserDao 类的实例对象，调用 searchById()函数查询用户的详细信息，得到$user 对象。页面中显示用户的账号、性别（0 为男，1 为女）、手机号、邮箱、昵称和个人简介。

2. 数据处理类设计

（1）用户实体类：app/User。

（2）用户操作类：app/UserDao。

定义 function searchById($user_id)：查询 users 表中 id 值为$user_id 的记录。

21.9.3 实现（跟我做）

1．修改导航栏信息

（1）在页头文件（header.php）中，导入相关的 php 文件。

（2）初始化 Session，如果$_SESSION["user_id"]变量中存在用户的 id 信息，则表示用户已经登录，然后调用 searchById()函数，根据 id 值查询 users 表中该用户的全部信息。

```
<?php
    include_once dirname(__DIR__) . "/app/user.php";
    include_once dirname(__DIR__) . "/app/userDao.php";
    include_once dirname(__DIR__) . "/app/Code.php";
    session_start();
    if (!isset($_SESSION["user_id"])) {
        $user=null;
    }else{
    $dao=new userDao();
        $user=$dao->searchById($_SESSION["user_id"]);
    }
?>
```

（3）当用户登录后，使用 header.php 文件获取 Session，得到用户账号，并显示在下拉列表框上。

```
<?php if($user!=null){?>
<button class="btn btn-secondary dropdown-toggle" type="button" id="dropdown"
data-toggle="dropdown">
    <?php echo $user->getAccount();?>
</button>
<div class="dropdown-menu dropdown-menu-right">
    <a class="dropdown-item" href="user_center.php">个人中心</a>
    <a class="dropdown-item" href="my_topic.php">我的趣点</a>
    <a class="dropdown-item" href="my_blogs.php">我的微博</a>
    <a class="dropdown-item" href="check_login.php">登出</a>
</div>
<?php } ?>
```

（4）若用户没有登录，则显示登录按钮。

```
<?php if($user==null){?>
<a class="btn btn-secondary" href="login.php" >登录</a>
<?php } ?>
```

2．获取登录用户的信息

在原有的 UserDao.php 基础上，新增 searchById()函数，根据传递的用户 id，查询并返回用户信息。

```
// 通过 id 查询单个用户信息
function searchById($user_id){
    $user = null;
    if ($this -> open()) {
        $sql  =  "select  account,sex,mobile,email,nickname,image,resume  from
users where id=?";
        $stmt = $this -> conn -> prepare($sql);
```

```
        $stmt -> bind_param("i", $user_id);
        // 绑定查询结果
        $stmt->bind_result($user_account,$user_sex,$user_mobile,$user_email,
$user_nickname,$user_img,$user_resume);
        $stmt -> execute();
        if ($stmt -> fetch()) {
            $user = new User();
            $user -> setId($user_id);
            $user -> setAccount($user_account);
            $user -> setSex($user_sex);
            $user -> setMobile($user_mobile);
            $user -> setEmail($user_email);
            $user -> setNickname($user_nickname);
            $user->setImg($user_img);
            $user->setResume($user_resume);
        }
        $stmt -> free_result();
    } else {
        print("open false.");
    }
    return $user;
}
```

3. 获取头像和用户账号

（1）在个人中心页面（user_center.php）导入文件，初始化 Session。

（2）如果用户已经登录，则调用 searchById()函数，根据 id 查询该用户的全部信息；如果用户未登录，则跳转到登录页面，不进入个人中心页面。

```
<?php
include_once dirname(__DIR__) . "/app/user.php";
include_once dirname(__DIR__) . "/app/userDao.php";
include_once dirname(__DIR__) . "/app/Code.php";
session_start();
if (!isset($_SESSION["user_id"])) {
    header("location:login.php");
}else{
    $dao=new userDao();
    $user=$dao->searchById($_SESSION["user_id"]);
}
?>
```

（3）根据查询到的用户全部信息，将用户账号和头像显示在页面中。

```
<!-- 头像背景 -->
<div class="user_info pt-5 text-center w-100">
    <!-- 头像 -->
    <div class="user_img m-auto">
        <img src="<?php echo $user->getImg()?>" class="img-thumbnail
rounded-circle">
    </div>
    <!-- 用户账号 -->
    <div class="lead text-white mt-4">
        <?php echo $user->getAccount();?>
    </div>
</div>
```

4. 显示用户详细信息

（1）个人中心页面（user_center.php）使用 iframe 框架制作 tab 标签，内嵌了两个子页面，其中默认显示我的主页（user_index.php）。

（2）导入文件，初始化 Session，并判断用户是否登录。

```
<?php
include_once dirname(__DIR__) . "/app/user.php";
include_once dirname(__DIR__) . "/app/userDao.php";
include_once dirname(__DIR__) . "/app/Code.php";
session_start();
if (!isset($_SESSION["user_id"])) {
    header("location:login.php");
} else {
    $dao = new userDao();
    $user = $dao -> searchById($_SESSION["user_id"]);
}
?>
```

（3）在 user_index.php 中，显示用户的详细信息。

```
<div class="card">
    <h5 class="pt-4 pl-4"> 个人资料 </h5>
    <div class="card m-4">
        <div class="card-body">
            <p>账号: <?php echo $user -> getAccount();?></p>
            <p>性别: <?php echo $user -> getSex() == 0 ? "男" : "女";?></p>
            <p>手机号: <?php echo $user -> getMobile();?></p>
            <p>邮箱: <?php echo $user -> getEmail();?></p>
            <p>昵称: <?php echo $user -> getNickname();?></p>
            <p>个人简介: <?php echo $user->getResume();?></p>
        </div>
    </div>
</div>
```

5. 登出

（1）修改 header.php 中下拉列表框“登出”的链接路径。

```
<a class="dropdown-item" href="check_login.php?method=8">登出</a>
```

（2）在 check_login.php 中使用$_GET 获取链接中 method 参数的值，如果和设置的 LOGOFF 值相等，则执行登出操作：释放$_SESSION["user_id"]变量，销毁 Session，然后跳转到登录页面。

```
if($_GET["method"] ==Code::LOGOFF) {
    session_start();
    unset($_SESSION["user_id"]);
    session_destroy();
    header("location:login.php");
}
```

21.10　第一阶段 PHP 页面混合式：首页

21.10.1　工作任务

淘兴趣系统的首页，分为兴趣列表和趣点列表两部分，页面效果如图 21-38 所示。

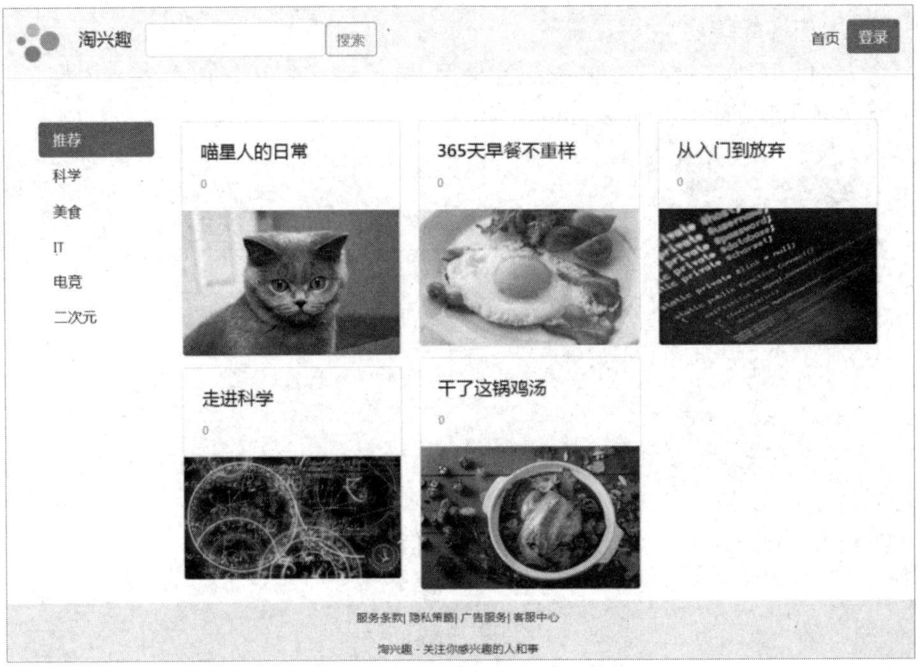

图 21-38

（1）左侧为兴趣列表，显示包含趣点数最高的前 5 个类别，页面效果如图 21-39 所示。

图 21-39

（2）右侧为趣点列表，当选择某一个兴趣后，显示该兴趣下订阅数最高的前 6 个趣点。页面效果如图 21-40 所示。

图 21-40

21.10.2　设计思路

1．页面设计

首页：public\index.php。

在页头编写 PHP 脚本，创建 InterestDao 类的实例对象，调用 searchTop()函数查询趣点数排名前 5 的兴趣列表（$interests）。

判断$_GET 中 interest_id 的参数值是否存在，若存在，则作为$interest_id 的值，否则默认值为 0。创建 TopicDao 类，调用 searchTopByid()函数，查询该兴趣的前 6 条记录（$topics）。

使用 foreach 遍历$interests 来实现在页面中显示兴趣列表的效果。

使用 foreach 遍历$topics 来实现在页面中显示趣点列表的效果。

2．数据处理类设计

（1）兴趣实体类：app\Interest。

兴趣实体类中的属性与 interests 表中的字段一致，为私有属性。为每一个属性定义相应的 set 与 get 方法，set 方法用来设置值，get 方法用来取值。定义 function __contruct()函数，初始化实体类属性的值。

（2）兴趣操作类：app\InterestDao。

定义 function searchTop($num)函数：查询 interests 表中的记录，按 topic_num 值降序排列，取出前$num 条记录。

（3）趣点实体类：app\Topic。

趣点实体类中的属性与 topics 表中的字段一致，为私有属性。为每一个属性定义相应的 set 与 get 方法，set 方法用来设置值，get 方法用来取值。定义 function __contruct()函数，初始化实体类属性的值。

（4）趣点操作类：app\TopicDao。

定义 function searchTopByid($interest_id, $num) 函数：查询 topics 表中的记录，根据 interest_id 值进行查询，按 subscripe_num 值降序排列，取出前$num 条记录。

21.10.3　实现（跟我做）

1．创建趣点类

创建 app\Topic.php 文件，编写 Topic 类。

2．获取兴趣信息

（1）在 public 文件夹中创建 index.php 页面，导入文件。

（2）调用 searchTop()函数，获取趣点数排名前 5 的兴趣列表。

（3）声明一个默认值为 0 的变量$interest_id，将当前选中的兴趣的 id 赋值给该变量。

```
<?php
include_once dirname(__DIR__) . "/app/Interest.php";
include_once dirname(__DIR__) . "/app/InterestDao.php";
include_once dirname(__DIR__) . "/app/Topic.php";
include_once dirname(__DIR__) . "/app/topicDao.php";
include_once dirname(__DIR__) . "/app/Code.php";
// 获取趣点数排名前 5 的兴趣列表
$interest_dao=new InterestDao();
$interests=$interest_dao->searchTop(5);
// 将当前选中的兴趣的 id 赋值给$interest_id 变量，默认值为 0
$interest_id=0;
if(isset($_GET["interest_id"])){
    $interest_id=$_GET["interest_id"];
}
?>
```

（4）在 app 文件夹中的 InterestDao.php 文件基础上，新增 searchTop($num)函数，根据传递的数量参数，查询趣点数排名前 *n* 的兴趣列表。

```
function searchTop($num){
    $interests = array();
    if ($this -> open()) {// 连接数据库
        $sql = "select id,name from interests order by topic_num desc limit ?";
        $stmt = $this -> conn -> prepare($sql);
        $stmt -> bind_param("i", $num);                    // 绑定 SQL 的参数
        $stmt->bind_result($interest_id,$interest_name);   // 绑定查询结果
        $stmt -> execute();
        while ($stmt -> fetch()) {                         // 遍历查询结果集
            $interest=new interest();                      // 创建兴趣对象
            $interest -> setId($interest_id);
            $interest -> setName($interest_name);
            array_push($interests, $interest);       // 将对象放入结果集数组中
        }
        $stmt -> free_result();
    } else {
        print("open false.");
    }
    return $interests;
}
```

3．生成兴趣列表

遍历查询出来的兴趣数组，生成兴趣列表并显示在首页（index.php），列表项超链接增加 interest_id 参数，值为对应类别的 id。

```
<div class="nav flex-column nav-pills">
    <a class="nav-link <?php if($interest_id==0){echo "active";} ?>" href=
"index.php?interest_id=0">推荐</a>
    <?php
        // 遍历查询出来的兴趣数组
        for ($i=0; $i<count($interests); $i++){
            $interest=$interests[$i];
    ?>
    <a  class="nav-link  <?=$interest_id==$interest->getId()?"active":""?>"
href="index.php?interest_id=<?=$interest->getId()?>">
        <?php echo $interest->getName() ?>
    </a>
    <?php } ?>
</div>
```

4．获取趣点信息

（1）在 index.php 页面调用 searchTopByid()函数，获取当前选中的兴趣中订阅量排名前 6 的趣点。

```
$topic_dao=new topicDao();
$topics=$topic_dao->searchTopByid($interest_id,6);
```

（2）在 app 文件夹中创建 topicDao.php 文件，定义 searchTopByid()函数，根据所属兴趣 id 和数量参数，查询订阅量排名前 *n* 的趣点。

```
<?php
include_once __DIR__ . "/Database.php";
include_once __DIR__ . "/Topic.php";

// 趣点数据操作类
class TopicDao extends Database {
    function searchTopByid($interest_id,$num){
    // 结果集数组
        $topics = array();
        // 连接数据库
        if ($this -> open()) {
            // 当兴趣 id 值为默认值“0”时，则查询所有趣点，按关注数量排序，取前 n 个
            if($interest_id==0){
                $sql = "select id,name,image,subscripe_num from topics order by
subscripe_num desc limit ?";
                $stmt = $this -> conn -> prepare($sql);
                $stmt -> bind_param("i", $num);
            }else{// 当兴趣 id 值不为“0”时，则查询对应兴趣的所有趣点，按关注数量排序，
取前 n 个
                $sql = "select id,name,image,subscripe_num from topics where
interest_id=? order by subscripe_num desc limit ?";
                $stmt = $this -> conn -> prepare($sql);
                $stmt -> bind_param("ii",$interest_id, $num);
            }
            // 绑定查询结果

    $stmt->bind_result($topic_id,$topic_name,$topic_image,$subscripe_num);
```

```
            $stmt -> execute();
            while ($stmt -> fetch()) {
                // 创建趣点对象
                $topic=new Topic();
                $topic -> setId($topic_id);
                $topic -> setName($topic_name);
                $topic -> setImage($topic_image);
                $topic -> setSubscripe_num($subscripe_num);
                // 将趣点对象放入结果集数组中
                array_push($topics, $topic);
            }
            $stmt -> free_result();
        } else {
            print("open false.");
        }
        return $topics;
    }
}
```

5. 生成趣点列表

遍历查询出来的趣点数组，生成趣点列表并显示在首页（index.php），列表项超链接增加 topic_id 参数，值为对应趣点的 id。

```
<div class="card-columns">
    <?php
        // 遍历选中的兴趣中查询出来的趣点数组
        for ($i=0; $i<count($topics); $i++){
            $topic=$topics[$i];
    ?>
    <div class="card">
        <a href="show_topic.php?topic_id=<?=$topic->getId()?>">
            <div class="card-body">
                <h5 class="card-title"><?php echo $topic->getName() ?></h5>
                <small class="text-muted"><?php echo $topic->getSubscripe_
num() ?></small>
            </div>
            <img class="card-img-bottom" src="<?php echo $topic->getImage() ?>">
        </a>
    </div>
    <?php } ?>
</div>
```

21.11 第一阶段 PHP 页面混合式：趣点管理

21.11.1 PHP 页面混合式：创建趣点

1. 工作任务

用户登录后进入个人中心页面，单击“创建趣点”进入创建趣点页面。页面包含兴趣列表、趣点名、内容和图片文件，趣点名为必填项。单击“提交”按钮后，创建 1 条兴趣记录。页面效果如图 21-41 所示。

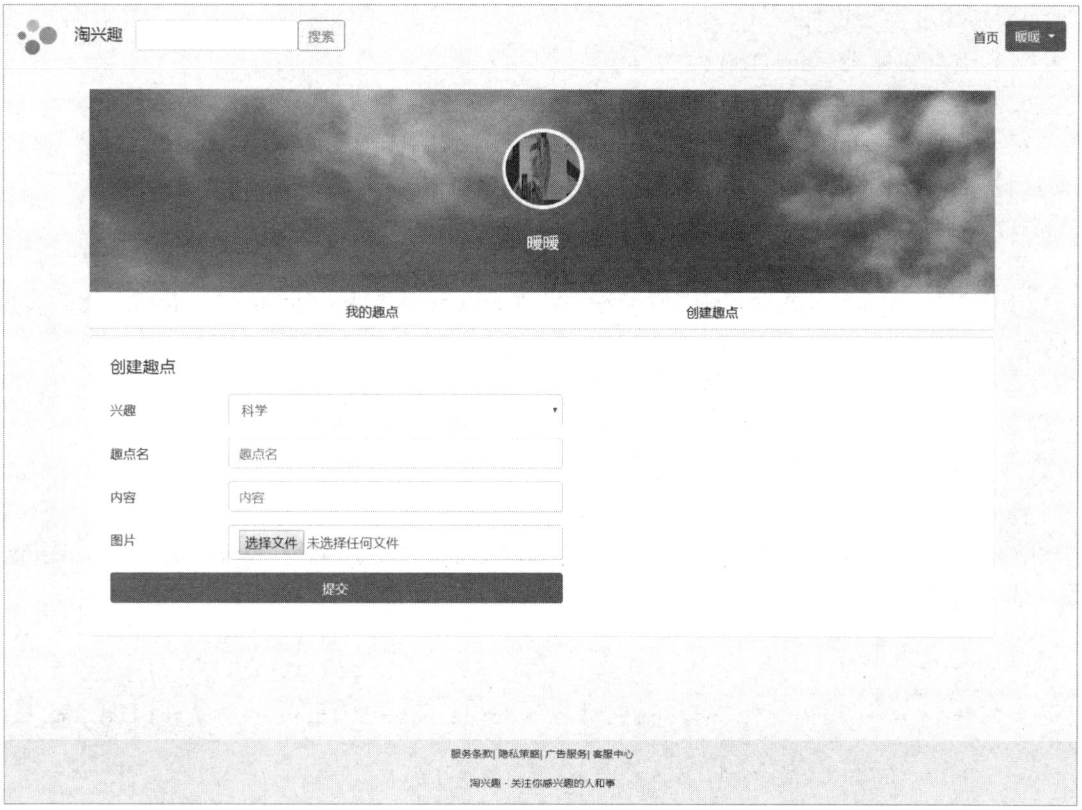

图 21-41

2．设计思路

1）页面设计

（1）创建趣点页面：public\create_topic.php。

由于创建趣点页面需要用户登录，所以需要在文件头调用 require()函数导入 auth_user.php 文件，验证用户是否已登录。

创建 InterestDao 类的实例对象，调用 queryAll()函数查询所有的兴趣列表（$interests）。

在页面表单中，兴趣字段使用 foreach 显示 select 控件，将$interests 中的 id 与 name 作为 option 的值和内容。

定义表单方法，请求 addTopic.php 文件添加趣点，由于趣点中包含图像文件，所以表单中需要添加 enctype="multipart/form-data"属性，方法为 POST。

（2）添加趣点处理页面：public\addTopic.php。

从$_POST 中获得兴趣、趣点名、内容，从$_FILES 中获得上传的图片文件。创建 Topic 类的实例对象，保存趣点属性值，从$_SESSION 中取得 user_id 值。创建 TopicDao 类的实例对象，调用 addTopic()函数，添加趣点。

（3）验证用户登录状态：public\auth_user.php。

判断$_SESSION 中是否包含 user_id 的元素，若不包含，表示当前用户未登录，则显示登录按钮；若包含，则创建 UserDao 类的实例对象，调用 searchById()函数查询用户的详细信息，得到$user 对象。

2）数据处理类设计

（1）趣点实体类：app\Topic。

（2）趣点操作类：app\TopicDao。

定义 function addTopic($topic)函数：向 topics 表中添加 1 条趣点记录。

（3）兴趣操作类：app\InterestDao。

定义 public function queryAll()函数：查询 interests 表中所有的记录。

3）文件上传

（1）使用<input>标签的 file 类型控件，设置 accept 属性值为 image*，限制上传的文件为图片。

（2）上传时从$_FILES 中获得上传的图片文件。

（3）将临时文件移动到固定的上传文件夹（upload/topic_img）中。

3. 实现（跟我做）

1）添加趣点

在原有 TopicDao.php 文件基础上，创建 addTopic()函数，调用 mysqli 类的 execute()函数，插入 1 条记录。

```
function addTopic($topic) {
    $flag = false;
    if ($this -> open()) {
        $sql = "insert into topics(interest_id,user_id,name, discribe,image)
values(?,?,?,?,?)";
        $stmt = $this -> conn -> prepare($sql);
        $interest_id = $topic -> getInterest_id();
        $user_id = $topic -> getUser_id();
        $name = $topic -> getName();
        $discribe = $topic -> getDiscribe();
        $image=$topic->getImage();
        $stmt -> bind_param("iisss", $interest_id, $user_id,$name, $discribe,
$image);
        $stmt -> execute();
        if ($stmt -> affected_rows == 1) {
            $flag = true;
        }
        $stmt -> free_result();
    }
    return $flag;
}
```

2）编写创建趣点页面

（1）在 public 文件夹中创建 create_topic.php 文件。

（2）查询兴趣列表。

- 在 app\InterestDao.php 文件中，新增 InterestDao::queryAll()函数，查询兴趣列表。

```
// 查询所有兴趣
function queryAll (){
    // 连接数据库
    if ($this -> open()) {
        // 执行查询语句
        $sql = "select id,name,discribe,topic_num from interests where del = 0";
        $stmt = $this -> conn -> prepare($sql);
        $stmt -> bind_result($id,$name,$discribe,$topic_num);
```

```
        $stmt -> execute();
        $interests = array();
        while ($stmt -> fetch()) {
            $interest = new Interest();
            $interest -> setId($id);
            $interest -> setName($name);
            $interest -> setDiscribe($discribe);
            $interest -> setTopicNum($topic_num);
            array_push($interests, $interest);
        }
        $stmt -> free_result();
    }
    return $interests;
}
```

- 在 create_topic.php 文件中，导入 InterestDao.php 文件，创建 InterestDao 类的实例对象，调用 queryAll()函数。

```
<?php
include_once dirname(__DIR__) . "/app/InterestDao.php";
$dao = new InterestDao();
$interests = $dao->queryAll();
?>
```

（3）编写表单，action 的值为 addTopic.php，method 的值为 post，因为需要上传图片，所以需在 form 表单中添加 enctype="multipart/form-data"。

```
<form class="m-4 w-50" action="addTopic.php" method="post" enctype="multipart/
form-data">
    <div class="form-group row">
        <label for="iid" class="col-3 col-form-label">兴趣</label>
        <div class="col-9">
            <select class="form-control" id="iid" name="iid">
            <?php foreach ($interests as $interest):?>
                <option value="<?php echo $interest->getId();?>">
                    <?php echo $interest->getName(); ?>
                </option>
            <?php endforeach;?>
            </select>
        </div>
    </div>
    <div class="form-group row">
        <label for="name" class="col-3 col-form-label">趣点名</label>
        <div class="col-9">
            <input type="text" class="form-control" id="name" name="name"
placeholder="趣点名">
        </div>
    </div>
    <div class="form-group row">
        <label for="discribe" class="col-3 col-form-label">内容</label>
        <div class="col-9">
            <input type="text" class="form-control" id="discribe" name=
"discribe" placeholder="内容"/>
        </div>
    </div>
    <div class="form-group row">
        <label for="image" class="col-3 col-form-label">图片</label>
        <div class="col-9">
```

```
            <input type="file" class="form-control" id="image" name="image"
accept="image/*"/>
        </div>
    </div>
    <div class="form-group">
        <button type="submit" class="btn btn-primary w-100">提交</button>
    </div>
</form>
```

3）编写创建趣点处理页面

（1）创建 addTopic.php 文件。

（2）判断$_SERVER["REQUEST_METHOD"]变量的值是否为 POST，从$_POST 中获得趣点数据。

```
<?php
include_once dirname(__DIR__) . "/app/Topic.php";
include_once dirname(__DIR__) . "/app/TopicDao.php";

if($_SERVER["REQUEST_METHOD"] == "POST") {
    $name = $_POST["name"];
    $discribe = $_POST["discribe"];
    $iid = $_POST["iid"];
}
```

（3）从$_FILES 中获得上传的图片文件，将临时文件移动到 upload/topic_img 文件夹中。

```
    if($_FILES["image"]["error"] == 0) {
        $image_path = __DIR__ . "/upload/topic_img/" . $_FILES["image"]["name"];
        move_uploaded_file($_FILES["image"]["tmp_name"], $image_path);
        $image = "upload/topic_img/" . $_FILES["image"]["name"];
    } else {
        $image = "upload/topic_img/default.jpg";
    }
```

（4）创建 Topic 类的实例对象，设置数据；创建 TopicDao 类的实例对象，调用 addTopic()函数。

```
    session_start();
    $topic = new Topic();
    $topic->setInterest_id($iid);
    $topic->setUser_id($_SESSION["user_id"]);
    $topic->setName($name);
    $topic->setDiscribe($discribe);
    $topic->setImage($image);

    $dao = new TopicDao();
    if($dao->addTopic($topic)) {
        header("location:my_topicList.php");
    } else {
        header("location:error.php");
    }
```

5）验证登录状态

（1）创建 auth_user.php 文件。

```
<?php
include_once dirname(__DIR__) . "/app/user.php";
include_once dirname(__DIR__) . "/app/userDao.php";
```

```
session_start();
if(! isset($_SESSION["user_id"])) {
    header("location:login.php");
} else {
    $dao = new userDao();
    $user = $dao->searchById($_SESSION["user_id"]);
}
```

（2）在 create_topic.php 文件中使用 require()函数导入 auth_user.php 文件。

```
<?php require 'auth_user.php'; ?>
```

21.11.2 PHP 页面混合式：搜索趣点

1. 工作任务

（1）单击页面头部的"搜索"按钮，可以进入趣点的搜索页面。页面头部效果如图 21-42 所示。

图 21-42

（2）在搜索页面，分页显示趣点列表，每页显示 3 条记录。每条记录分别显示：序号、趣点图片、趣点名、参与人数。页面效果如图 21-43 所示。

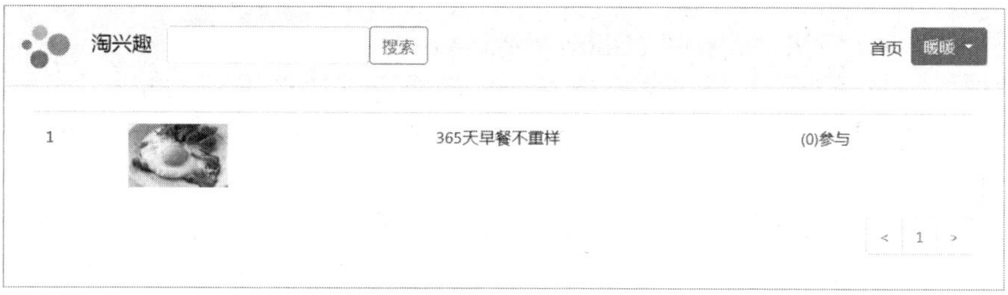

图 21-43

（3）单击趣点名，进入趣点详情页面，如图 21-44 所示。

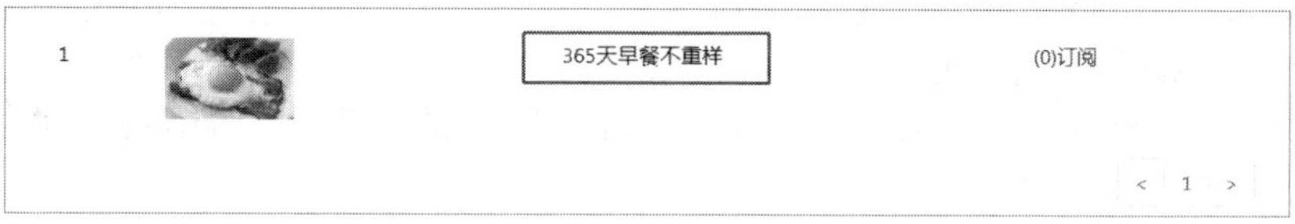

图 21-44

（4）在趣点详情页面中单击"订阅"，显示趣点详细信息，以及相关的微博列表，如图 21-45 所示。

2. 设计思路

1）页面设计

（1）搜索趣点：public\search_topics.php。

- 在页头编写 PHP 脚本，从$_GET 中获得 keyword 与 page_no 的参数值，默认值为空或 1。创建 Page 类的实例对象，设置 page_no 的值。创建 TopicDao 类的实例对象，调用 search()函数，查询趣点名中包含$keyword 值的记录，并根据当前的页数进行分页查询，返回记录。

- 在页面中使用 foreach 显示趣点列表。
- 通过判断当前页数与总页数，控制翻页按钮的有效性，以及显示当前页数。

图 21-45

（2）显示趣点详情页面：public\show_topic.php。

- 创建 TopicDao 类的实例对象，调用 get()函数查询趣点数据（$topic）。
- 创建 BlogDao 类的实例对象，调用 searchByTopic()函数查询某趣点的所有微博列表（$blogs）。
- 左边显示$topic 对象中趣点的详细信息，右边使用 foreach 显示所有的微博列表。

（3）页面头部趣点搜索框：public\header.php。

在表单头设置 action 的值为 search_topics.php，请求方法为 GET。输入框的 name 属性的值为 keyword。

2）数据处理类设计

（1）分页模型类：app\Page。

定义页数、每页大小、总记录数、总页数和记录数组。创建各属性的设置函数与获取函数，以及添加记录的函数。

（2）趣点实体类：app\Topic。

（3）趣点操作类：app\TopicDao。

定义 public function get($tid)函数：查询 topics 表中 id 值为$id 的记录。

（4）微博操作类：app\BlogDao。

定义 function searchByTopic($topic_id)函数：查询 blogs 表中 topic_id 值为$topic_id 的所有记录。

3. 实现（跟我做）

1）编写趣点列表页面

（1）创建 app\Page.php 文件，编写 Page 类。

（2）编写 app\TopicDao.php 文件，创建 search()函数，先通过 count()函数计算搜索数据的总条数，然后查询当前要显示页的记录放到$data 数组中。

```
public function search($page, $keyword) {
    try {
        if($this->open()) {
            // 计算总记录数
            $sql = "select count(id) as count from topics where name like ? and
del=0";
            $stmt = $this->conn->prepare($sql);
            $str = '%' . $keyword . '%';
            $stmt->bind_param("s", $str);
            $stmt->bind_result($count);
            $stmt->execute();
            if($stmt->fetch()) {
                $page->setTotalCount($count);
            }
            $stmt->free_result();

            // 判断页数是否超过，超过则切换到最后一页
            $total_page_num = $page->getTotalPageNum();
            if($total_page_num < $page->getPageNo()) {
                $page->setPageNo($total_page_num);
            }

            // 查询当前页的记录
            $begin_no = $page->getBeginNo();
            $page_size = $page->getPageSize();
           $sql = "select id,interest_id,user_id,name,discribe,subscripe_num,
image,create_time,update_time from topics where name like ? and del=0 order by
subscripe_num desc limit ?,?";
            $stmt = $this->conn->prepare($sql);
            $str = '%' . $keyword . '%';
            $stmt->bind_param("sii", $str, $begin_no, $page_size);
            $stmt->bind_result($id, $interest_id, $user_id, $name, $discribe,
$follow_num, $image, $create_time, $update_time);
            $stmt->execute();
            while($stmt->fetch()) {
                $topic = new Topic();
                $topic->setId($id);
                $topic->setInterest_id($interest_id);
                $topic->setUser_id($user_id);
                $topic->setName($name);
                $topic->setDiscribe($discribe);
                $topic->setSubscripe_num($follow_num);
                $topic->setImage($image);
                $topic->setCreateTime($create_time);
                $topic->setUpdateTime($update_time);

                $page->add($topic);
            }
            $stmt->free_result();
        }
    } catch(Exception $e) {
        var_dump($e->getMessage());
    }
```

```
    return $page;
}
```

（3）编写 public\search_topics.php 文件。

- 获得 GET 请求中的 keyword 和 page_no，然后创建 TopicDao 类的实例对象，调用 search()函数查询记录。

```
<?php
include_once dirname(__DIR__) . "/app/TopicDao.php";
include_once dirname(__DIR__) . "/app/Page.php";

$keyword = "";
if(isset($_GET["keyword"])) {
    $keyword = $_GET["keyword"];
}

$page_no = 1;
if(isset($_GET["page_no"])) {
    $page_no = $_GET["page_no"];
}

$dao = new TopicDao();
$page = new Page();
$page->setPageNo($page_no);
$page = $dao->search($page, $keyword);
?>
```

- 使用 foreach 循环显示列表。

```
<table class="table table-borderless">
    <?php foreach ($page->data as $key=>$topic):?>
    <tr>
        <td><?php echo $page->getBeginNo()+$key+1;?></td>
        <td><img src="<?php echo $topic->getImage();?>" width="100px"></td>
        <td>
            <a href="show_topic.php?topic_id=<?php echo $topic->getId();?>">
                <?php echo $topic->getName();?>
            </a>
        </td>
        <td>(<?php echo $topic->getSubscripe_num();?>)订阅</td>
    </tr>
    <?php endforeach;?>
</table>
```

- 编写翻页按钮。

```
<nav>
    <ul class="pagination justify-content-end">
        <li class="<?php echo $page_no == 1 ? 'page-item disabled' : 
'page-item'; ?>">
            <a class="page-link" href="search_topics.php?page_no=<?php echo 
$page_no-1; ?>&keyword=<?php echo $keyword;?>" tabindex="-1"><</a>
        </li>
        <li class="page-item">
            <a class="page-link" href="search_topics.php?page_no=<?php echo 
$page_no; ?>&keyword=<?php echo $keyword;?>"><?php echo $page_no;?></a>
        </li>
        <li class="<?php echo $page->getTotalPageNum() <= $page_no ? 'page-item 
disabled' : 'page-item'; ?>">
```

```
            <a class="page-link" href="search_topics.php?page_no=<?php echo
$page_no+1; ?>&keyword=<?php echo $keyword;?>">></a>
        </li>
    </ul>
</nav>
```

2）编写趣点详情页面

（1）编写 app\TopicDao.php 文件，创建 get()函数。

```
public function get($tid) {
    try {
        if($this->open()) {
            $sql = "select id,interest_id,user_id,name,discribe,subscripe_num,
image,create_time,update_time from topics where id=?";
            $stmt = $this->conn->prepare($sql);
            $stmt->bind_param("i", $tid);
            $stmt->bind_result($id, $interest_id, $user_id, $name, $discribe,
$subscripe_num, $image, $create_time, $update_time);
            $stmt->execute();
            $topic = new Topic();
            if($stmt->fetch()) {
                $topic->setId($id);
                $topic->setInterest_id($interest_id);
                $topic->setUser_id($user_id);
                $topic->setName($name);
                $topic->setDiscribe($discribe);
                $topic->setSubscripe_num($subscripe_num);
                $topic->setImage($image);
                $topic->setCreateTime($create_time);
                $topic->setUpdateTime($update_time);
            }
            $stmt->free_result();
            return $topic;
        }
    } catch(Exception $e) {
        var_dump($e->getMessage());
    }
    return null;
}
```

（2）创建 app\Blog.php 文件，编写 Blog 实体类。

（3）创建 app\BlogDao.php 文件，编写 BlogDao 类。

（4）编写 BlogDao::searchByTopic()函数，通过 topic_id 查询微博列表。

```
function searchByTopic($topic_id) {
    $blogs = array();
    if ($this -> open()) {
        $sql = "select id, user_id,content,subscripe_num,image,video,create_time
from blogs where topic_id=?";
        $stmt = $this -> conn -> prepare($sql);
        $stmt -> bind_param("i", $topic_id);
        // 绑定查询结果
        $stmt -> bind_result($id,$user_id, $content, $reply_num, $imagee,
$video, $create_time);
        $stmt -> execute();
        while ($stmt -> fetch()) {
            $blog = new blog();
```

```
            $blog -> setId($id);
            $blog -> setUser_id($user_id);
            $blog -> setTopic_id($topic_id);
            $blog -> setContent($content);
            $blog -> setReply_num($reply_num);
            $blog -> setImage($imagee);
            $blog -> setVideo($video);
            $blog -> setCreateTime($create_time);
            array_push($blogs, $blog);
        }

        $stmt -> free_result();
    } else {
        print("open false.");
    }
    return $blogs;
}
```

（5）创建 show_topic.php 文件，显示当前趣点的信息。

- 创建 TopicDao 类的实例对象，调用 get()函数，查询出当前趣点的详细信息（$topic）。
- 创建 BlogDao 类的实例对象，调用 searchByTopic()函数查询当前趣点的微博列表。

```
<?php
include_once dirname(__DIR__) . "/app/user.php";
include_once dirname(__DIR__) . "/app/userDao.php";
include_once dirname(__DIR__)."/app/TopicDao.php";
include_once dirname(__DIR__)."/app/Topic.php";
include_once dirname(__DIR__) . "/app/blog.php";
include_once dirname(__DIR__) . "/app/blogDao.php";

$userDao=new userDao();
$topicDao = new TopicDao();
$topic = $topicDao->get($_GET["topic_id"]);
if($topic == null){
    header("location:error.php");
}

$blogDao=new blogDao();
$blogs=$blogDao->searchByTopic($_GET["topic_id"]);
?>
```

- 显示趣点的详细信息。

```
<div class="card p-2">
    <img class="card-img-top" src="<?php echo $topic->getImage(); ?>">
    <div class="card-body">
        <h4><?php echo $topic->getName(); ?></h4>
        <p id="join">订阅（<?php echo $topic->getSubscripe_num();?>）</p>
    </div>
</div>
```

- 显示当前微博的列表。

```
<div class="col-9">
    <?php foreach($blogs as $blog): ?>
        <?php $u = $userDao->searchById($blog->getUser_id()); ?>
        <div class="mb-2 card">
            <div class="media card-body">
                <img class="align-self-start mr-3 rounded-circle" src="<?php
```

```
echo $u->getImg(); ?>" width="64px" height="64px">
                <div class="media-body">
                    <h5 class="mb-0"><?php echo $u->getAccount(); ?></h5>
                    <small class="text-muted"><?php echo $blog->
getCreateTime(); ?></small>
                    <a href="show_blog.php?blog_id=<?php echo $blog->
getId();?>">
                        <p><?php echo $blog->getContent();?></p>
                    </a>
                </div>
            </div>
        </div>
    <?php endforeach; ?>
</div>
```

21.11.3　PHP 页面混合式：订阅趣点

1. 工作任务

（1）若当前趣点详情页面用户未登录，且未订阅过，则显示“订阅”按钮。若是已订阅的趣点，则显示“取消订阅”按钮。

（2）单击“取消订阅”按钮则订阅的数量减 1，单击“订阅”按钮则订阅的数量加 1。

未订阅效果如图 21-46 所示。

取消订阅效果如图 21-47 所示。

图 21-46

图 21-47

（3）用户登录后，进入“我的趣点”页面，显示用户创建的趣点列表。页面效果如图 21-48 所示。

图 21-48

（4）用户登录后，单击“个人中心”→“订阅趣点”，则显示订阅的趣点列表。页面效果如图 21-49 所示。

图 21-49

2．设计思路

1）页面设计

（1）显示我的趣点列表：public\my_topicList.php。

页头导入 auth_user.php 文件，验证用户的登录状态。

创建 TopicDao 类的实例对象，调用 queryTopicsByUserid()函数，查询当前用户的所有趣点($topics)。在页面中使用 foreach 显示趣点列表，趣点的超链接 href 设为 show_topic.php?topic_id=xx。

（2）显示趣点详情页面：public\show_topic.php。

创建 TopicDao 类的实例对象，调用 get()函数，获得当前趣点的数据（$topic）。从$_SESSION 中查询当前用户的 id 值。

调用 isFollow()函数判断当前用户是否已订阅了该趣点。

使用 if 语句判断当前趣点是否已被关注，若未关注则显示“订阅”按钮，超链接显示 follow.php?topic_id=xx；若已关注则显示“取消关注”按钮，超链接显示 unfollow.php?topic_id=xx。

（3）订阅趣点：public\follow.php。

从$_GET 中获得 topic_id 值，创建 TopicDao 类的实例对象，调用 follow()函数，订阅趣点。

（4）取消订阅：public\unfollow.php。

从$_GET 中获得 topic_id 值，创建 TopicDao 类的实例对象，调用 unfollow()函数，取消订阅趣点。

（5）显示用户订阅的趣点列表：public\follow_topic.php。

创建 TopicDao 类的实例对象，调用 queryFollowTopics()函数，查询当前用户订阅的趣点列表（$topics）。在页面中使用 foreach 显示趣点列表。

2）数据处理类设计

趣点操作类：app\TopicDao。

（1）定义 public function isFollow($uid, $tid)函数：查询 follows 关系表，判断用户是否

已订阅了某条趣点。

（2）定义 public function follow($uid, $tid)函数：向 follows 关系表添加一条用户订阅记录。

（3）定义 public function unfollow($uid, $tid)函数：删除 follows 关系表中用户订阅记录。

（4）定义 public function queryFollowTopics($uid)函数：查询 follows 关系表，然后查询 user_id 值为$uid 的所有趣点记录，并使用连表方式查询出所有 topics 表中的全部字段。

3．实现（跟我做）

1）编写趣点订阅功能

（1）编写 app\TopicDao.php 文件，在 TopicDao 类中创建 follow()函数，实现趣点的订阅，并修改趣点中订阅数，将订阅数加 1。

```
public function follow($uid, $tid) {
    $flag = false;
    if($this->open()) {
        $sql = "insert into follows(user_id, topic_id) values(?,?)";
        $stmt = $this->conn->prepare($sql);
        $stmt->bind_param("ii", $uid, $tid);
        $stmt->execute();
        if($stmt->affected_rows == 1) {
            $flag = true;
        }
        $stmt->free_result();

        // 更新
        $sql = "update topics set subscripe_num = subscripe_num+1 where id = ?";
        $stmt = $this->conn->prepare($sql);
        $stmt->bind_param("i", $tid);
        $stmt->execute();
        if($stmt->affected_rows == 1) {
            $flag = true;
        }
        $stmt->free_result();
    }
    return $flag;
}
```

（2）编写 TopicDao::isFollow()函数，判断当前用户是否订阅了某条趣点。

```
public function isFollow($uid, $tid) {
    $flag = false;
    if($this->open()) {
        $sql = "select * from follows where user_id=? and topic_id=?";
        $stmt = $this->conn->prepare($sql);
        $stmt->bind_param("ii", $uid, $tid);
        $stmt->execute();
        if($stmt->fetch()) {
            $flag = true;
        }
        $stmt->free_result();
    }
    return $flag;
}
```

（3）编写 public\show_topic.php 文件。

- 定义$my_topic 与$followed 标识变量，在 Session 与 TopicDao::isFollow()函数中设置标识值。

```
// 判断该趣点是否为当前用户创建的
session_start();
$my_topic = false;
if(isset($_SESSION["user_id"])) {
    $my_topic = ($topic->getUser_id() == $_SESSION["user_id"]);
}

// 判断该趣点是否被当前用户关注
$followed = false;
if(! $my_topic && isset($_SESSION["user_id"])) {
    $followed = $dao->isFollow($_SESSION["user_id"], $_GET["topic_id"]);
}
```

- 使用 if 语句来显示按钮，若是当前用户的趣点，则不显示“订阅”或“取消订阅”按钮。若不是当前用户的趣点，而用户已订阅过，则显示“取消订阅”按钮，否则显示“订阅”按钮，需要分别调用 unfollow.php 文件和 follow.php 文件。

```
<?php if(!$my_topic):?>
    <?php if($followed):?>
        <a href="unfollow.php?topic_id=<?php echo $topic->getId();?>" class=
"btn btn-primary w-50">取消订阅</a>
    <?php else: ?>
        <a href="follow.php?topic_id=<?php echo $topic->getId();?>" class="btn
btn-primary w-50">订阅</a>
    <?php endif;?>
<?php endif;?>
```

（4）创建 public\follow.php 文件。

```
<?php
require "auth_user.php";

include_once dirname(__DIR__) . "/app/TopicDao.php";

$topic_id = $_GET["topic_id"];
$uid = $user->getId();

$dao = new TopicDao();
if($dao->follow($uid, $topic_id)) {
    header("location:show_topic.php?topic_id=" . $topic_id);
} else {
    header("location:error.php");
}
```

2）编写取消订阅功能

（1）在 app\TopicDao.php 文件中，添加 unfollow()函数，删除用户订阅记录，并更新趣点订阅数。

```
public function unfollow($uid, $tid) {
    $flag = false;
    if($this->open()) {
        $sql = "delete from follows where user_id=? and topic_id=?";
        $stmt = $this->conn->prepare($sql);
        $stmt->bind_param("ii", $uid, $tid);
```

```
        $stmt->execute();
        if($stmt->affected_rows == 1) {
            $flag = true;
        }
        $stmt->free_result();

        // 更新
        $sql = "update topics set subscripe_num = subscripe_num-1 where id = ?";
        $stmt = $this->conn->prepare($sql);
        $stmt->bind_param("i", $tid);
        $stmt->execute();
        if($stmt->affected_rows == 1) {
            $flag = true;
        }
        $stmt->free_result();
    }
    return $flag;
}
```

（2）创建 public\unfollow.php 文件。

```
$topic_id = $_GET["topic_id"];
$uid = $user->getId();
$dao = new TopicDao();
if($dao->unfollow($uid, $topic_id)) {
    header("location:show_topic.php?topic_id=" . $topic_id);
} else {
    header("location:error.php");
}
```

3）编写我的趣点列表

（1）在 app\TopicDao.php 文件中，添加 queryTopicsByUserid()函数。

```
public function queryTopicsByUserid($uid) {

    $topics = array();
    try {
        if($this->open()) {
            $sql = "select id,interest_id,name,discribe,subscripe_num,image,
create_time,update_time from topics where user_id=? and del=0 order by
create_time desc";
            $stmt = $this->conn->prepare($sql);
            $stmt->bind_param("i", $uid);
           $stmt->bind_result($id, $interest_id, $name, $discribe, $subscripe_num,
$image, $create_time, $update_time);
            $stmt->execute();
            while($stmt->fetch()) {
                $topic = new Topic();
                $topic->setId($id);
                $topic->setInterest_id($interest_id);
                $topic->setUser_id($uid);
                $topic->setName($name);
                $topic->setDiscribe($discribe);
                $topic->setSubscripe_num($subscripe_num);
                $topic->setImage($image);
                $topic->setCreateTime($create_time);
                $topic->setUpdateTime($update_time);
```

```
                array_push($topics, $topic);
            }
            $stmt->free_result();
        }
    } catch(Exception $e) {
        var_dump($e->getMessage());
    }
    return $topics;
}
```

（2）编写 public\my_topicList.php 文件，调用 TopicDao 类中的 queryTopicsByUserid()函数查询当前用户的趣点列表，从 Session 中获得当前用户的 id。在页面中使用 foreach 循环显示趣点列表。

```
<?php foreach($topics as $topic):?>
    <div class="col-6 p-2">
        <a href="show_topic.php?topic_id=<?php echo $topic->getId();?>" target=
"_parent">
            <div class="media">
                <img src="<?php echo $topic->getImage();?>" class="topic_img">
                <div class="media-body ml-2">
                    <h5><?php echo $topic->getName();?></h5>
                    <p><?php echo $topic->getDiscribe(); ?></p>
                    <p>订阅数(<?php echo $topic->getSubscripe_num();?>)</p>
                </div>
            </div>
        </a>
    </div>
<?php endforeach;?>
```

4）编写我订阅的趣点列表

（1）在 app\TopicDao.php 文件中，添加 queryFollowTopics()函数。

```
public function queryFollowTopics($uid) {
    $topics = array();
    try {
        if($this->open()) {
            $sql = $sql = "select id,interest_id,name,discribe,subscripe_num,
image,create_time,update_time from topics where id in(select topic_id from
follows where user_id = ?)";
            $stmt = $this->conn->prepare($sql);
            $stmt->bind_param("i", $uid);
            $stmt->bind_result($id, $interest_id, $name, $discribe, $subscripe_num,
 $image, $create_time, $update_time);
            $stmt->execute();
            while($stmt->fetch()) {
                $topic = new Topic();
                $topic->setId($id);
                $topic->setInterest_id($interest_id);
                $topic->setUser_id($uid);
                $topic->setName($name);
                $topic->setDiscribe($discribe);
                $topic->setSubscripe_num($subscripe_num);
                $topic->setImage($image);
                $topic->setCreateTime($create_time);
                $topic->setUpdateTime($update_time);
```

```
                array_push($topics, $topic);
            }
            $stmt->free_result();
        }
    } catch(Exception $e) {
        var_dump($e->getMessage());
    }
    return $topics;
}
```

（2）编写 public\follow_topic.php 文件，调用 TopicDao 类的 queryFollowTopics()函数获得当前用户订阅的趣点列表。在页面中使用 foreach 循环显示趣点列表。

```
<?php foreach($topics as $topic):?>
    <div class="col-6 p-2">
        <a href="show_topic.php?topic_id=<?php echo $topic->getId();?>" target=
"_parent">
            <div class="media">
                <img src="<?php echo $topic->getImage();?>" class="topic_img">
                <div class="media-body ml-2">
                    <h5><?php echo $topic->getName();?></h5>
                    <p><?php echo $topic->getDiscribe(); ?></p>
                    <p>订阅数(<?php echo $topic->getSubscripe_num();?>)</p>
                </div>
            </div>
        </a>
    </div>
<?php endforeach;?>
```

21.12　第一阶段 PHP 页面混合式：微博管理

21.12.1　工作任务

（1）在趣点详情页面（show_topic.php）查看某条趣点时，可以在该趣点下单击“参与”按钮，进入发布微博页面（add_blog.php）。页面效果如图 21-50 所示。

图 21-50

（2）编辑微博内容时可上传图片和视频。页面效果如图 21-51 所示。

图 21-51

（3）当用户选择某一条微博时，进入微博详情页面（show_blog.php），可以查看该微博的全部内容，包括图片和视频。页面效果如图 21-52 所示。

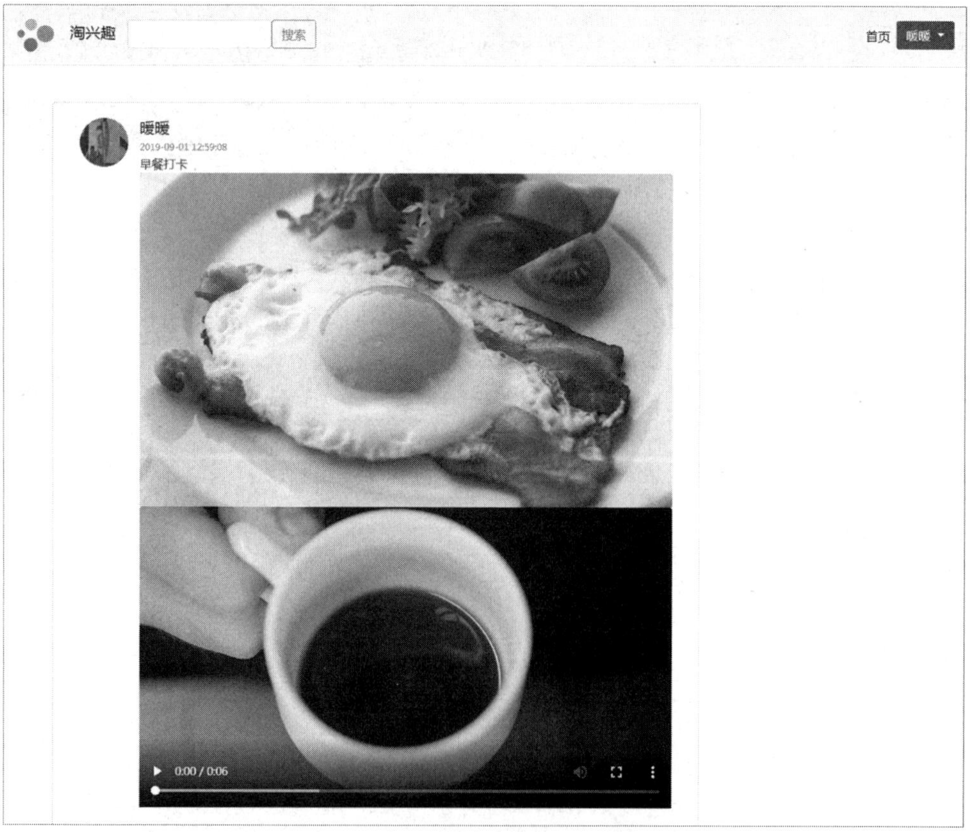

图 21-52

21.12.2　设计思路

1．页面设计

（1）发布微博页面：public\add_blog.php。

从$_SESSION 中获得 user_id 的值。创建 TopicDao 类的实例对象，调用 get 方法查询趣点信息（$topic）。

在表单中设置 action 的值为 blog_ser.php?method=add，方法为 POST。

（2）发布微博处理页面：public\blog_ser.php。

从$_GET 中获得 method 的值，若为 add 则添加微博。

从$_POST 中获得表单中的微博内容，用户 id 与趣点 ID。

从$_FILES 中获得微博中的图片文件和视频文件。

创建 Blog 类的实例对象，保存数据。创建 BlogDao 类的实例对象，调用 addBlog()函数，添加微博。

（3）查看微博页面：public\show_blog.php。

创建 BlogDao 类的实例对象，调用 searchById()函数，查询某条微博的信息。在页面之中显示微博详细信息。

2．数据处理类设计

（1）微博实体类：app\Blog。

（2）微博操作类：app\BlogDao。

定义 function searchById($blog_id)函数：查询 blogs 表中 id 值为$blog_id 的微博信息。

定义 function addBlog($blog)函数：向 blogs 表中添加一条记录。

3．图片上传

（1）在 form 表单中需要添加 enctype="multipart/form-data"。

（2）使用<input>标签的 file 类型控件。

（3）上传时从$_FILES 中获得上传的图片文件。

（4）将临时文件移动到固定的上传文件夹（upload/blog_img）中。

4．视频上传

（1）在 form 表单中需要添加 enctype="multipart/form-data"。

（2）使用<input>标签的 file 类型控件。

（3）上传时从$_FILES 中获得上传的视频文件。

（4）将临时文件移动到固定的上传文件夹（upload/blog_video）中。

21.12.3　实现（跟我做）

1．编辑微博内容

（1）在趣点详情页面（show_topic.php）中增加“参与”按钮，单击可进入发布微博页面（add_blog.php）。

```
<a href="add_blog.php?topic_id=<?php echo $topic->getId();?>" class="btn
btn-secondary">参与</a>
```

（2）在发布微博页面（add_blog.php），显示当前选中的趣点信息。

```
<div class="card">
```

```
    <div class="media p-2">
        <img class="w-25 mr-3" src="<?php echo $topic->getImage();?>">
        <div class="media-body t-t-info">
            <h2>#<?php echo $topic->getName();?>#</h2>
        </div>
    </div>
</div>
```

（3）发布微博表单，将用户填写的微博内容和文件提交到 blog_ser.php 文件，进行发布上传。

```
<form action="blog_ser.php?method=add" method="post" class="card-body"
enctype="multipart/form-data">
    <input type="hidden" name="user_id"value="<?php echo $user_id; ?>" />
    <input type="hidden" name="topic_id"value="<?php echo $topic_id; ?>" />
    <div class="input-group mb-2">
        <div class="input-group-prepend">
            <span class="input-group-text">内容</span>
        </div>
        <textarea name="content" class="form-control"></textarea>
    </div>
    <div class="input-group mb-2">
        <div class="input-group-prepend">
            <span class="input-group-text">图片</span>
        </div>
        <input name="image" type="file" accept="image/*" class="form-control">
    </div>
    <div class="input-group mb-2">
        <div class="input-group-prepend">
            <span class="input-group-text">视频</span>
        </div>
        <input name="video" type="file" accept="video/*" class="form-control">
    </div>
    <input class="w-50 btn btn-primary float-right" type="submit" value="发布" />
</form>
```

（4）显示微博发布失败信息。

```
<p id="message" class="text-warning">
    <?php
        if(isset($_GET['message'])){
            echo $_GET['message'];
        }
    ?>
</p>
```

2．处理发布请求

创建 blog_ser.php 文件，处理发布微博请求。

（1）导入文件。

（2）获取发布微博页面填写的表单数据。

（3）获取上传的图片文件。

（4）获取上传的视频文件。

（5）调用 addBlog()函数，将微博数据存入数据库，发布成功则跳转到“我的微博”页面，否则返回失败信息。

```
<?php
include_once dirname(__DIR__) . "/app/blog.php";
```

```
include_once dirname(__DIR__) . "/app/blogDao.php";
include_once dirname(__DIR__) . "/app/Code.php";

// 判断是否为 POST 请求
if ($_SERVER["REQUEST_METHOD"] == "POST") {
    $method = $_GET["method"];
    if ($method == "add") {
        $blog = new blog();
        // 从表单中取值
        $blog -> setUser_id($_POST["user_id"]);
        $blog -> setTopic_id($_POST["topic_id"]);
        $blog -> setContent($_POST["content"]);

        // 获取上传的图片文件
        if ($_FILES["image"]&&$_FILES["image"]["name"]!="") {
            $blog_path = __DIR__ . "/upload/blog_img/" . $_FILES["image"]
["name"];
            move_uploaded_file($_FILES["image"]["tmp_name"], $blog_path);
            $image = "/upload/blog_img/" . $_FILES["image"]["name"];
            $blog -> setImage($image);
        }

        // 获取上传的视频文件
        if ($_FILES["video"]&&$_FILES["video"]["name"]!="") {
            $blog_path = __DIR__ . "/upload/blog_video/" . $_FILES["video"]
["name"];
            move_uploaded_file($_FILES["video"]["tmp_name"], $blog_path);
            $video = "/upload/blog_video/" . $_FILES["video"]["name"];
            $blog -> setVideo($video);
        }

        $dao = new blogDao();
        if (!$dao -> addBlog($blog)) {
           header("location:add_blog.php?message=微博发布失败!$topic_id=".$blog.
getTopic_id());
        } else {
            header("location:my_blogs.php");
        }
    }

}
```

3. 存储微博信息

在 app 文件夹中创建 BlogDao.php 文件，定义 addBlog()函数，向微博表（blogs）中插入一条新数据。

```
function addBlog($blog) {
   $flag = false;
   if ($this -> open()) {
       $sql = "insert into blogs(user_id,topic_id, content,image,video)
values(?,?,?,?,?)";
       $stmt = $this -> conn -> prepare($sql);
       $user_id = $blog -> getUser_id();
       $topic_id = $blog -> getTopic_id();
       $content = $blog -> getContent();
       $image = $blog -> getImage();
```

```
        $video = $blog -> getVideo();
        $stmt -> bind_param("sssss", $user_id, $topic_id, $content, $image,
$video);
        $stmt -> execute();

        if ($stmt -> affected_rows == 1) {
            $flag = true;
        }
        $stmt -> free_result();
    }
    return $flag;
}
```

4. 查看微博详情

在趣点详情页面选择微博列表中的某条微博，进入微博详情页面（show_blog.php）。

（1）导入文件。

（2）使用$_GET 获取微博列表记录超链接传递进来的该条微博的 blog_id，根据 blog_id 调用 searchById()函数，得到微博内容。

```
<?php
include_once dirname(__DIR__) . "/app/user.php";
include_once dirname(__DIR__) . "/app/userDao.php";
include_once dirname(__DIR__) . "/app/blog.php";
include_once dirname(__DIR__) . "/app/blogDao.php";
include_once dirname(__DIR__) . "/app/Code.php";
session_start();
if (isset($_GET["blog_id"])) {
    $blogdao = new blogDao();
    $blog = $blogdao -> searchById($_GET["blog_id"]);
    $userdao = new userDao();
    $user = $userdao -> searchById($blog->getUser_id());
}
?>
```

（3）将微博内容显示在页面中。

```
<div class="media card-body">
    <img class="align-self-start mr-3 rounded-circle" src="<?php echo $user->
getImg(); ?>" width="64px">
    <div class="media-body">
        <h5 class="mb-0"><?php echo $user->getNickname(); ?></h5>
        <small class="text-muted"><?php echo $blog->getCreateTime(); ?></small>
        <p ><?php echo $blog->getContent() ?>
            <img class="card-img" src="<?php echo $blog->getImage(); ?>" />
            <video  class="card-img"  src="<?php  echo  $blog->getVideo();?>"
controls="controls"><video>
        </p>
        <a href=""><img src="img/icon/rep.png"><?php echo $blog->getReply_num()
 ?></a>
    </div>
</div>
```

（4）在 BlogDao.php 文件基础上，新增 searchById()函数，根据微博 id 查询微博内容。

```
function searchById($blog_id) {
    $blog = null;
    if ($this -> open()) {
        $sql = "select user_id,topic_id,content,subscripe_num,image,video,
```

```
create_time from blogs where id=?";
        $stmt = $this -> conn -> prepare($sql);
        $stmt -> bind_param("i", $blog_id);
        // 绑定查询结果
        $stmt -> bind_result($user_id, $topic_id, $content, $reply_num, $imagee,
$video, $create_time);
        $stmt -> execute();
        if ($stmt -> fetch()) {
        $blog = new blog();
        $blog -> setUser_id($user_id);
        $blog -> setTopic_id($topic_id);
        $blog -> setContent($content);
        $blog -> setReply_num($reply_num);
        $blog -> setImage($imagee);
        $blog -> setVideo($video);
        $blog -> setCreateTime($create_time);
    }
    $stmt -> free_result();
    } else {
       print("open false.");
    }
    return $blog;
}
```

21.13　第二阶段移动端响应式页面：首页

21.13.1　工作任务

将首页（index.php）制作成适配不同屏幕的响应式页面。

21.13.2　设计思路

1. 响应式导航栏

使用 Bootstrap 框架制作响应式导航栏，在 PC 端时为水平式导航栏，在移动端上则变为折叠式垂直排布的导航栏。

PC 端导航栏结构如图 21-53 所示。

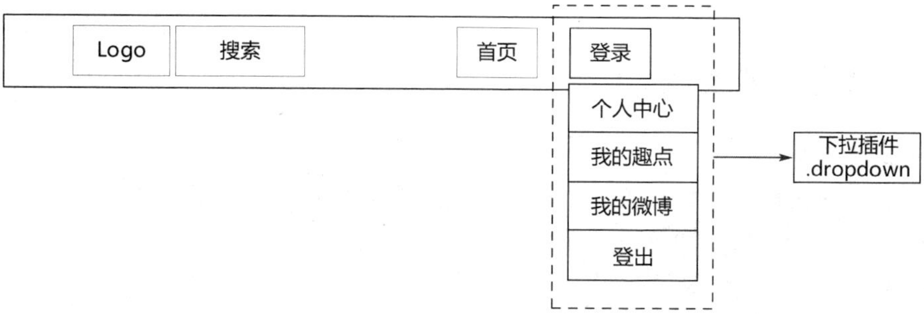

图 21-53

移动端导航栏结构如图 21-54 所示。

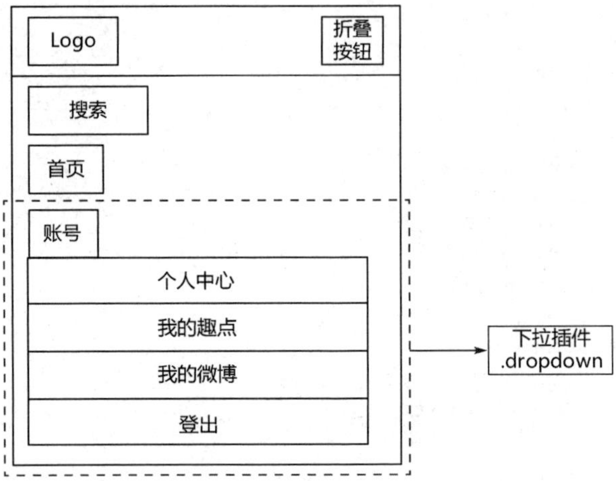

图 21-54

2. 响应式正文内容

PC 端正文部分为左右结构，移动端正文部分为上下结构。
PC 端正文部分结构如图 21-55 所示。
移动端正文部分结构如图 21-56 所示。

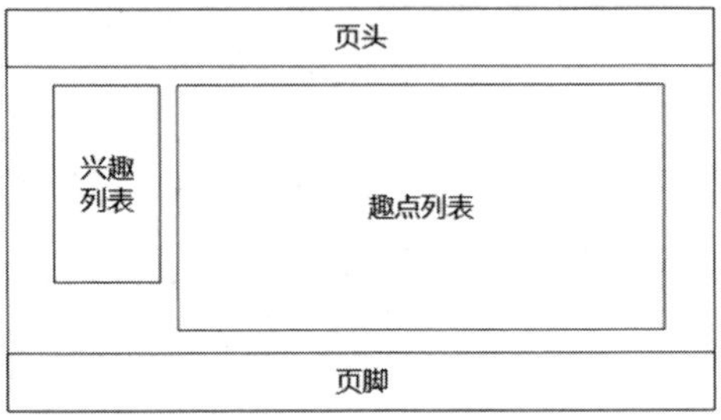

图 21-55

图 21-56

21.13.3 实现（跟我做）

1. 响应式页头

（1）修改 header.php 中的 HTML 代码，使之成为响应式导航栏。

- .navbar-expand-lg：响应式导航栏。
- .navbar-toggler：折叠导航栏。

```
<!-- 响应式导航栏 -->
<nav class="navbar navbar-expand-lg navbar-light bg-light">
    <a class="navbar-brand" href="#"><img src="img/logo.png">淘兴趣</a>
    <!-- 折叠按钮 -->
```

```
    <button class="navbar-toggler" type="button" data-toggle="collapse" data-target="#navContent">
        <span class="navbar-toggler-icon"></span>
    </button>
    <!-- 折叠导航栏 -->
    <div class="collapse navbar-collapse" id="navContent">
        <form class="form-inline" method="get" action="search_topics.php">
            <input type="text" class="form-control" name="keyword" />
            <input class="btn btn-outline-success" type="submit" value="搜索" />
        </form>
        <ul class="navbar-nav ml-auto">
            <li class="nav-item">
                <a class="nav-link active" href="index.php">首页</a>
            </li>
            <li class="nav-item">
                <div class="nav-item dropdown">
                    <?php if($user!=null){?>
                        <button class="btn btn-secondary dropdown-toggle" type="button" id="dropdown" data-toggle="dropdown">
                            <?php echo $user->getAccount();?>
                        </button>
                        <div class="dropdown-menu dropdown-menu-right">
                            <a class="dropdown-item" href="user_center.php">个人中心</a>
                            <a class="dropdown-item" href="my_topic.php">我的趣点</a>
                            <a class="dropdown-item" href="my_blogs.php">我的微博</a>
                            <a class="dropdown-item" href="check_login.php?method=8">登出</a>
                        </div>
                    <?php } ?>

                    <?php if($user==null){?>
                        <a class="btn btn-secondary" href="login.php" >登录</a>
                    <?php } ?>
                </div>
            </li>
        </ul>
    </div>
</nav>
```

（2）页面效果。

PC 端页面效果如图 21-57 所示。

图 21-57

移动端页面效果如图 21-58 所示。

图 21-58

2．响应式兴趣列表

修改 index.php 中的 HTML 代码，使之成为响应式兴趣列表。

1）响应式<meta>标签

为确保所有设备的正确渲染和触摸缩放，添加<meta>标签到<head>标签中。

```
<meta name="viewport" content="width=device-width, initial-scale=1.0">
```

2）响应式显示类

针对不同屏幕大小相应地显示和隐藏元素。

（1）PC 端：当屏幕宽度大于 768px 时显示原有兴趣列表，占两列，页面布局为左右结构。

```
<!-- PC 端 -->
<div class="col-md-2 d-md-block d-none">
    <div class="nav flex-column nav-pills">
        <a class="nav-link <?php if($interest_id==0){echo "active";} ?>" href=
"index.php?interest_id=0">推荐</a>
        <?php
            // 遍历查询出来的兴趣数组
            for ($i=0; $i<count($interests); $i++){
                $interest=$interests[$i];
        ?>
        <a class="nav-link <?=$interest_id==$interest->getId()?"active":""?>"
href="index.php?interest_id=<?=$interest->getId()?>">
            <?php echo $interest->getName() ?>
        </a>
        <?php } ?>
    </div>
</div>
```

（2）移动端：新增一组兴趣列表，当屏幕宽度小于 768px 时显示适应移动端的页面效果，页面占窗口全部宽度，布局结构变为上下结构。

```
<!-- 移动端 -->
<div class="col-12 d-block d-md-none mb-2">
    <div class="nav nav-pills d-flex justify-content-between">
        <a  class="nav-link  <?php  if($interest_id==0){echo  "active";}  ?>"
href="index.php?interest_id=0">推荐</a>
        <?php
            // 遍历查询出来的兴趣数组
            for ($i=0; $i<count($interests); $i++){
             $interest=$interests[$i];
        ?>
        <a class="nav-link <?=$interest_id==$interest->getId()?"active":""?>"
href="index.php?interest_id=<?=$interest->getId()?>">
            <?php echo $interest->getName() ?>
        </a>
        <?php } ?>
    </div>
</div>
```

3．响应式趣点列表

趣点列表占 10 列，使用.card-columns 类将趣点瀑布式排列。Bootstrap 框架的.card-columns 类预设了响应式，当屏幕宽度小于 576px 时，会由原来的 3 列变为 1 列。

（1）PC 端效果如图 21-59 所示。

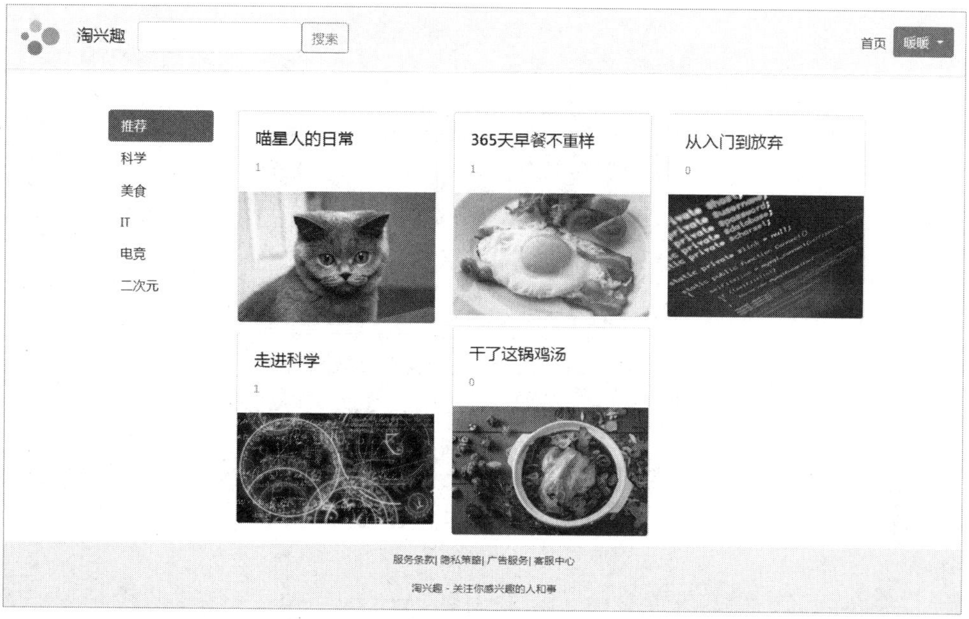

图 21-59

（2）移动端效果如图 21-60 所示。

图 21-60

21.14 第三阶段 AJAX+JSON：用户注册

21.14.1 工作任务

游客访问系统，可以通过注册成为系统的用户，注册页面包含账号、密码、性别、邮箱、手机号，以及“注册”按钮等内容，如图 21-61 所示。注册成功后跳转到登录页面。

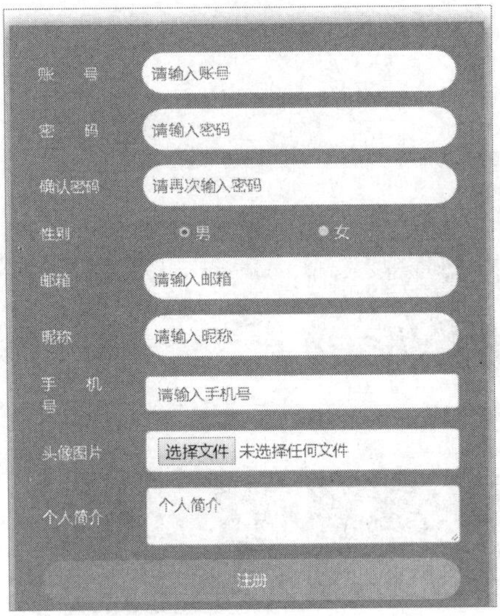

图 21-61

21.14.2 设计思路

（1）在 app 文件夹下创建 User.php 文件和 Code.php 文件，定义 User 实体类和 Code 类。

（2）创建 UserDao.php 文件，在 UserDao.php 文件中操作 users 表中的数据，编写用户登录函数。

（3）在 public 文件夹中创建 register.php 文件，调用 UserDao.php 文件中的函数，处理 AJAX 请求，返回 JSON 格式的数据。

（4）创建 register.js 文件，发送 AJAX 请求至 register.php 文件，获取 register.php 文件返回的 JSON 格式的数据。

（5）在 public 文件夹中创建 register.html 页面，展示注册表单。

注册实现流程如图 21-62 所示。

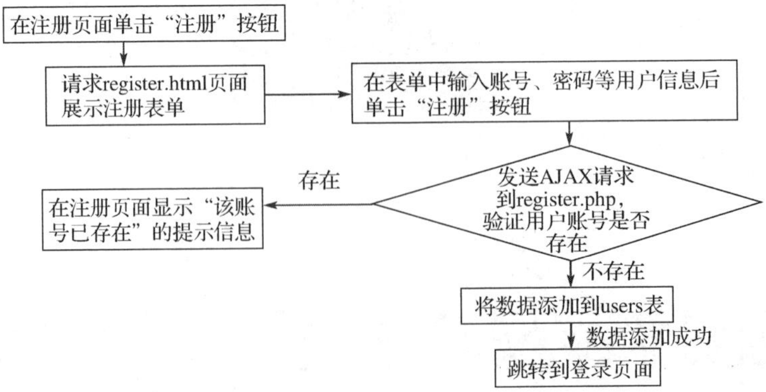

图 21-62

21.14.3　实现（跟我做）

1．创建用户实体类 User

在 app 文件夹下创建 User.php 文件，对应 users 表创建用户 User 实体类。

（1）创建 User 实体类，定义与数据库字段对应的属性。

```
<?php
class User {
private $id;
// 用户账号
private $account;
// 用户密码
private $password;
// 性别
private $sex;
// 手机号
private $mobile;
......
```

（2）在 User 实体类中编写构造函数 function __construct()。

```
 /* 构造函数 */
function __construct() {
   $id = 0;
   $this -> account = "";
   $this -> password = "";
   $this -> sex=0;
   $this -> mobile="";
   ......
}
```

（3）在 User 实体类中编写各个字段的 set 与 get 方法。

```
function setId($par) {
   $this -> id = $par;
}

function getId() {
   return $this -> id;
}
......
```

2．创建错误码定义类 Code

定义状态码，代码如下：

```
<?php
/**
 * 创建错误码定义
 */
class Code {
   // 正常
   const OK = 200;
   // 服务器端异常
   const SERVER_ERROR = 500;
   // 账号为空
   const USERNAME_CANNOT_NULL = 1;
   // 用户密码为空
   const USERPASS_CANNOT_NULL = 2;
```

```
    // 账号已存在
    const USERNAME_EXSITS = 3;
    // 账号或密码错误
    const USERNAME_PASS_ERROR = 4;
    // 新增失败
    const INSERT_FAILED = 5;
    // 上传失败
    const UPLOAD_FAILED = 6;
    // 用户未登录
    const USER_NOT_LOGINED = 7;
    // 用户登出
    const LOGOFF=8;
    // 趣点不存在
    const TOPIC_NOT_EXSIT=9;
    // 趣点 id 不存在
    const TOPICID_NOT_EXSIT=10;
    // 微博不存在
    const BLOG_NOT_EXSIT=11;
    // 微博 id 不存在
    const BLOGID_NOT_EXSIT=12;
}
```

3. 操作数据库

在 UserDao.php 文件中操作 users 表，定义用户登录函数。

（1）在 UserDao.php 文件中引入 Database 实体类。

```
include_once __DIR__ . "/Database.php";
```

（2）创建一个 users 表数据操作类，继承 Database 基类。

```
// 创建 users 表数据操作类继承 Database 类
class UserDao extends Database {}
```

（3）在 UserDao 类中定义验证账号是否存在的函数，根据账号查询 users 表，判断账号是否已存在。

```
class UserDao extends Database {
    // 判断用户账号是否已存在
    function exists($account) {
        $flag = false;
        if ($this -> open()) {
            $sql = "select id from users where account=?";
            $stmt = $this -> conn -> prepare($sql);
            $stmt -> bind_param("s", $account);
            $stmt -> execute();
            if ($stmt -> fetch()) {
                $flag = true;
            }
            $stmt -> free_result();
        } else {
            print("open false.");
        }
        return $flag;
    }
}
```

（4）在 UserDao 类中定义新增用户的函数，把用户填入的信息插入到 users 表中。

```
class UserDao extends Database {
    // 添加用户
```

```
    function addUser($user) {
    $flag = false;
    if ($this -> open()) {
      $sql = "insert into users(account, password, sex,mobile,email,nickname,
image,resume) values(?,?,?,?,?,?,?,?)";
      $stmt = $this -> conn -> prepare($sql);
      $user_account = $user -> getAccount();
      $user_password = $user -> getPassword();
      $user_sex = $user -> getSex();
      $user_mobile = $user -> getMobile();
      $user_email = $user -> getEmail();
      $user_nickname = $user -> getNickname();
      $user_img=$user->getImg();
      $user_resume=$user->getResume();
      $stmt -> bind_param("ssssssss", $user_account, $user_password, $user_sex,
$user_mobile,$user_email,$user_nickname,$user_img,$user_resume);
      $stmt -> execute();
      if ($stmt -> affected_rows == 1) {
        $flag = true;
      }
      $stmt -> free_result();
    }
    return $flag;
  }
}
```

4．注册

（1）在 register.php 文件中验证登录信息，返回 JSON 格式的数据。

- 引入文件。

```
<?php
include_once dirname(__DIR__) . "/app/User.php";
include_once dirname(__DIR__) . "/app/UserDao.php";
include_once dirname(__DIR__) . "/app/Code.php";
```

- 从表单中取值。

```
// 判断是否为 POST 请求
if ($_SERVER["REQUEST_METHOD"] == "POST") {
   // 从表单中取值
   $account = $_POST["account"];
   $password = $_POST["password"];
   $sex = $_POST["sex"];
   $mobile = $_POST["mobile"];
   $email = $_POST["email"];
   $nickname = $_POST["nickname"];
   $resume = $_POST["resume"];
}
```

- 获得上传的文件，若文件上传失败则返回{"code":6,"message":"图片上传失败"}。

```
if ($_SERVER["REQUEST_METHOD"] == "POST") {
   // 从表单中取值
   $account = $_POST["account"];
   $password = $_POST["password"];
   $sex = $_POST["sex"];
   $mobile = $_POST["mobile"];
   $email = $_POST["email"];
   $nickname = $_POST["nickname"];
```

```
    $resume = $_POST["resume"];
    // 获得上传的文件
    if ($_FILES["img"]["error"] > 0) {
        $result["code"] = Code::UPLOAD_FAILED;
        $result["message"] = "图片上传失败！";
        return $result;
    }
    $image_path = __DIR__ . "/upload/user_img/" . $_FILES["img"]["name"];
    move_uploaded_file($_FILES["img"]["tmp_name"], $image_path);
    $img= "/upload/user_img/" . $_FILES["img"]["name"];
}
```

- 创建用户实体类。

```
if ($_SERVER["REQUEST_METHOD"] == "POST") {
    // 从表单中取值
    $account = $_POST["account"];
    $password = $_POST["password"];
    $sex = $_POST["sex"];
    $mobile = $_POST["mobile"];
    $email = $_POST["email"];
    $nickname = $_POST["nickname"];
    $resume = $_POST["resume"];
    // 获得上传的文件
    if ($_FILES["img"]["error"] > 0) {
        $result["code"] = Code::UPLOAD_FAILED;
        $result["message"] = "图片上传失败！";
        return $result;
    }
    $image_path = __DIR__ . "/upload/user_img/" . $_FILES["img"]["name"];
    move_uploaded_file($_FILES["img"]["tmp_name"], $image_path);
    $img= "/upload/user_img/" . $_FILES["img"]["name"];
    // 创建用户实体类
    $user = new User();
    $user -> setAccount($account);
    $user -> setPassword(md5($password));
    $user -> setSex($sex);
    $user -> setMobile($mobile);
    $user -> setEmail($email);
    $user -> setNickname($nickname);
    $user -> setImg($img);
    $user -> setResume($resume);
}
```

- 查询用户账号是否已存在，若已存在则返回{"code":3,"message":"该账号已存在"}；若账号不存在，则新增用户，新增失败则返回{"code":5,"message":"新增用户失败"}。

```
if ($_SERVER["REQUEST_METHOD"] == "POST") {
    // 从表单中取值
    $account = $_POST["account"];
    $password = $_POST["password"];
    $sex = $_POST["sex"];
    $mobile = $_POST["mobile"];
    $email = $_POST["email"];
    $nickname = $_POST["nickname"];
    $resume = $_POST["resume"];
    // 获得上传的文件
    if ($_FILES["img"]["error"] > 0) {
```

```
        $result["code"] = Code::UPLOAD_FAILED;
        $result["message"] = "图片上传失败！";
        return $result;
    }
    $image_path = __DIR__ . "/upload/user_img/" . $_FILES["img"]["name"];
    move_uploaded_file($_FILES["img"]["tmp_name"], $image_path);
    $img= "/upload/user_img/" . $_FILES["img"]["name"];
    // 创建用户实体类
    $user = new User();
    $user -> setAccount($account);
    $user -> setPassword(md5($password));
    $user -> setSex($sex);
    $user -> setMobile($mobile);
    $user -> setEmail($email);
    $user -> setNickname($nickname);
    $user -> setImg($img);
    $user -> setResume($resume);
    // 查询用户是否已存在
    $result["code"] = Code::OK;
    $dao = new UserDao();
    if ($dao -> exists($account) == true) {
        $result["code"] = Code::USERNAME_EXSITS;
        $result["message"] = "该账号已存在";
    }
    // 若用户未存在，则新增用户，若新增失败则返回错误码和提示信息
    else {
        if (!$dao -> addUser($user)) {
            $result["code"] = Code::INSERT_FAILED;
            $result["message"] = "新增用户失败";
        }
    }
}
```

- 新增用户成功，返回{"code":200}。

```
if ($_SERVER["REQUEST_METHOD"] == "POST") {
    // 从表单中取值
    $account = $_POST["account"];
    $password = $_POST["password"];
    $sex = $_POST["sex"];
    $mobile = $_POST["mobile"];
    $email = $_POST["email"];
    $nickname = $_POST["nickname"];
    $resume = $_POST["resume"];
    // 获得上传的文件
    if ($_FILES["img"]["error"] > 0) {
        $result["code"] = Code::UPLOAD_FAILED;
        $result["message"] = "图片上传失败！";
        return $result;
    }
    $image_path = __DIR__ . "/upload/user_img/" . $_FILES["img"]["name"];
    move_uploaded_file($_FILES["img"]["tmp_name"], $image_path);
    $img= "/upload/user_img/" . $_FILES["img"]["name"];
    // 创建用户实体类
    $user = new User();
    $user -> setAccount($account);
    $user -> setPassword(md5($password));
```

```
    $user -> setSex($sex);
    $user -> setMobile($mobile);
    $user -> setEmail($email);
    $user -> setNickname($nickname);
    $user -> setImg($img);
    $user -> setResume($resume);
    // 查询用户是否已存在
    $result["code"] = Code::OK;
    $dao = new UserDao();
    if ($dao -> exists($account) == true) {
        $result["code"] = Code::USERNAME_EXSITS;
        $result["message"] = "该账号已存在";
    }
    // 若用户未存在，则新增用户，若新增失败则返回错误码和提示信息
    else {
        if (!$dao -> addUser($user)) {
            $result["code"] = Code::INSERT_FAILED;
            $result["message"] = "新增用户失败";
        }
    }
    echo json_encode($result);
}
```

（2）在注册页面（register.html）中创建注册表单。

- 在页面中引入 register.js 文件。

```
<script src="js/register.js"></script>
```

- 将 register()函数绑定到注册按钮点击事件。

```
<form class="form" method="post"enctype="multipart/form-data">
    <div class="form-group d-flex align-items-center">
        <label for="user" class="two">账号</label>
        <input id="account" name="account" type="text" class="form-control"
placeholder="请输入账号" required="required" />
    </div>
    <div class="form-group d-flex align-items-center">
        <label for="password" class="two">密码</label>
        <input id="password" name="password" class="form-control" type="password"
placeholder="请输入密码" required="required" spellcheck="true" />
    </div>
    <div class="form-group d-flex align-items-center">
        <label for="re_password">确认密码</label>
        <input id="re_password" class="form-control" type="password" placeholder=
"请再次输入密码" required="required" spellcheck="true" />
    </div>
    <div class="form-group d-flex align-items-center">
        <label >性别</label>
        <label class="radio-inline">
            <input type="radio" name="sex" id="man" value="0" checked> 男
        </label>
        <label class="radio-inline">
            <input type="radio" name="sex" id="wom"value="1"> 女
        </label>
    </div>
    <div class="form-group d-flex align-items-center">
        <label for="email">邮箱</label>
        <input id="email" name="email" class="form-control" type="email"
```

```
placeholder="请输入邮箱" required="required"/>
    </div>
    <div class="form-group d-flex align-items-center">
        <label for="nickname">昵称</label>
        <input id="nickname" name="nickname" class="form-control" type="text"
placeholder="请输入昵称" required="required"/>
    </div>
    <div class="form-group d-flex align-items-center">
        <label for="mobile" class="two">手机号</label>
        <input id="mobile" name="mobile" class="form-control" type="number"
placeholder="请输入手机号" required="required" spellcheck="true" />
    </div>
    <div class="form-group d-flex align-items-center">
        <label for="img">头像图片</label>
        <input id="img" name="img" class="form-control" type="file" required=
"required"/>
    </div>
    <div class="form-group d-flex align-items-center">
        <label for="resume">个人简介</label>
        <textarea id="resume" name="resume" class="form-control" type="text"
placeholder="个人简介" required="required"></textarea>
    </div>
    <div class="form-group">
        <input id="reg_btn" type="submit" onclick="return register()" value="
注册" />
    </div>
</form>
```

（3）创建 register.js 文件，创建 register()函数。

- 获取用户输入到表单的值。

```
function register() {
    // 获取用户输入到表单的值
    var formData = new FormData();
    formData.append("account", $("#account").val());
    formData.append("password",$("#password").val());
    var radios = $("[name='sex']");
    var sex;
    for(var i=0;i<radios.length;i++){
        if(radios[i].checked){
            sex = radios[i].value;
            break;
        }
    }
    formData.append("sex", sex);
    formData.append("mobile", $("#mobile").val());
    formData.append("email", $("#email").val());
    formData.append("nickname", $("#nickname").val());
    formData.append("img", $("#img")[0].files[0]);
    formData.append("resume", $("#resume").val());
}
```

- 发送 AJAX 请求到 register.php 文件，传入表单中的值，获取返回的 JSON 格式的数据，注册成功后跳转到登录页面。

```
function register() {
    // 获取用户输入到表单的值
    var formData = new FormData();
```

```
    formData.append("account", $("#account").val());
    formData.append("password",$("#password").val());
    var radios = $("[name='sex']");
    var sex;
    for(var i=0;i<radios.length;i++){
        if(radios[i].checked){
            sex = radios[i].value;
            break;
        }
    }
    formData.append("sex", sex);
    formData.append("mobile", $("#mobile").val());
    formData.append("email", $("#email").val());
    formData.append("nickname", $("#nickname").val());
    formData.append("img", $("#img")[0].files[0]);
    formData.append("resume", $("#resume").val());
    // 发送 AJAX 请求
    $.ajax({
        type: "post",
        url: "register.php",
        data: formData,
        // 如果传递的是 FormData 数据类型，那么下面的 3 个参数是必须的，否则会报错
        cache: false, // 默认是 true，但是一般不做缓存
        // 用于对 data 参数进行序列化处理，这里必须是 false，如果是 true，就会将 FormData
数据类型转换为 String 类型
        processData: false,
        // 一些文件上传 http 协议的关系，如果上传的内容包含文件，那么只能设置为 false
        contentType: false,
        dataType: "json",
        success: function(result) {
            if(result.code == 200) {
                alert("注册成功！");
                window.location.href = "login.html";
            } else {
                alert(result.message);
            }
        },
        error: function(jqXHR, textStatus, errorThrown) {
            alert(jqXHR.status);
            alert(jqXHR.responseText);
        }
    });
}
```

- 函数最后返回 false，阻止表单提交。

```
function register() {
    var formData = new FormData();
    formData.append("account", $("#account").val());
    formData.append("password",$("#password").val());
    var radios = $("[name='sex']");
    var sex;
    for(var i=0;i<radios.length;i++){
        if(radios[i].checked){
            sex = radios[i].value;
            break;
        }
```

```
    }
    formData.append("sex", sex);
    formData.append("mobile", $("#mobile").val());
    formData.append("email", $("#email").val());
    formData.append("nickname", $("#nickname").val());
    formData.append("img", $("#img")[0].files[0]);
    formData.append("resume", $("#resume").val());
    $.ajax({
        type: "post",
        url: "register.php",
        data: formData,
        // 如果传递的是 FormData 数据类型，那么下面的 3 个参数是必须的，否则会报错
        cache: false, // 默认是 true，但是一般不做缓存
        // 用于对 data 参数进行序列化处理，这里必须是 false，如果是 true，就会将 FormData
数据类型转换为 String 类型
        processData: false,
        // 一些文件上传 http 协议的关系，如果上传的内容包含文件，那么只能设置为 false
        contentType: false,
        dataType: "json",
        success: function(result) {
            if(result.code == 200) {
                alert("注册成功！");
                window.location.href = "login.html";
            } else {
                alert(result.message);
            }
        },
        error: function(jqXHR, textStatus, errorThrown) {
            alert(jqXHR.status);
            alert(jqXHR.responseText);
        }
});
    return false;
}
```

21.15　第三阶段 AJAX+JSON：用户登录

21.15.1　工作任务

此部分的工作任务为实现用户登录功能。

（1）用户通过单击首页头部导航栏的“登录”下拉列表框然后选择“登录”选项，进入登录页面。

“登录”选项如图 21-63 所示。

图 21-63

登录页面如图 21-64 所示。

（2）登录成功跳转到个人中心页面，头部导航栏的下拉列表框展示更多选项，选择“登出”，可以清除用户登录状态，返回到登录页面。页面效果如图 21-65 所示。

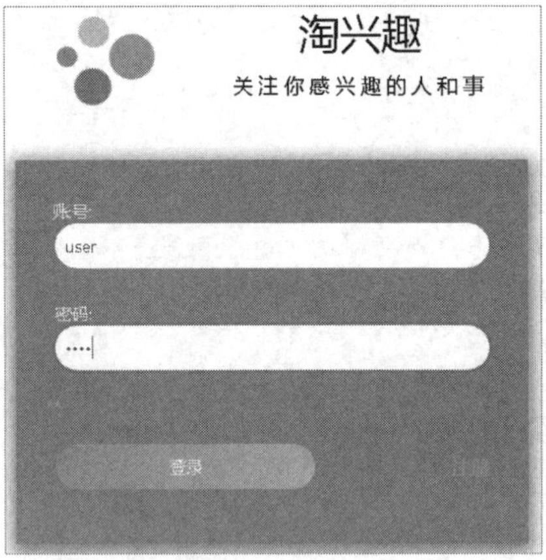

图 21-64

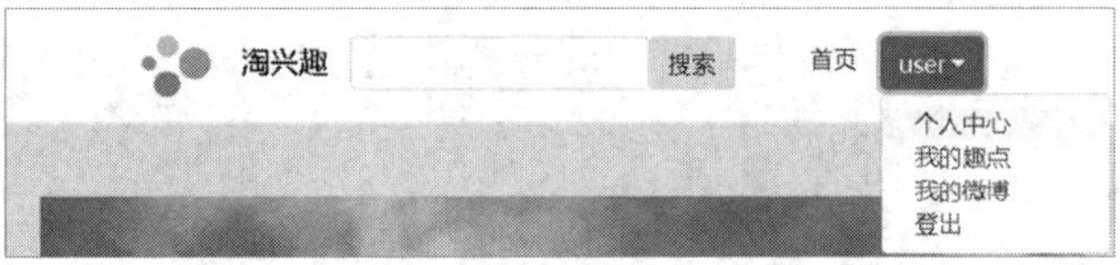

图 21-65

21.15.2　设计思路

（1）复用 User.php 文件和 Code.php 文件，复用 User 实体类和 Code 实体类。

（2）创建 UserDao.php 文件，在 UserDao.php 文件中操作 users 表的数据，编写验证用户账号是否存在的函数和新增用户的函数。

（3）在 public 文件夹中创建 login.php 文件，调用 UserDao.php 文件中的函数，处理 AJAX 请求并返回 JSON 格式数据。

（4）创建 login.js 文件，发送 AJAX 请求到 login.php 文件，获取返回的 JSON 格式的数据。

（5）在 public 文件夹中创建 login.html 页面，展示登录表单，并引入 login.js 文件。

登录实现流程如图 21-66 所示。

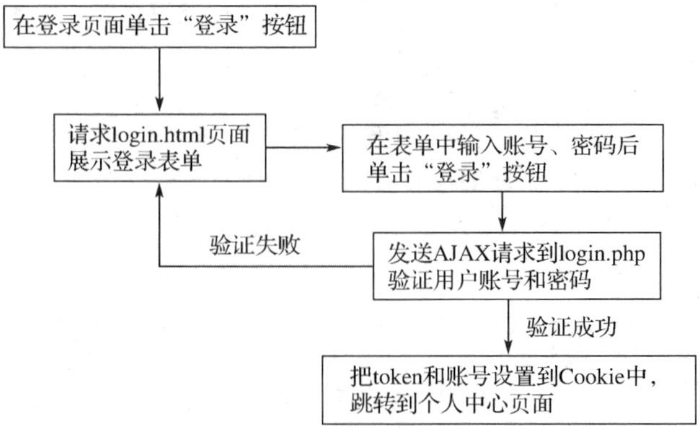

图 21-66

21.15.3　实现（跟我做）

1．操作数据库

在 UserDao.php 文件中操作 users 表，定义用户登录的函数。

- 在 UserDao.php 文件中引入 Database 实体类。

```
include_once __DIR__ . "/Database.php";
```

- 创建一个 users 表数据操作类，继承 Database 基类。

```
// 创建 users 表数据操作类继承 Database 类
class UserDao extends Database {}
```

- 在 UserDao 类中定义用户登录的函数，根据账号和密码查询 users 表，查询成功设置用户 id。

```
class UserDao extends Database {
    // 处理登录，验证账号和密码
    function checkLogin($user) {
        $flag = false;
        if ($this -> open()) {
            $sql = "select id from users where account=? and password=?";
            $stmt = $this -> conn -> prepare($sql);
            $account = $user -> getAccount();
            $password = $user -> getPassword();
            // bind_param()函数绑定了 SQL 的参数，且告诉数据库参数的值，"s"字符告诉数
据库该参数为字符串
            $stmt -> bind_param("ss", $account, $password);
            // 绑定查询结果
            $stmt->bind_result($id);
            // 执行 SQL 语句
            $stmt -> execute();
            // 获得执行结果
            if ($stmt -> fetch()) {
                $flag = true;
                $user->setId($id);
            }
            $stmt -> free_result();
        } else {
          print("open false.");
        }
        return $flag;
    }
}
```

2．验证登录信息并返回数据

在 login.php 文件中验证登录信息，返回 JSON 数据。

（1）引入文件。

（2）判断是否为 POST 请求。

（3）从表单中取值。

（4）创建用户实体类。

（5）创建用户数据操作类，调用 checkLogin()函数，验证登录信息。

（6）若验证成功则将当前登录 id 存到 Session 中，返回用户账号，并将 id 加密后作为 token 返回，返回的信息为{"code":200,"account":账号,"token":加密的密码}。

（7）若验证失败，则返回异常信息{"code":4,"message":"账号或密码错误!"}。

```
<?php
include_once dirname(__DIR__) . "/app/user.php";
include_once dirname(__DIR__) . "/app/userDao.php";
include_once dirname(__DIR__) . "/app/Code.php";
// 判断是否为 POST 请求
if ($_SERVER["REQUEST_METHOD"] == "POST") {
    // 从表单中取值
    $account = $_POST["account"];
    $password = $_POST["password"];

    // 创建用户实体类
    $user = new user();
    $user -> setAccount($account);
    $user -> setPassword(md5($password));

    // 查询用户是否已存在
    $result["code"] = Code::OK;
    $dao = new UserDao();
    // 检查登录信息
    if ($dao -> checkLogin($user)) {
        // 信息无误，则将当前登录 id 存到 Session 中
        session_start();
        $_SESSION["user_id"] = $user -> getId();
        // 将 id 加密后，作为 token 返回
        $result["code"] = Code::OK;
        $result["account"] = $account;
        $result["token"] = md5($user -> getId());
    }
    // 信息异常，返回异常信息
    else {
        $result["code"] = Code::USERNAME_PASS_ERROR;
        $result["message"] = "账号或密码错误!";
    }
    echo json_encode($result);
}
```

3. 在登录页面（login.html）中创建登录表单

（1）在页面中引入 login.js 文件。

```
<script src="js/login.js"></script>
<script src="js/cookie.js" ></script>
```

（2）将 login()函数绑定到登录按钮点击事件。

```
<form class="form" method="post">
    <div class="form-group p-2">
        <label for="user">账号：</label>
        <input type="text" id="account" name="account" class="form-control"
placeholder="请输入账号" required="required" />
    </div>
    <div class="form-group p-2">
        <label for="user">密码：</label>
        <input type="password" id="password" name="password" class="form-control"
placeholder="请输入密码" required="required" />
    </div>
    <!-- 显示登录的错误提示信息 -->
```

```
    <p id="message" class="text-warning">**</p>
    <div class="form-group p-2 d-flex align-items-center">
        <input  id="log_btn"  class="mr-auto"  type="submit"  onclick="return
login()" value="登录" />
        <a id="to_register" href="register.html">注册</a>
    </div>
</form>
```

（3）创建 Cookie.js 文件，在里面封装操作 Cookie 的方法。

```
var CookieUtil = {
    // 设置 Cookie
    set: function(name, value) {
        var cookieText = "";
        cookieText += encodeURIComponent(name) + "=" + encodeURIComponent(value);
        document.cookie = cookieText;
    },
    // 获取 Cookie
    get: function(name) {
        var cookieName = encodeURIComponent(name) + "=",
        cookieStart = document.cookie.indexOf(cookieName),
        cookieValue = "";
        if(cookieStart > -1) {
            var cookieEnd = document.cookie.indexOf(";", cookieStart);
            if(cookieEnd == -1) {
                cookieEnd = document.cookie.length;
            }
            cookieValue = decodeURIComponent(document.cookie.substring
(cookieStart + cookieName.length, cookieEnd));
        }
        return cookieValue;
    },
    // 删除 Cookie
    unset: function(name) {
        this.set(name, "");
    }
};
```

4．创建 login.js 文件，定义 login()函数

（1）发送 AJAX 请求到 login.php 文件获取数据，传入账号和密码。

（2）请求成功后把返回的 token 和账号分别设置到 Cookie 中，再跳转到个人中心页面（user_center.html）。

（3）若请求失败，则将返回的错误提示显示在 id 为 message 的元素中。

```
function login() {
    $.ajax({
        type: "post",// 请求方法
        url: "login.php",// 请求地址
        data:{// 传入的参数
            "account": $("#account").val(),
            "password": $("#password").val(),
        },
        dataType: "json",// 数据类型为 JSON 格式
        success: function(result) {
            if(result.code == 200) {
                CookieUtil.set("tokenA", result.token);
                CookieUtil.set("admin", result.account);
```

```
                // 跳转到个人中心页面
                window.location.href = "user_center.html";
            } else {
                // 将返回的错误提示显示在 id 为 message 的元素中
                $("#message").text(result.message);
            }
        },
        error: function(jqXHR, textStatus, errorThrown) {
        alert(jqXHR.responseText);
        }
    });
    return false;
}
```

页面效果如图 21-67 所示。

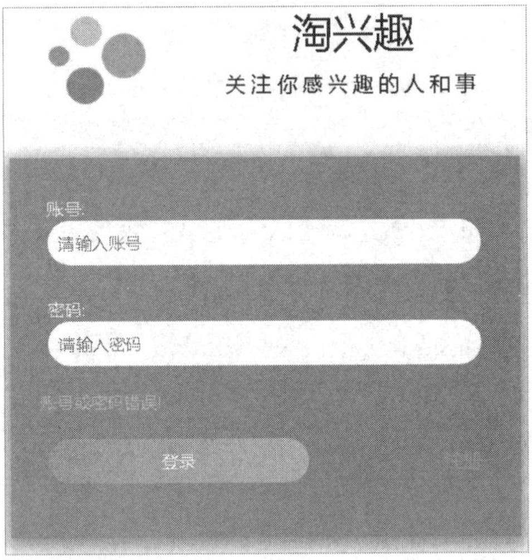

图 21-67

5. 登录

登录成功后，跳转到个人中心页面，头部导航栏新增“我的趣点”“我的微博”选项；“登录”选项变成“登出”选项。

在 header.html 中编写如下 JavaScript 代码：

```
<script>
    $(init());
    function init() {
        var account = CookieUtil.get("account");
        if(account == null || account == "") {
            $("#dropdown").text("登录");
            var text="<a class='dropdown-item' href='user_center.html'>个人中心
</a>"+
            "<a class='dropdown-item' href='login.html'>登录</a>"
            $(".dropdown-menu").append(text);
        } else {
            $("#dropdown").text(account);
            var text="<a class='dropdown-item' href='user_center.html'>个人中心
</a>"+
            "<a class='dropdown-item' href='my_topic.html'>我的趣点</a>"+
```

```
            "<a class='dropdown-item' href='my_blogs.html'>我的微博</a>"+
            "<a class='dropdown-item' href='javascript:logoff()'>登出</a>"
            $(".dropdown-menu").append(text);
        }
    }
</script>
```

页面效果如图 21-68 所示。

图 21-68

6．登出

（1）在 logoff.php 文件中处理登出逻辑，若登出请求中 token 参数值与 SESSION 中的 user_id 值匹配则返回{"code":200}；若信息不匹配则返回{"code":500,"message":"信息不匹配"}。

```
<?php
include_once dirname(__DIR__) . "/app/Code.php";
$token = $_POST["token"];
session_start();

if (isset($_SESSION["user_id"])) {
    $userId = $_SESSION["user_id"];

    if ($userId && md5($userId) == $token) {
        unset($_SESSION["user_id"]);
        session_destroy();
        $result["code"] = Code::OK;
        echo json_encode($result);
    } else {
        $result["code"] = Code::SERVER_ERROR;
        $result["message"] = "信息不匹配";
        echo json_encode($result);
    }
}
```

（2）选择“登出”选项退出登录状态。

- 给“登出”选项绑定一个 logoff()函数，选择“登出”选项则调用 logoff()函数。

```
"<a class='dropdown-item' href='javascript:logoff()'>登出</a>"
```

页面效果如图 21-69 所示。

图 21-69

- 在 header.html 页面中定义 logoff()函数，在 logoff()函数中发送 AJAX 请求到 logoff.php 文件，请求成功后清空 Cookie，跳转到登录页面。

```
<script>
    function logoff() {
        $.ajax({
            type: "post",
            url: "logoff.php",
            data: {
                "token": CookieUtil.get("tokenA")
            },
            dataType: "json",
            success: function(result) {
                if(result.code == 200) {
                    CookieUtil.unset("account");
                    window.location.href = "login.html";
                } else {
                    alert(result.message);
                }
            },
            error: function(jqXHR, textStatus, errorThrown) {
                alert(jqXHR.responseText);
            }
        });
    }
</script>
```

21.16 第三阶段 AJAX+JSON：趣点管理

21.16.1 工作任务

此部分的工作任务为实现趣点管理功能。

（1）用户登录后进入个人中心页面，单击“创建趣点”进入创建趣点页面。页面包含兴趣列表、趣点名、内容和图片文件，趣点名为必填项。单击“提交”按钮后，创建 1 条兴趣记录。页面效果如图 21-70 所示。

图 21-70

（2）单击页面头部的“搜索”按钮，可以进入趣点的搜索页面。页面头部效果如图 21-71 所示。

图 21-71

（3）在搜索页面，分页显示趣点列表，每页显示 3 条记录。每条记录分别显示：序号、趣点图片、趣点名、参与人数。页面效果如图 21-72 所示。

图 21-72

（4）单击搜索页面中的某条趣点图片，进入趣点详情页面。趣点详情页面为左右结构，左边是趣点相关信息，右边是趣点下的微博列表。页面效果如图 21-73 所示。

（5）登录用户可以单击“订阅”按钮，订阅感兴趣的趣点，订阅成功后订阅按钮显示为“已订阅”。页面效果如图 21-74 所示。

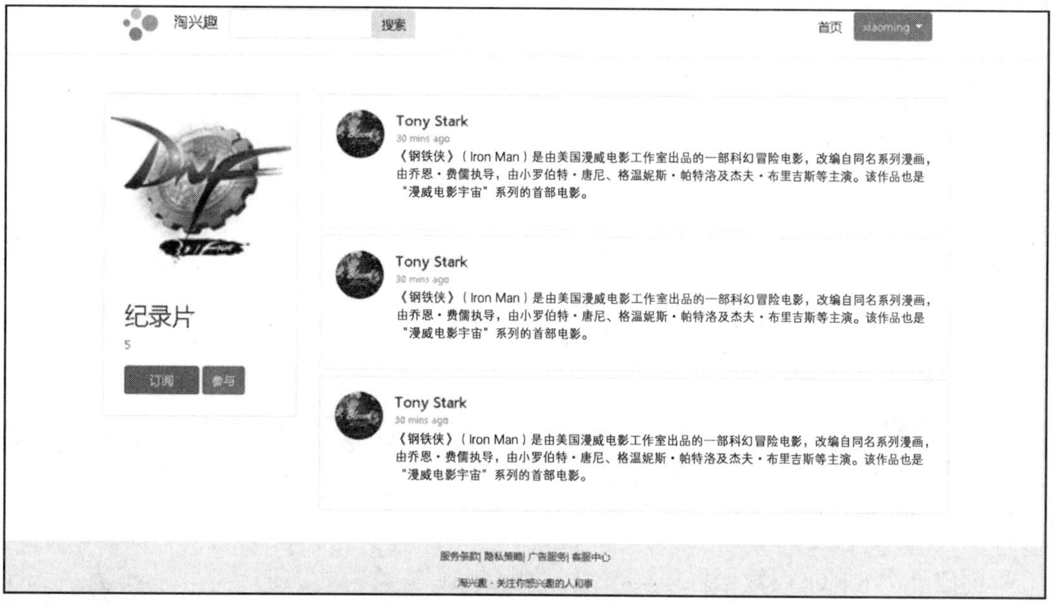

图 21-73

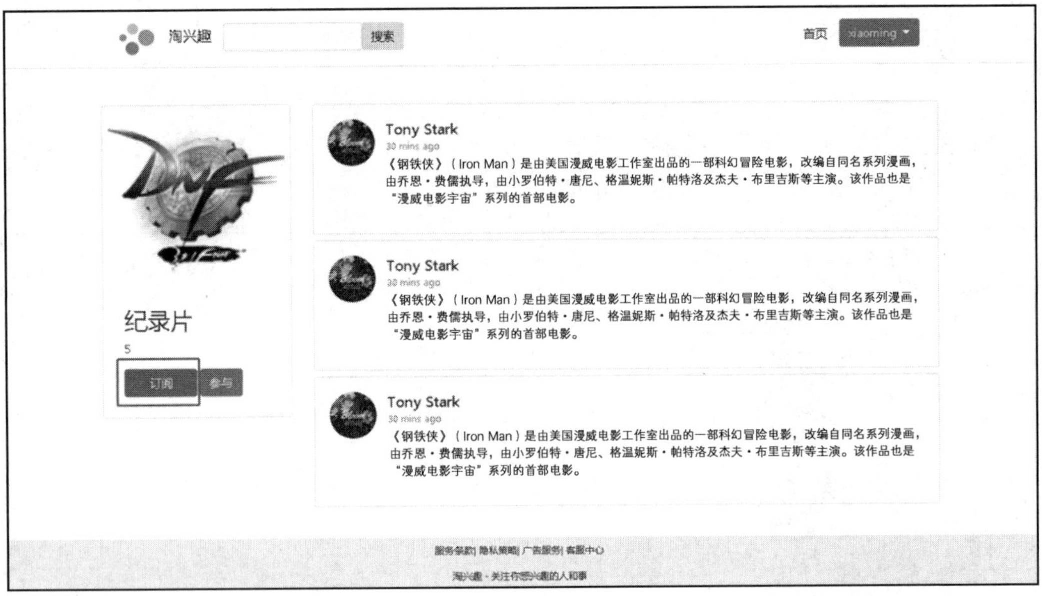

图 21-74

21.16.2 设计思路

（1）在 app 文件夹下创建 Topic.php 文件，根据 topics 表中字段定义 Topic 实体类。

（2）创建 TopicDao.php 文件，在 TopicDao.php 文件中定义操作 topics 表数据的函数。

（3）在 search_topics.js 文件发送 AJAX 请求，在 search_topics.php 文件处理搜索请求。

（4）在 create_topic.js 文件发送创建趣点的 AJAX 请求，在 create_topic.php 文件处理请求。

（5）在 show_topic.js 文件发送获取趣点详情的 AJAX 请求，在 show_topic.php 文件处理请求。

（6）在 show_topic.js 文件发送订阅趣点的 AJAX 请求，在 follow.php 文件处理请求。

21.16.3 实现（跟我做）

1. 创建趣点实体类 Topic

在 app 文件夹下创建 Topic.php 文件，对应 topics 表创建趣点实体类 Topic。

（1）创建 Topic 实体类，定义与数据库字段对应的属性。

（2）编写构造函数：function __construct()。

（3）编写各个字段的 set 与 get 方法。

2. 创建趣点

（1）在 TopicDao.php 文件中操作 topics 表。

- 在 TopicDao.php 文件中引入 Database 实体类。

```
include_once __DIR__ . "/Database.php";
```

- 创建一个 topics 表数据操作类，继承 Database 基类。

```
// 创建 topics 表数据操作类继承 Database 类
class TopicDao extends Database {}
```

- 在 TopicDao 类中定义添加趣点的函数 addTopic()，把用户输入的信息插入 topics 表中。

```
class TopicDao extends Database {
    // 添加趣点
    function addTopic($topic) {
        $flag = false;
        if ($this -> open()) {
            $sql = "insert into topics(interest_id,user_id,name, discribe,image)
values(?,?,?,?,?)";
            $stmt = $this -> conn -> prepare($sql);
            $interest_id = $topic -> getInterest_id();
            $user_id = $topic -> getUser_id();
            $name = $topic -> getName();
            $discribe = $topic -> getDiscribe();
            $image=$topic->getImage();
            $stmt -> bind_param("iisss", $interest_id, $user_id,$name,
$discribe,$image);
            $stmt -> execute();
            if ($stmt -> affected_rows == 1) {
                $flag = true;
            }
            $stmt -> free_result();
        }
        return $flag;
    }
}
```

（2）在 create_topic.php 文件中插入趣点，返回 JSON 格式的数据。

- 引入文件。
- 定义上传文件路径。
- 判断是否为 POST 请求。
- 获取用户输入表单中的值。
- 获取上传的文件，若文件上传失败则返回[{"code":6},{"message":"上传失败"}]。
- 创建趣点实体类，获取表单数据，将表单数据赋值给趣点实体类。
- 创建趣点数据操作类，调用 addTopic()函数，向 topics 表中插入数据。
- 插入数据成功返回{"code":200}。
- 插入数据失败返回[{"code":5},{"message":"新增失败"}]。

```
<?php
include_once dirname(__DIR__) . "/app/Topic.php";
include_once dirname(__DIR__) . "/app/TopicDao.php";
include_once dirname(__DIR__) . "/app/Code.php";
// 判断是否为 POST 请求
if ($_SERVER["REQUEST_METHOD"] == "POST") {
    // 从表单中取值
    $name = $_POST["name"];
    $interest = $_POST["interest"];
    $content = $_POST["content"];
    // 获得上传的文件
    if ($_FILES["image"]["error"] > 0) {
        $result["code"] = Code::UPLOAD_FAILED;
        $result["message"] = "上传失败！";
        return $result;
```

```
    }
    $img_path = __DIR__ . "/upload/topic_img/" . $_FILES["image"]["name"];
    move_uploaded_file($_FILES["image"]["tmp_name"], $img_path);
    $image = "/upload/topic_img/" . $_FILES["image"]["name"];
    // 创建趣点实体类
    $topic = new Topic();
    session_start();
    $topic -> setUser_id($_SESSION["user_id"]);
    $topic -> setName($name);
    $topic -> setInterest_id($interest);
    $topic -> setDiscribe($content);
    $topic -> setImage($image);
    $result["code"] = Code::OK;
    $dao = new TopicDao();
    // 操作数据库表，新增趣点
    if (!$dao -> addTopic($topic)) {
        $result["code"] = Code::INSERT_FAILED;
        $result["message"] = "新增失败";
    }
    echo json_encode($result);
}
```

（3）在添加趣点页面（create_topic.html）中创建添加趣点表单。

- 在登录页面中引入 create_topic.js 文件。

```
<script src="js/cookie.js"></script>
<script src="js/create_topic.js"></script>
```

- 将 create()函数绑定到提交按钮点击事件。

```
<form class="mt-4 w-50 text-center">
    <div class="form-group row">
        <label for="inputEmail3" class="col-3 col-form-label text-center">趣点
名</label>
        <div class="col-9">
            <input  type="text"  name="name"  class="form-control"  id="name"
placeholder="TopicName">
        </div>
    </div>
    <div class="form-group row">
        <label for="inputPassword3" class="col-3 col-form-label text-center">
所属类别</label>
        <div class="col-9">
            <select class="form-control" name="interest" id="interest">
                <!-- 类别列表 -->
                <option value="1">知识</option>
                <option value="2">音乐</option>
            </select>
        </div>
    </div>
    <div class="form-group row">
        <label for="inputPassword3" class="col-3 col-form-label text-center">
内容</label>
        <div class="col-9">
            <input type="text" name="content" class="form-control" id="content"
placeholder="TopicContent">
        </div>
    </div>
```

```
    <div class="form-group row">
        <label for="inputPassword3" class="col-3 col-form-label text-center">图片</label>
        <div class="col-9">
            <input type="file" name="image" class="form-control" id="image" placeholder="TopicImg">
        </div>
    </div>
    <div class="form-group row">
        <div class="col-sm-10 text-center">
            <button type="submit"class="btn btn-primary w-50" onclick="return create()">提交</button>
        </div>
    </div>
</form>
```

运行效果如图 21-75 所示。

图 21-75

（4）创建 create_topic.js 文件，定义 create()函数。

- 获取在表单中输入的值。
- 发送 AJAX 请求到 create_topic.php 文件，传入表单中的值，获取返回的数据。
- 请求成功跳转到我的趣点页面（my_topic.html）。
- 请求失败将返回的错误信息显示出来。

```
function create() {
    var formData = new FormData();
    formData.append("name", $("#name").val());
    formData.append("interest",$("#interest").val());
    formData.append("content", $("#content").val());
    formData.append("image", $("#image")[0].files[0]);
    $.ajax({
        type: "post",
        url: "create_topic.php",
        data: formData,
        // 如果传递的是 FormData 数据类型，那么下面的 3 个参数是必须的，否则会报错
        cache: false, // 默认是 true，但是一般不做缓存
        // 用于对 data 参数进行序列化处理，这里必须是 false，如果是 true，就会将 FormData 数据类型转换为 String 类型
        processData: false,
        // 一些文件上传 http 协议的关系，如果上传的内容包含文件，那么只能设置为 false
        contentType: false,
        dataType: "json",
```

```
        success: function(result) {
            if(result.code == 200) {
                alert("添加成功! ");
                parent.location.href = "my_topic.html";
            } else {alert(result.message);}
        },
        error: function(jqXHR, textStatus, errorThrown) {
            alert(jqXHR.status);
            alert(jqXHR.responseText);
        }
    });
    return false;
}
```

3. 搜索趣点

（1）在 TopicDao 类中定义搜索趣点函数 search()，分页显示搜索结果。

```
class TopicDao extends Database {
    /* 趣点搜索列表*/
    public function search($page, $keyword) {
        if($this->open()) {
            // 计算总记录数
            $sql = "select count(id) as count from topics where name like ? and
del=0";
            $stmt = $this->conn->prepare($sql);
            $str = '%' . $keyword . '%';
            $stmt->bind_param("s", $str);
            $stmt->bind_result($count);
            $stmt->execute();
            if($stmt->fetch()) {
                $page->setTotalCount($count);
            }
            $stmt->free_result();

            // 判断页数是否超过，超过则切换到最后一页
            $total_page_num = $page->getTotalPageNum();
            if($total_page_num < $page->getPageNo()) {
                $page->setPageNo($total_page_num);
            }
        }
    }
class TopicDao extends Database {
    public function search($page, $keyword) {
        if($this->open()) {
            // 查询当前页的记录
            $begin_no = $page->getBeginNo();
            $page_size = $page->getPageSize();
            $sql = "select id,interest_id,user_id,name,discribe,subscripe_num,
image,create_time,update_time from topics where name like ? and del=0 order by
subscripe_num desc limit ?,?";
            $stmt = $this->conn->prepare($sql);
            $str = '%' . $keyword . '%';
            $stmt->bind_result($id, $interest_id, $user_id, $name, $discribe,
$follow_num, $image, $create_time, $update_time);
            $stmt->execute();
            while($stmt->fetch()) {
```

```
            $topic = new Topic();
            $topic->setId($id);
            $topic->setInterest_id($interest_id);
            $topic->setUser_id($user_id);
            $topic->setName($name);
            $topic->setDiscribe($discribe);
            $topic->setSubscripe_num($follow_num);
            $topic->setImage($image);
            $topic->setCreateTime($create_time);
            $topic->setUpdateTime($update_time);
            $page->add($topic);
        }
        $stmt->free_result();
    }
    return $page;
  }
}
```

（2）在 search_topics.php 文件中获取趣点列表数据，返回 JSON 格式的数据。

- 引入文件。
- 获取搜索的关键字。
- 创建趣点数据操作类，调用 search()函数，传入当前页的页码和关键字，获取数据。
- 返回结果。
- 获取数据成功，则返回趣点列表。

```
<?php
include_once dirname(__DIR__) . "/app/TopicDao.php";
include_once dirname(__DIR__) . "/app/Page.php";
include_once dirname(__DIR__) . "/app/Code.php";
$result["code"] = Code::OK;
$page_no = $_POST["page_no"];
$page = new Page();
$page -> setPageNo($page_no);
// 查询记录
$dao = new TopicDao();
$keyword = $_POST["keyword"];
$dao -> search($page, $keyword);
// 返回结果
$result["page_no"] = $page -> getPageNo();
$result["total_count"] = $page -> getTotalCount();
$result["total_page_num"] = $page -> getTotalPageNum();
$result["page_size"] = $page -> getPageSize();
$data = array();
foreach ($page->data as $topic) {
    $id = $topic -> getId();
    $name = $topic -> getName();
    $subscripe_num = $topic->getSubscripe_num();;
    $image = $topic -> getImage();
    $var = array("id" => $id, "name" => $name, "subscripe_num" => $subscripe_num,
"image" => $image);
    array_push($data, $var);
}
$result["data"] = $data;
echo json_encode($result) ;
```

（3）在 header.html 页面中创建搜索表单。

- 在页面中引入 search_topic.js 文件。

```
<script src="js/search_topic.js"></script>
```

- 将 isSearch()函数绑定到搜索按钮点击事件，并传入参数，显示第一页的搜索结果。

```
<form class="form-inline mr-auto" >
<input id="keyword" type="text" class="form-control" />
<input class="btn" type="submit" value="搜索"onclick="return isSearch(1);"/>
</form>
```

- 添加分页切换按钮。

```
<ul class="pagination justify-content-end">
   <li class="page-item ">
      <a class="page-link" href="javascript:previou_page();" tabindex=
"-1"><</a>
   </li>
   <li class="page-item"><a id="page_no" class="page-link" href="#">1</a></li>
   <li class="page-item">
      <a class="page-link"href="javascript:next_page();"> > </a>
   </li>
</ul>
```

（4）创建 search_topic.js 文件，分页展示搜索结果。

- 编辑 search_topic.js 文件，单击“搜索”按钮跳转到 search_topics.html 页面进行搜索。

```
$(function() {
    if(window.location.pathname=="/search_topics.html"){
        search(1);
    }
})
function isSearch(page_no){
    if(window.location.pathname!="/interest/public/search_topics.html"){
        window.location.href="search_topics.html";
    }else{
        search(page_no);
    }
    return false;
}
```

- 编辑 search_topic.js 文件，分页展示搜索结果，并定义分页按钮切换逻辑函数。

```
function previou_page() {
   var page_no = parseInt($("#page_no").text());
   if(page_no == 1) {
      search(1);
   }else {
      search(page_no - 1);
   }
}

function next_page() {
   var page_no = parseInt($("#page_no").text());
   search(page_no + 1);
}
```

运行效果如图 21-76 所示。

图 21-76

- 编辑 search_topic.js 文件，定义搜索函数 search()。
  - ➢ 获取在表单中输入的值。
  - ➢ 发送 AJAX 请求到 search_topics.php 文件，传入表单中的值，获取返回的数据。
  - ➢ 请求成功，将获取到的趣点列表展示在搜索页面中。
  - ➢ 请求失败，将返回的错误信息显示出来。

```
// 搜索趣点
function search(page_no) {
    $.ajax({
        type: "post",
        url: "search_topics.php",
        data: {
            "method": "search",
            "keyword": $("form input:first").val(),
            "page_no": page_no,
        },
        headers: {
            Accept: "application/json; charset=utf-8"
        },
        dataType: "json",
        success: function(result) {
            if(result.code == 200) {
                console.log(result.data);
                $("table tr").remove();
                var sn = (result.page_no - 1) * result.page_size + 1;
                $.each(result.data, function(key, value) {
                    txt = "<tr>" +
                    "<td>" + (sn > 9 ? "" : "0") + sn + "</td>" +
                    "<td><a href='show_topic.html?topic_id="+ value.id + "'><img
width='100px' src=" +value.image + "></a></td>" +
                    "<td>" + value.name + "</td>" +
                    "<td>" + value.subscripe_num + "参与</td>" +
                    "</tr>";
                    $(".table").append(txt);
                    sn++;
                });
                $("#page_no").text(result.page_no == 0 ? 1 : result.page_no);
            } else {
```

```
                $("#message").text(result.message);
            }
        },
        error: function(jqXHR, textStatus, errorThrown) {
            alert(jqXHR.responseText);
        }
    });
    return false;
}
```

4. 显示趣点详情

（1）在 TopicDao 类中定义查询趣点函数 get()，通过传入的 id 值查询 topics 表，获取数据。

```
class TopicDao extends Database {
    // 通过id获得趣点信息
    public function get($topic_id) {
        try {
            if($this->open()) {
                $sql = "select id,interest_id,user_id,name,discribe,subscripe_num,
image,create_time,update_time from topics where id=?";
                $stmt = $this->conn->prepare($sql);
                $stmt->bind_param("i", $topic_id);
                $stmt->bind_result($id, $interest_id, $user_id, $name, $discribe,
$subscripe_num, $image, $create_time, $update_time);
                $stmt->execute();
                $topic = new Topic();
                if($stmt->fetch()) {
                    $topic->setId($id);
                    $topic->setInterest_id($interest_id);
                    $topic->setUser_id($user_id);
                    $topic->setName($name);
                    $topic->setDiscribe($discribe);
                    $topic->setSubscripe_num($subscripe_num);
                    $topic->setImage($image);
                    $topic->setCreateTime($create_time);
                    $topic->setUpdateTime($update_time);
                }
                $stmt->free_result();
                return $topic;
            }
        } catch(Exception $e) {
            var_dump($e->getMessage());
        }
        return null;
    }
}
```

（2）在 show_topic.php 文件中，查询趣点详情数据，并将趣点详情数据以 JSON 格式返回。

- 引入文件。
- 获取传入的趣点 ID。
- 创建趣点数据操作类，调用 get()函数，向 topics 表查询数据。
- 若请求数据成功，则返回{"code":200}。

- 若没有获取到趣点，则返回[{"code":9},{"message":"趣点不存在"}]；若没有收到趣点 ID，则返回[{"code":10},{"message":"趣点 id 不存在"}]。

```
<?php
include_once dirname(__DIR__) . "/app/Topic.php";
include_once dirname(__DIR__) . "/app/TopicDao.php";
include_once dirname(__DIR__) . "/app/Code.php";

$topic_id = $_POST["topic_id"];
$result["code"] = Code::OK;
if ($topic_id) {
    $dao = new TopicDao();
    $topic = $dao -> get($topic_id);
    if ($topic) {
        $id = $topic -> getId();
        $name = $topic -> getName();
        $subscripe_num = $topic -> getSubscripe_num();
        $image = $topic -> getImage();
        $data = array("id" => $id, "name" => $name, "subscripe_num" =>
$subscripe_num, "image" => $image);
        $result["data"] = $data;
    } else {
        $result["code"] = Code::TOPIC_NOT_EXSIT;
        $result["msg"] = "趣点不存在";
    }
} else {
    $result["code"] = Code::TOPICID_NOT_EXSIT;
    $result["msg"] = "趣点 id 不存在";
}
echo json_encode($result);
```

（3）在 show_topic.html 页面中创建趣点详情。

通过选择搜索趣点页面（search_topic.html）的趣点列表中的某条趣点跳转到趣点详情页面。

- 在页面中引入 show_topic.js 文件。

```
<script src="js/show_topic.js"></script>
```

- 搭建趣点详情结构。

```
<div class="col-3">
    <div class="card p-2">
        <img id="timg" class="card-img-top" src="upload/topic/wallhaven-
4vywz3.jpg">
        <div class="card-body">
            <h2 id="name"></h2>
            <p id="join"></p>
            <a id="follow" href="javascript:follow()" class="btn btn-primary
w-50">订阅</a>
            <a id="addBlog" href="add_blog.html" class="btn btn-secondary">参
与</a>
        </div>
    </div>
</div>
```

（4）创建 show_topic.js 文件，获取趣点信息。

- 获取 url 中的 topic_id 参数。

- 发送 AJAX 请求到 show_topic.php 文件，传入趣点 ID，获取返回的数据。
- 若请求成功，则将趣点名、图片、订阅数展示到趣点详情页面（show_topic.html）。
- 若请求失败，则将返回的错误信息显示出来。

```
// 获取 url 中的 topic_id 参数
var reg = new RegExp("(^|&) topic_id=([^&]*)(&|$)");
var r = window.location.search.substr（1）.match(reg);
var topic_id = unescape(r[2]);
$(function() {
    $.ajax({
        type: "post",
        url: "show_topic.php",
        data: {
            "topic_id": topic_id
        },
        headers: {
            Accept: "application/json; charset=utf-8"
        },
        dataType: "json",
        success: function(result) {
            console.log(result.code);
            if(result.code == 200) {
                var topic = result.data;
                $("#name").text(topic.name);
                $("#join").text(topic.subscripe_num);
                $("#timg").attr("src", topic.image);
                $("#addBlog").attr("href","add_blog.html?topic_id="+ topic_id);
            } else {
                $("#message").text(result.message);
            }
        },
    error: function(jqXHR, textStatus, errorThrown) {
        A  lert(jqXHR.responseText);
    }
    });
```

5. 订阅趣点

（1）在 TopicDao 类中定义订阅趣点函数 follow()。

```
class TopicDao extends Database {
    public function follow($uid, $topic_id) {
        $flag = false;
        if($this->open()) {
            $sql = "insert into follows(user_id, topic_id) values(?,?)";
            $stmt = $this->conn->prepare($sql);
            $stmt->bind_param("ii", $uid, $topic_id);
            $stmt->execute();
            if($stmt->affected_rows == 1) {
                $flag = true;
            }
            $stmt->free_result();

            // 更新
            $sql = "update topics set subscripe_num = subscripe_num+1 where id = ?";
            $stmt = $this->conn->prepare($sql);
            $stmt->bind_param("i", $topic_id);
```

```
            $stmt->execute();
            if($stmt->affected_rows == 1) {
                $flag = true;
            }
            $stmt->free_result();
        }
        return $flag;
    }
}
```

（2）在 follow.php 文件中订阅趣点，返回 JSON 数据。

- 引入文件。
- 获取 user_id。
- 创建趣点数据操作类，调用 follow()函数，订阅趣点。
- 若插入数据成功，则返回{"code":200}。
- 若订阅失败，则返回[{"code":500},{"message":"订阅失败"}]。

```
<?php
include_once dirname(__DIR__) . "/app/Code.php";
include_once dirname(__DIR__) . "/app/TopicDao.php";

$topic_id = $_POST["topic_id"];
session_start();
$uid = $_SESSION["user_id"];

$dao = new TopicDao();
if($dao->follow($uid, $topic_id)) {
    $result["code"] = Code::OK;
    echo json_encode($result);
} else {
    $result["code"] = Code::SERVER_ERROR;
    $result["message"] = "订阅失败!";
    echo json_encode($result);
}
```

（3）在 show_topic.html 登录页面中添加“订阅”超链接。

- 在登录页面中引入 show_topic.js 文件。

```
<script src="js/show_topic.js"></script>
```

- 在趣点详情信息模块添加一个“订阅”超链接，绑定一个 follow()函数。

```
<a id="follow" href="javascript:follow()" class="btn btn-primary w-50">订阅
</a>
```

（4）创建 show_topic.js 文件，定义 follow()函数。

- 发送 AJAX 请求到 follow.php 文件，传入趣点 id 值，获取返回的数据。
- 若订阅成功，则订阅文字变为已订阅。
- 若请求失败，则将返回的错误信息显示出来。

```
function follow() {
    $.ajax({
        type: "post",
        url: "follow.php",
        data: {
            "topic_id": topic_id
        },
        headers: {
```

```
        Accept: "application/json; charset=utf-8"
    },
    dataType: "json",
    success: function(result) {
        if(result.code == 200) {
            alert("订阅成功");
            $("#follow").text("已订阅");
            $("#follow").addClass("disabled");
        } else {
            $("#message").text(result.message);
        }
    },
    error: function(jqXHR, textStatus, errorThrown) {
        alert(jqXHR.responseText);
    }
  });
}
```

21.17 第三阶段 AJAX+JSON：微博管理

21.17.1 工作任务

此部分的工作任务为实现微博管理功能。

（1）用户登录后，在趣点详情页面查看某条趣点时，可以在该趣点下单击“参与”按钮，进入发布微博页面，可以发布微博，并且在发布微博内容时可上传图片和视频。页面效果如图 21-77 所示。

图 21-77

（2）当用户选择某条微博时，进入微博详情页面（show_blog.php），可以查看该微博的全部内容，包括图片和视频。页面效果如图 21-78 所示。

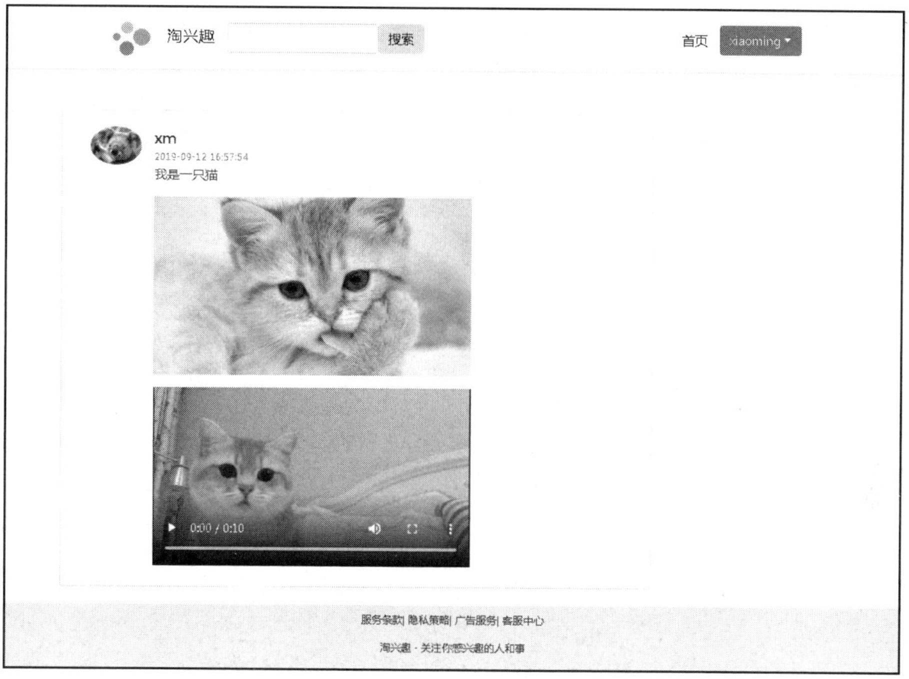

图 21-78

（3）在趣点详情页面显示该趣点下的微博列表。页面效果如图 21-79 所示。

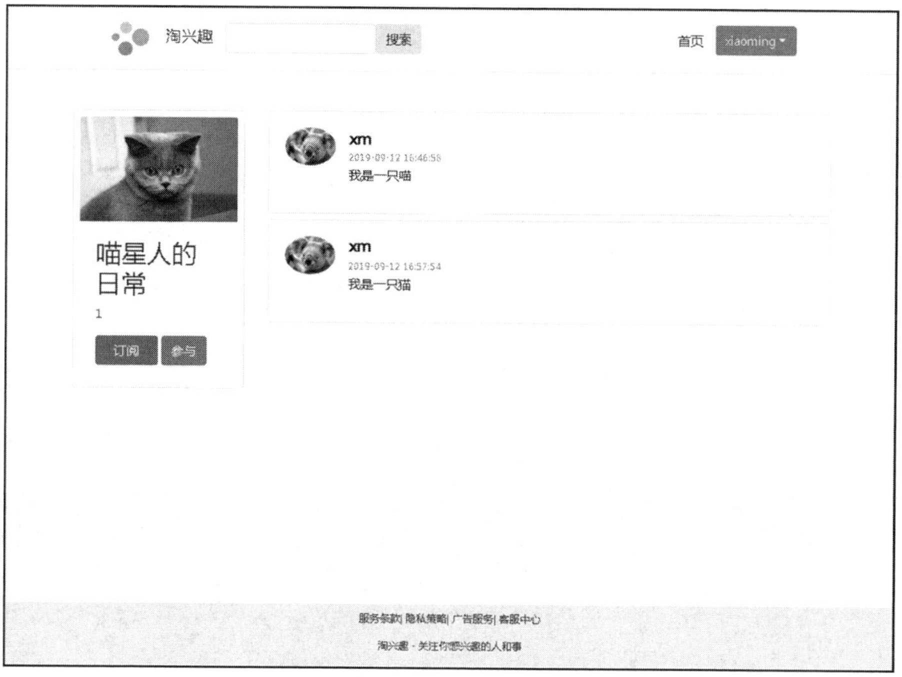

图 21-79

21.17.2 设计思路

（1）在 app 文件夹下创建 Blog.php 文件，定义 Blog 实体类。

（2）创建 BlogDao.php 文件，在 BlogDao.php 文件中操作 blogs 表的数据，编写用户登录函数。

（3）在 public 文件夹中创建 add_blog.php 文件和 show_blog.php 文件，调用 BlogDao.php 文件中的函数处理请求，返回 JSON 格式的数据。

（4）创建 add_blog.js 文件和 show_blog.js，发送 AJAX 请求到 add_blog.php 文件和 show_blog.php 文件，获取 JSON 格式的数据。

（5）在 public 文件夹中创建 add_blog.html 页面和 show_blog.html 页面。

21.17.3 实现（跟我做）

1．创建实体类 Blog

在 app 文件夹下创建 User.php 文件，对应 blogs 表创建 Blog 类。

（1）创建 Blog 类，定义与数据库字段对应的属性。

（2）编写构造函数：function __construct()。

（3）编写各个字段的 set 与 get 方法。

2．发布微博

（1）在 BlogDao.php 文件中操作 blogs 表，定义用户登录函数。

- 在 BlogDao.php 文件中引入 Database 实体类。

```
include_once __DIR__ . "/Database.php";
```

- 创建一个 blogs 表数据操作类，继承 Database 基类。

```
// 创建 blogs 表数据操作类继承 Database 类
class BlogDao extends Database {}
```

- 在 BlogDao 类中定义发布微博的函数 addBlog()，插入数据到 blogs 表。

```
class BlogDao extends Database {
    // 发布微博
    function addBlog($blog) {
        $flag = false;
        if ($this -> open()) {
            $sql = "insert into blogs(user_id,topic_id, content,image,video)
values(?,?,?,?,?)";
            $stmt = $this -> conn -> prepare($sql);
            $user_id = $blog -> getUser_id();
            $topic_id = $blog -> getTopic_id();
            $content = $blog -> getContent();
            $image = $blog -> getImage();
            $video = $blog -> getVideo();
            $stmt -> bind_param("iisss", $user_id, $topic_id, $content, $image,
$video);
            $stmt -> execute();

            if ($stmt -> affected_rows == 1) {
                $flag = true;
            }
            $stmt -> free_result();
```

```
        }
        return $flag;
    }
}
```

（2）在 add_blog.php 文件中插入数据，返回 JSON 格式的数据。

- 引入文件。
- 判断是否为 POST 请求。
- 从表单中取值。
- 创建微博实体类。
- 创建微博数据操作类，调用 addBlog()函数，新增数据。
- 若新增成功，则返回{"code":200}。
- 若新增失败，则返回{"code":5,"message":"新增失败"}。

```
<?php
include_once dirname(__DIR__) . "/app/blog.php";
include_once dirname(__DIR__) . "/app/blogDao.php";
include_once dirname(__DIR__) . "/app/Code.php";
// 判断是否为 POST 请求
if ($_SERVER["REQUEST_METHOD"] == "POST") {
    $blog = new blog();
    // 从表单中取值
    session_start();
    $blog -> setUser_id($_SESSION["user_id"]);
    $blog -> setTopic_id($_POST["topic_id"]);
    $blog -> setContent($_POST["content"]);
    // 获取上传的图片文件
    if ($_FILES["image"] && $_FILES["image"]["name"] != "") {
        $blog_path = __DIR__ . "/upload/blog_img/" . $_FILES["image"]["name"];
        move_uploaded_file($_FILES["image"]["tmp_name"], $blog_path);
        $image = "/upload/blog_img/" . $_FILES["image"]["name"];
        $blog -> setImage($image);
    }
    // 获取上传的视频文件
    if ($_FILES["video"] && $_FILES["video"]["name"] != "") {
        $blog_path = __DIR__ . "/upload/blog_video/" . $_FILES["video"]["name"];
        move_uploaded_file($_FILES["video"]["tmp_name"], $blog_path);
        $video = "/upload/blog_video/" . $_FILES["video"]["name"];
        $blog -> setVideo($video);
    }
    $result["code"] = Code::OK;
    $dao = new blogDao();
    if (!$dao -> addBlog($blog)) {
        $result["code"] = Code::INSERT_FAILED;
        $result["message"] = "新增失败";
    }
    echo json_encode($result);
}
```

（3）在 get_topic.php 文件中获取这个趣点的相关信息，返回 JSON 格式的数据。

- 引入文件。
- 创建趣点数据操作类，调用 get 方法，传入当前趣点的 ID，获取当前微博数据。
- 若获取数据成功，则返回{"code":200,"data":$data}。

```
<?php
```

```
include_once dirname(__DIR__) . "/app/TopicDao.php";
include_once dirname(__DIR__) . "/app/Page.php";
include_once dirname(__DIR__) . "/app/Code.php";
$result["code"] = Code::OK;
// 查询记录
$dao = new TopicDao();
$topic_id = $_POST["topic_id"];
$topic = $dao -> get($topic_id);
$name = $topic -> getName();
$subscripe_num = $topic -> getSubscripe_num();
$image = $topic -> getImage();
$data = array("name" => $name, "subscripe_num" => $subscripe_num, "image" =>
$image);
$result["data"] = $data;
echo json_encode($result);
```

（4）制作 add_blog.html 页面。

- 在 add_blog.html 页面显示当前趣点的图片和名字。

在页面中引入 cookie.js 文件，从 Cookie 中获取数据。

```
<script src="js/cookie.js" ></script>
```

- 在 add_blog.html 页面中创建发布微博的表单。
  - ➢ 在页面中引入 add_blog.js 文件。

```
<script src="js/add_blog.js" ></script>
```

  - ➢ 将 add()函数绑定到发布按钮点击事件。

```
<formclass="card-body">
    <div class="input-group mb-2">
        <div class="input-group-prepend">
            <span class="input-group-text">内容</span>
        </div>
        <textarea id="content" name="content" class="form-control"></textarea>
    </div>
    <div class="input-group mb-2">
        <div class="input-group-prepend">
            <span class="input-group-text">图片</spa
        </div>
        <input id="image" name="image" type="file" class="form-control">
    </div>
    <div class="input-group mb-2">
        <div class="input-group-prepend">
            <span class="input-group-text">视频</span>
        </div>
        <input id="video" name="video" type="file" class="form-control">
    </div>
    <input class="w-50 btn btn-primary float-right" type="button" value="发布
" onclick="return add()"/>
</form>
```

（5）创建并编辑 add_blog.js 文件，发送请求获取数据。

- 获取 url 上的 topic_id 参数。

```
// 获取url上的topic_id参数
var reg = new RegExp("(^|&)topic_id=([^&]*)(&|$)");
var r = window.location.search.substr(1).match(reg);
var topic_id = unescape(r[2]);
```

- 获取趣点的信息。
    - ➢ 发送 AJAX 请求到 get_topic.php 文件获取趣点信息，传递 topic_id 参数。
    - ➢ 请求成功后把趣点图片和趣点名字展示在页面中。
    - ➢ 请求失败将显示错误提示。

```
$(function() {
    $.ajax({
        type: "post",
        url: "get_topic.php",
        data: {
            "topic_id":topic_id
        },
        dataType: "json",
        success: function(result) {
            if(result.code == 200) {
                var topic = result.data;
                $("#t_name").text(topic.name);
                $("#t_image").attr("src", topic.image);
            } else {
                $("#message").text(result.message);
            }
        },
        error: function(jqXHR, textStatus, errorThrown) {
            alert(jqXHR.status);
            alert(jqXHR.responseText); // 显示错误提示
        }
    });
})
```

- 定义 add()函数。
    - ➢ 发送 AJAX 请求到 add_blog.php 文件获取数据，传递 topic_id 参数。
    - ➢ 请求成功，弹出“添加成功”提示，并跳转到微博详情页面（show_topic.html）。
    - ➢ 请求失败将显示错误提示。

```
function add() {
    var formData = new FormData();
    formData.append("topic_id", topic_id);
    formData.append("content", $("#content").val());
    formData.append("image", $("#image")[0].files[0]);
    formData.append("video", $("#video")[0].files[0]);
    $.ajax({
        type: "post",
        url: "add_blog.php",
        data: formData,
        // 如果传递的是 FormData 数据类型，那么下面的 3 个参数是必须的，否则会报错
        cache: false, // 默认是 true，但是一般不做缓存
        // 用于对 data 参数进行序列化处理，这里必须是 false，如果是 true，就会将 FormData
数据类型转换为 String 类型
        processData: false,
        // 一些文件上传 http 协议的关系，如果上传的内容包含文件，那么只能设置为 false
        contentType: false,
        dataType: "json",
        success: function(result) {
            if(result.code == 200) {
                alert("添加成功！");
```

```
            location.href = "show_topic.html?topic_id=" + topic_id;
        } else {
            alert(result.message);
        }
    },
    error: function(jqXHR, textStatus, errorThrown) {
        alert(jqXHR.status);
        alert(jqXHR.responseText);   // 显示错误提示
    }
  });
  return false;
}
```

3．获取微博列表

（1）在 BlogDao 类中定义查询微博列表函数 searchByTopic()，通过趣点的 id 查询 blogs 表。

```
class UserDao extends Database {
// 根据趣点查询微博
    function searchByTopic($topic_id) {
        $blogs = array();
        if ($this -> open()) {
            $sql = "select id, user_id,content,subscripe_num,image,video,
create_time from blogs where topic_id=?";
            $stmt = $this -> conn -> prepare($sql);
            $stmt -> bind_param("i", $topic_id);
            // 绑定查询结果
            $stmt -> bind_result($id,$user_id, $content, $reply_num, $imagee,
$video, $create_time);
            $stmt -> execute();
            while ($stmt -> fetch()) {
                $blog = new blog();
                $blog -> setId($id);
                $blog -> setUser_id($user_id);
                $blog -> setTopic_id($topic_id);
                $blog -> setContent($content);
                $blog -> setReply_num($reply_num);
                $blog -> setImage($imagee);
                $blog -> setVideo($video);
                $blog -> setCreateTime($create_time);
                array_push($blogs, $blog);
            }

            $stmt -> free_result();
        } else {
            print("open false.");
        }
        return $blogs;
    }
}
```

（2）在 get_blogs.php 文件中插入数据，返回 JSON 格式的数据。

- 引入文件。
- 查询记录。
- 创建微博实体类。

- 创建微博数据操作类，调用 searchByTopic()函数，获取微博列表数据。
- 查询成功返回微博列表数据。

```
<?php
include_once dirname(__DIR__) . "/app/user.php";
include_once dirname(__DIR__) . "/app/userDao.php";
include_once dirname(__DIR__) . "/app/blog.php";
include_once dirname(__DIR__) . "/app/blogDao.php";
include_once dirname(__DIR__) . "/app/Code.php";
$result["code"] = Code::OK;
// 查询记录
$blogDao = new blogDao();
$topic_id = $_POST["topic_id"];
$blogs = $blogDao -> searchByTopic($topic_id);
// 返回结果
$data = array();
$userDao = new userDao();

foreach ($blogs as $blog) {
    $id = $blog -> getId();
    $user = $userDao -> searchById($blog -> getUser_id());
    $user_name = $user -> getNickname();
    $create_time = $blog -> getCreateTime();
    $content = $blog -> getContent();
    $image = $user -> getImg();
    $var = array("id" => $id, "user_name" => $user_name, "create_time" =>
$create_time, "content" => $content, "image" => $image);
    array_push($data, $var);
}
$result["data"] = $data;
echo json_encode($result);
```

（3）在 show_topic.html 页面中创建微博列表。

- 在页面中引入 show_blog.js 文件。

```
<script src="js/show_blog.js" ></script>
```

- 展示微博列表结构。

```
<div id="blog_list" class="col-9"></div>
```

（4）创建 show_topic.js 文件，获取微博列表信息。

- 发送 AJAX 请求到 get_blogs.php 文件获取数据，并传递参数。
- 请求成功后将微博列表显示在 show_topic.html 页面。
- 请求失败将显示错误提示。

```
$.ajax({
    type: "post",
    url: "get_blogs.php",
    data: {
        "topic_id": topic_id
    },
    headers: {
        Accept: "application/json; charset=utf-8"
    },
    dataType: "json",
    success: function(result) {
        if(result.code == 200) {
            console.log(result.data);
```

```
            $.each(result.data, function(key, value) {
                var text="<div class='mb-2 card'>"+
                "<div class='media card-body'>"+
                "<img class='align-self-start mr-3 rounded-circle' src='"+value.
image+"' width='64px'>"+
                "<div class='media-body'>"+
                "<h5 class='mb-0'>"+value.user_name+"k</h5>"+
                "<small class='text-muted'>"+value.create_time+"</small>"+
                "<a href='show_blog.html?bid="+value.id+"'><p>"+value.content+
"</p></a>"+
                "</div>"+
                "</div>"+
                "</div>"

                $("#blog_list").append(text);
            });
            $("#page_no").text(result.page_no == 0 ? 1 : result.page_no);
        } else {
            $("#message").text(result.message);
        }
    },
    error: function(jqXHR, textStatus, errorThrown) {
        alert(jqXHR.responseText);  // 显示错误提示
    }
});
```

4. 显示微博详情

（1）在 BlogDao 类中定义发布微博函数 searchById()，通过微博 id 查询 blogs 表中的数据。

```
class UserDao extends Database {
    // 通过微博 id 查询单个微博信息
    function searchById($blog_id) {
        $blog = null;
        if ($this -> open()) {
            $sql = "select user_id,topic_id,content,subscripe_num,image,video,
create_time from blogs where id=?";
            $stmt = $this -> conn -> prepare($sql);
            $stmt -> bind_param("i", $blog_id);
            // 绑定查询结果
            $stmt -> bind_result($user_id, $topic_id, $content, $reply_num,
$imagee, $video, $create_time);
            $stmt -> execute();
            if ($stmt -> fetch()) {
                $blog = new blog();
                $blog -> setUser_id($user_id);
                $blog -> setTopic_id($topic_id);
                $blog -> setContent($content);
                $blog -> setReply_num($reply_num);
                $blog -> setImage($imagee);
                $blog -> setVideo($video);
                $blog -> setCreateTime($create_time);
            }
            $stmt -> free_result();
        } else {
            print("open false.");
```

```
        }
        return $blog;
    }
}
```

（2）在 add_blog.php 文件中插入数据，返回 JSON 格式的数据。

- 引入文件。
- 判断是否为 POST 请求。
- 从表单中取值。
- 创建微博实体类。
- 创建微博数据操作类，调用 searchById()函数，插入数据。
- 若查询成功则返回{"code":200}。
- 若查询失败则返回提示信息。

```
<?php
include_once dirname(__DIR__) . "/app/user.php";
include_once dirname(__DIR__) . "/app/userDao.php";
include_once dirname(__DIR__) . "/app/blog.php";
include_once dirname(__DIR__) . "/app/blogDao.php";
include_once dirname(__DIR__) . "/app/Code.php";

$blog_id = $_POST["bid"];
$result["code"] = Code::OK;
if ($blog_id) {
    $dao = new blogDao();
    $blog = $dao -> searchById($blog_id);
    if ($blog) {
        $userDao = new userDao();
        $id = $blog -> getId();
        $user = $userDao -> searchById($blog -> getUser_id());
        $user_name = $user -> getNickname();
        $create_time = $blog -> getCreateTime();
        $content = $blog -> getContent();
        $reply_num=$blog -> getReply_num();
        $user_image = $user -> getImg();
        $blog_image = $blog -> getImage();
        $blog_video = $blog -> getVideo();
        $data = array("id" => $blog_id, "user_name" => $user_name,"create_time" =>
$create_time, "content" => $content,
        "reply_num" => $reply_num, "user_image" => $user_image,"blog_image" =>
$blog_image,"blog_video" => $blog_video);
        $result["data"] = $data;
    } else {
        $result["code"] = Code::BLOG_NOT_EXSIT;
        $result["msg"] = "微博不存在";
    }
} else {
    $result["code"] = Code::BLOGID_NOT_EXSIT;
    $result["msg"] = "微博 id 不存在";
}
echo json_encode($result);
```

（3）在微博详情页面（show_blog.html）中显示微博信息。

- 在页面中引入 show_blog.js 文件。

```
<script src="js/show_blog.js" ></script>
```

- 展示微博详情结构。

```
<div class="media card-body">
    <img id="user_image" class="align-self-start mr-3 rounded-circle" src=""
width="64px">
    <div class="media-body">
        <h5 id="user_name" class="mb-0"></h5>
        <small id="create_time" class="text-muted"></small>
        <p id="content" ></p>
        <img id="image" src="" width="400" class="mb-3"/><br/>
        <video id="video" src="" width="400" controls="controls"></video><br/>
    </div>
</div>
```

（4）创建 show_blog.js 文件，获取微博信息。

- 发送 AJAX 请求到 show_blog.php 文件获取数据，传递参数。
- 请求成功后将微博信息显示在 show_topic.html 页面。
- 请求失败将显示错误提示。

```
// 获取 url 中的 bid 参数
var reg = new RegExp("(^|&)bid=([^&]*)(&|$)");
var r = window.location.search.substr(1).match(reg);
var blog_id = unescape(r[2]);
$(function() {
    $.ajax({
        type: "post",
        url: "show_blog.php",
        data: {
            "bid": blog_id
        },
        headers: {
            Accept: "application/json; charset=utf-8"
        },
        dataType: "json",
        success: function(result) {
            console.log(result.data);
            if(result.code == 200) {
                var blog = result.data;
                $("#user_name").text(blog.user_name);
                $("#user_image").attr("src", blog.user_image);
                $("#create_time").text(blog.create_time);
                $("#content").text(blog.content);
                $("#image").attr("src", blog.blog_image);
                $("#video").attr("src", blog.blog_video);
            } else {
                $("#message").text(result.message);
            }
        },
        error: function(jqXHR, textStatus, errorThrown) {
            alert(jqXHR.responseText);   // 显示错误提示
        }
    });
})
```

21.18　第四阶段 RESTful API：搜索趣点

21.18.1　工作任务

（1）显示趣点搜索列表。

在搜索页面中，每页显示 3 条记录，每条记录分别显示：序号、图片、趣点名、参与人数。在列表下方包含一个翻页按钮。页面效果如图 21-80 所示。

图 21-80

（2）单击某一个趣点名，将显示趣点详情页面。

在趣点详情页面中，左侧为趣点的详细信息（趣点名称、参数人数、图片），右侧为该趣点的微博列表。微博列表显示：发布微博的账号、发布微博的时间、微博内容。页面效果如图 21-81 所示。

图 21-81

21.18.2 设计思路

1. 设计趣点 API

查询趣点列表（分页）：http://localhost/topics/list{?page_no, keyword}。

查询趣点：http://localhost/topics/topic{?topic_id}。

查询某趣点的微博列表：http://localhost/blogs/list{?topic_id}。

2. 修改 Apache 服务器路由

创建.hcaccess 文件，并将其放到 public 根目录下。

（1）将以“topics/”开头的 url，重定向到 topicrest.php 文件。

（2）将以“blogs/”开头的 url，重定向到 blogrest.php 文件。

3. Rest 处理类设计

（1）定义 Rest 基类，获得请求的方法，并解析 url，得到资源列表和参数。

- setMethod()函数：从$_SERVER 中获得当前请求的方法。
- setResource()函数：从$_SERVER 中获得当前的 url，然后解析 url，获得资源列表和参数列表。
- run()函数：Rest 类的处理函数，先调用 setMethod()函数与 setResource()函数，并使用异常捕获，然后定义 json_exception()函数用来返回异常编码和消息。

（2）定义 TopicRest 类，继承 Rest 类，处理与 topics 相关的资源。

在构造函数中，初始化允许接收的资源列表，并创建当前资源的数据处理类的实例对象。

- 重写 run()函数：调用基类的 run()函数，判断一级资源是否为 topics，再判断二级资源的值，如果是 topic 则调用 getTopic()函数，如果是 list 则调用 getTopicPage()函数。
- getTopic()函数：从参数列表中获得趣点 ID，通过趣点 ID 查询趣点信息，并调用 json_encode()函数编码，以及调用 echo 返回。
- getTopicPage()函数：从参数列表中获得页数和关键字，调用 TopicDao 类中的 search()函数，查询趣点列表，并调用 json_encode()函数编码，以及调用 echo 返回。

（3）定义 BlogRest 类，继承 Rest 类，处理与 blogs 相关的资源。

在构造函数中，初始化允许接收的资源列表，并创建当前资源的数据处理类的实例对象。

- 重写 run()函数：调用基类的 run()函数，判断一级资源是否为 blogs 和二级资源是否为 list，如果是则调用 getBlogListByTopicid()函数。
- getBlogListByTopicid()函数：从参数列表中获得趣点 ID，调用 TopicDao 类中的 queryBlogsByTopicid()函数查询微博列表，并调用 json_encode()函数编码，以及调用 echo 返回。

结构如图 21-82 所示。

4. 数据操作类

（1）趣点数据操作类 TopicDao，趣点实体类 Topic。

定义 function search($page, $keyword)函数：分页查询趣点名中包含$keyword 的趣点列表。

定义 function get($tid)函数：通过趣点 ID 查询趣点数据。

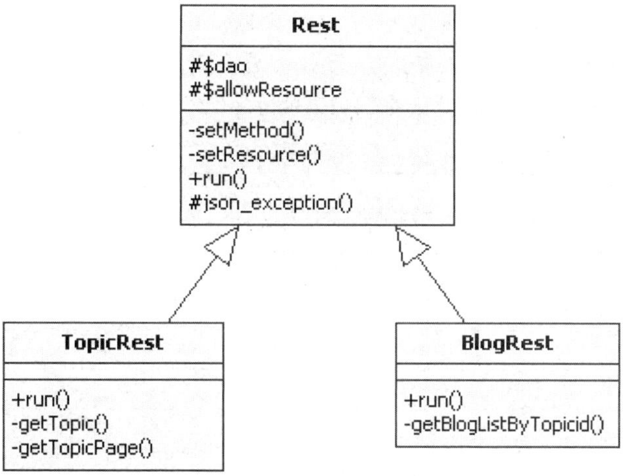

图 21-82

（2）微博数据操作类 BlogDao，微博实体类 Blog。

定义 function queryBlogsByTopicid($tid)函数：通过趣点 ID 查询该趣点的所有微博。

（3）分页类 Page。

5. 使用 AJAX 发送请求

前端使用 AJAX 发送请求，并获得返回的数据，显示到页面上。

（1）定义 search_topics.js 文件，搜索趣点列表。

定义 function search(page_no)函数：使用 jQuery 的 AJAX 发送 GET 请求，查询趣点列表。

（2）定义 show_topic.js 文件，显示趣点详细信息。

在页面加载时使用 jQuery 的 AJAX 发送 GET 请求，查询要显示的趣点，并发送 GET 请求，查询当前趣点的微博列表。

（3）定义 urlparser.js 文件，解析 url。

定义 function getUrlParam(name)函数，查询 url 中 topic_id 的参数值。

结构如图 21-83 所示。

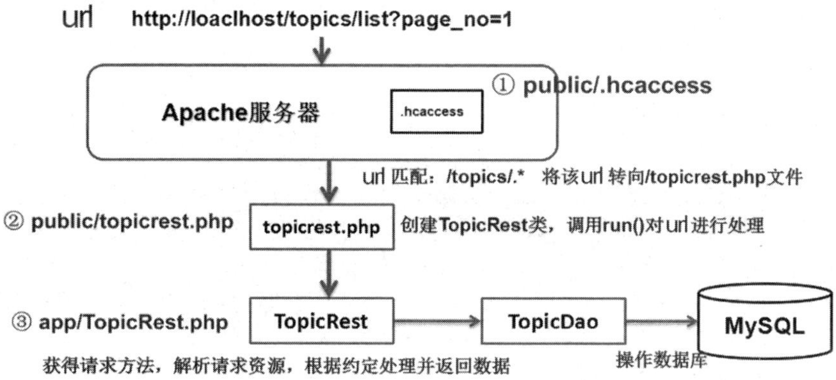

图 21-83

21.18.3 实现（跟我做）

1. 创建工程

（1）创建 interest 工程。

（2）搭建工程目录，目录结构如表 21-12 所示。

表 21-12

文 件 夹	说 明
/app	业务处理 php 文件，不能通过 url 直接请求
/public/	存放前台页面
/public/css/	存放网页中的 css 文件
/public/img/	存放网页中的静态图片
/public/js/	存放网页中的 js 文件
/public/upload/	上传文件根目录
/public/upload/topic_img/	存放上传的兴趣图片
/public/upload/user_img/	存放上传的用户图片

（3）将静态的页面放到 public 文件夹中，如图 21-84 所示。

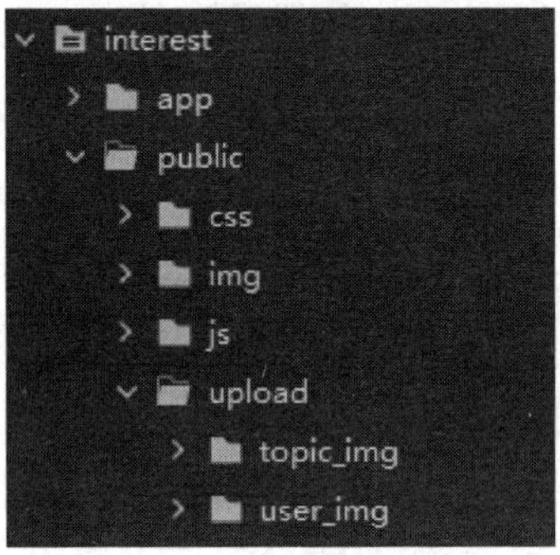

图 21-84

2. 创建.hcaccess 文件

（1）在 public 文件夹根目录下创建.hcaccess 文件。

（2）保留文件和目录请求，重定向 topics 和 blogs 的 url。

```
<IfModule mod_rewrite.c>
   RewriteEngine On
   # 确保请求路径不是一个文件名或目录
   RewriteCond %{REQUEST_FILENAME} !-f
   RewriteCond %{REQUEST_FILENAME} !-d

   # 重定向所有请求到 topicrest.php 与 blogrest.php 文件
   RewriteRule ^topics/(.*)$ topicrest.php?$1
   RewriteRule ^blogs/(.*)$ blogrest.php?$1
</IfModule>
```

（3）在 public 文件夹下创建 topicrest.php 与 blogrest.php 文件，分别创建 TopicRest 和 BlogRest 类的实例对象，调用 run()函数对请求进行处理。

3. 编写 RESTful 处理基类

（1）在 app 文件夹下，创建 Rest.php 文件，编写 Rest 类。

（2）定义$allowResource 数组来保存允许访问的资源，定义$allowMethod 数组来保存允许请求的方法。

（3）编写 setMethod()函数，获得请求方法。

```
private function setMethod() {
    // 获得当前请求方法，保存到属性中
    $this->requestMethod = $_SERVER["REQUEST_METHOD"];

    // 检查当前请求的方法，是否在被允许的方法数组中，若不在，则抛出异常信息
    if(! in_array($this->requestMethod, $this->allowMethod)) {
        throw new Exception("请求方法不被允许", 405);
    }
}
```

（4）编写 setResource()函数，解析资源与参数。

- 通过“REQUEST_URI”从$_SERVER 中获得 url。
- 通过“?”解析出参数。

```
private function setResource() {
    // 获取 http://localhost 后面的值，包括/
    $path = $_SERVER["REQUEST_URI"];

    // 解析参数（"?"之后的字符串为过滤参数）
    $tmp = explode("?", $path);
    // 判断是否含过滤参数
    if(isset($tmp[1])) {
        ……
    }
    ……
}
```

- 通过“&”和“=”把参数中的每一个值解析出来，并保存到$requestParams 中。

```
private function setResource() {
    ……
    if(isset($tmp[1])) {
        // 参数使用&间隔，分隔出每一个参数
        foreach(explode("&", $tmp[1]) as $param_str) {
            // 使用 = 分离出 key 与 value 值
            $param = explode("=", $param_str);
            // 若 value 没有值，则设为""
            if(isset($param[1])) {
                $this->requestParams[$param[0]] = $param[1];
            } else {
                $this->requestParams[$param[0]] = "";
            }
        }
    }
    ……
}
```

- 将去掉了参数的 url，通过“/”进行解析，并将资源数组保存到$resources 中。

```
private function setResource() {
    ……
    // 解析资源
    // RESTful 中使用/来表示资源的层级关系，并使用/切割出各级的资源列表
    $tmp = explode("/", $tmp[0]);
    // 因$_SERVER["REQUEST_URI"]中包含/，所以切割后第一个元素为""，从数组中移除
```

```
    array_shift($tmp);

    // 将资源列表保存到属性中
    $this->resources = $tmp;

}
```

- 调用 in_array()函数，判断当前的根资源是否在允许资源数据中。

```
private function setResource() {
    ......

    // 请求的第一级资源为资源模块或类别，保存到 requestResource 中
    $this->requestResource = $tmp[0];

    // 判断请求资源是否在被允许的资源数组中，若不在，则表示请求资源不被允许，返回异常信息
    if(! in_array($this->requestResource, $this->allowResource)) {
        throw new Exception("请求资源不被允许", 405);
    }
}
```

（5）异常处理。

- 定义状态码属性。

```
private $statusCode = array(
    200 => "OK",
    204 => "No Content",
    400 => "Bad Request",
    403 => "Forbidden",
    404 => "Not Found",
    405 => 'Method Not Allowed',
    500 => "Server Internel Error");
```

- 在各方法中捕获异常，并抛出异常信息与错误码。

```
protected function json_exception($e) {
    $code = $e->getCode();
    $message = $e->getMessage();
    // 若异常码大于 200，则表示出现异常，设置响应的 HTTP 状态码
    if($code > 200) {
        header("HTTP/1.1 " . $code . " " . $this->statusCode[$code]);
    }
    // 在头部设置返回内容的格式为 JSON 和编码
    header("Content-Type:application/json:charset:utf-8");
    // 如果异常消息不为空，则返回异常消息及异常码
    if(! empty($message)) {
        echo json_encode(array(
            "message" => $message,
            "code" => $code
        ));
    }
}
```

4．实现查询趣点列表

（1）创建 app\Page.php 文件，编写 Page 类。

```
class Page {
    // 页数
    private $page_no;
    // 每页大小
```

```
    private $page_size;
    // 总记录数
    private $total_count;
    // 总页数
    private $total_page_num;
    // 查询页的数据
    public $data;
}
```

页面内容如图 21-85 所示。

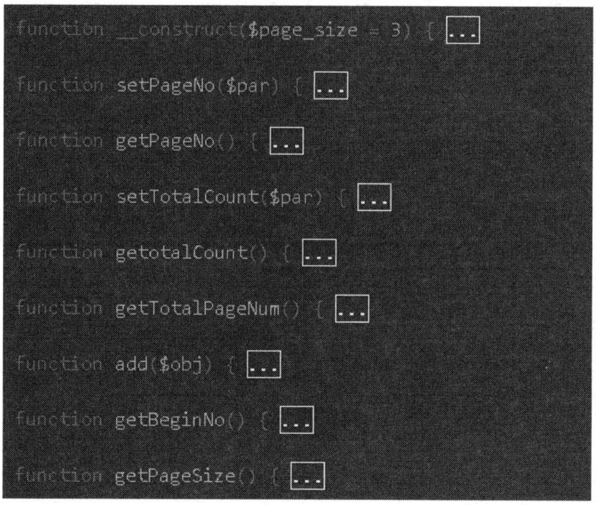

图 21-85

（2）创建 app\Topic.php 文件，编写 Topic 类，按 topics 表的字段创建类的属性，并添加 set 与 get 方法。

```
class Topic {
    private $id;
    private $interest_id;
    private $user_id;
    private $name;
    private $discribe;
    private $follow_num;
    private $image;
    private $create_time;
    private $update_time;
    private $del;
}
```

（3）创建 app\Database.php 文件，编写 Database 类。

```
class Database {
    static $host = "127.0.0.1";
    static $dbname = "interestdb";
    static $user = "root";
    static $pass = "123456";
    // 数据库连接
    public $conn;
    function __destruct() {
        if($this->conn) {
            @$this->conn->close();
```

```
        }
    }
    // 连接数据库
    function open() {
        // 连接数据库，@为错误抑制符
        $this->conn = @new mysqli(self::$host, self::$user, self::$pass, self::
$dbname);
        // 判断连接是否有错误
        if(mysqli_connect_errno()) {
            return false;
        }
        return true;
    }
}
```

（4）创建 app\TopicDao.php 文件，编写 TopicDao 类。

- 继承 Database 类。
- 定义 search()函数。

```
public function search($page, $keyword) {
    try {
        ……

    } catch(Exception $e) {
        var_dump($e->getMessage());
    }
    return $page;
}
```

- 查询总记录数。

```
public function search($page, $keyword) {
    try {
        if($this->open()) {
            // 计算总记录数
            $sql = "select count(id) as count from topics where name like ? and
del=0";
            $stmt = $this->conn->prepare($sql);
            $str = '%' . $keyword . '%';
            $stmt->bind_param("s", $str);
            $stmt->bind_result($count);
            $stmt->execute();
            if($stmt->fetch()) {
                $page->setTotalCount($count);
            }
            $stmt->free_result();

        }
        ……
}
```

- 查询当前页的具体记录。

```
public function search($page, $keyword) {
    ……
    // 判断页数是否超过，超过则切换到最后一页
    $total_page_num = $page->getTotalPageNum();
    if($total_page_num < $page->getPageNo()) {
        $page->setPageNo($total_page_num);
```

```
    }
    // 查询当前页的记录
    $begin_no = $page->getBeginNo();
    $page_size = $page->getPageSize();
    $sql = "select id,interest_id,user_id,name,discribe,follow_num,image,
create_time,update_time from topics where name like ? and del=0 order by
follow_num desc limit ?,?";
    $stmt = $this->conn->prepare($sql);
    $str = '%' . $keyword . '%';
    $stmt->bind_param("sii", $str, $begin_no, $page_size);
    $stmt->bind_result($id, $interest_id, $user_id, $name, $discribe, $follow_num,
$image, $create_time, $update_time);
    $stmt->execute();
……
$stmt->free_result();
```

- 循环遍历记录集，将记录添加到分页数据中。

```
while($stmt->fetch()) {
    $topic = new Topic();
    $topic->setId($id);
    $topic->setInterestId($interest_id);
    $topic->setUserId($user_id);
    $topic->setName($name);
    $topic->setDiscribe($discribe);
    $topic->setFollowNum($follow_num);
    $topic->setImage($image);
    $topic->setCreateTime($create_time);
    $topic->setUpdateTime($update_time);

    $page->add($topic);
}
```

（5）创建 app\TopicRest.php 文件，编写 TopicRest 类。

- 继承 Rest 类。
- 重写 run()函数。

```
public function run() {
    try {
        parent::run();

        if($this->requestMethod == "GET") {
            if($this->resources[1] == "list" && isset($this->requestParams
["page_no"])) {
                return $this->getTopicPage();
            }

            if($this->resources[1] == "topic" && isset($this->requestParams
["topic_id"])) {
                return $this->getTopic();
            }

            throw new Exception("请求资源不被允许", 404);
        }

        // TODO: 其他请求不支持，返回异常信息
        throw new Exception("请求方法不被允许", 405);
    } catch(Exception $e) {
```

```
        $this->json_exception($e);
    }
}
```

（6）创建 public/js/search_topics.js 文件，在 search_topics.html 文件中导入。

编写 search()函数。

```
function search(page_no) {
    var keyword = getUrlParam("keyword");
    var send_url = "/topics/list?page_no=" + page_no;
    if (keyword != null && keyword != "") {
        send_url += "&keyword=" + keyword;
    }
    $.ajax({
        type : "get",
        url : send_url,
        data : {},
        dataType : "json",
        headers : {
            Accept : "application/json; charset=utf-8"
        },
        success : function(result) {
            // 判断返回状态码
            if (result.code == 200) {
            ……},
    });
}
```

6. 显示趣点详细信息

（1）创建 app\Blog.php 文件，编写 Blog 类。

```
class Blog {
    private $id;
    private $user_id;
    private $topic_id;
    private $title;
    private $content;
    private $follow_num;
    private $create_time;
    private $update_time;
    private $del;
}
```

（2）创建 app\BlogDao.php 文件，编写 BlogDao 类。

- 定义 public function queryBlogsByTopicid($topic_id) 函数。
- SQL 语句：select b.id, b.user_id, b.topic_id, b.content, b.follow_num, b.create_time, b.update_time, u.account, u.image from blogs as b inner join users as u on b.topic_id = ? and b.user_id = u.id order by create_time desc。
- 获得数据时，将 Topic 数据存放到$topic 对象中，而与用户表相关的数据，单独存放：array_push($blogs, array("blog"=>$blog, "user.name"=>$account, "user.image"=>$image));

（3）创建 app\BlogRest.php 文件，编写 BlogRest 类。

- 继承 Rest 类。
- 编写 run()函数。

```
public function run() {
    try {
```

```
        parent::run();

        if($this->requestMethod == "GET") {
            if($this->resources[1] == "list" && isset($this->requestParams
["topic_id"])) {
                return $this->getBlogListByTopicid();
            }

        throw new Exception("请求资源不被允许", 404);
        }

        // TODO: 其他请求不支持，返回异常信息
        throw new Exception("请求方法不被允许", 405);
    } catch(Exception $e) {
        $this->json_exception($e);
    }
}
```

- 编写 getBlogListByTypeid()函数，返回时在微博列表数据后追加 Topic 内容、用户账号和用户图片等内容。

```
array_push($data, array(
    "id" => $id,
    "user_id" => $user_id,
    "topic_id" => $topic_id,
    "content" => $content,
    "follow_num" => $follow_num,
    "create_time" => $create_time,
    "update_time" => $update_time,
    "user" => $b["user.name"],
    "image" => $b["user.image"],
));
```

（4）创建 public/js/show_topic.js 文件，在 show_topic.html 文件中导入。

（5）使用 AJAX 请求 topic 的详细信息和 topic 的微博列表，并显示到界面之上，如图 21-86 所示。

图 21-86

21.19 第五阶段 Laravel：用户注册

21.19.1 工作任务

（1）创建淘兴趣工程 taointerest，使用 Laravel 框架。

（2）实现用户注册功能。

- 用户注册信息包括账号（必填项）、密码（必填项）、确认密码（必填项）、性别（必填项）、邮箱、昵称、手机号、头像图片（只接收图片文件）、个人简介。
- 单击“注册”按钮时，验证密码与确认密码是否相同，若不同则提示“密码不一致”，若相同则注册该用户。

如图 21-87 所示。

图 21-87

- 注册成功则进入登录页面，且显示当前用户的账号，查询数据库中是否正确添加了该记录。若注册失败，则显示错误信息。

查询数据库内容，如图 21-88 所示。

```
MariaDB [(none)]> use interestdb;
Database changed
MariaDB [interestdb]> select * from users where account='user2';
+----+---------+----------------------------------+-----+---------------+-------
-------+----------+-----------------------------------------------+------
---+---------------------+---------------------+-----+
| id | account | password                         | sex | mobile        | email
       | nickname | image                                         | resu
me | create_time         | update_time         | del |
+----+---------+----------------------------------+-----+---------------+-------
-------+----------+-----------------------------------------------+------
---+---------------------+---------------------+-----+
|  5 | user2   | 7e58d63b60197ceb55a1c487989a3720 |   0 | 1587455220112 | user2@
qq.com | □□□□2    | /upload/user_img/6b81084c1f42bad0d6f86765f2e76c63.jpg | □□□□
□□ | 2019-08-29 16:19:59 | 2019-08-29 16:19:59 |   0 |
+----+---------+----------------------------------+-----+---------------+-------
-------+----------+-----------------------------------------------+------
---+---------------------+---------------------+-----+
1 row in set (0.091 sec)
```

图 21-88

页面内容如图 21-89 所示。

图 21-89

21.19.2 设计思路

1．页面设计（resources/views）

分析得知淘兴趣页面有两类：包含 header.html 和 footer.html 的页面；不包含 header.html 和 footer.html 的页面。因此，设计两个基础模板类：base.blade.php 和 page.blade.php。其中 page.blade.php 继承 base.blade.php。如图 21-90 所示。

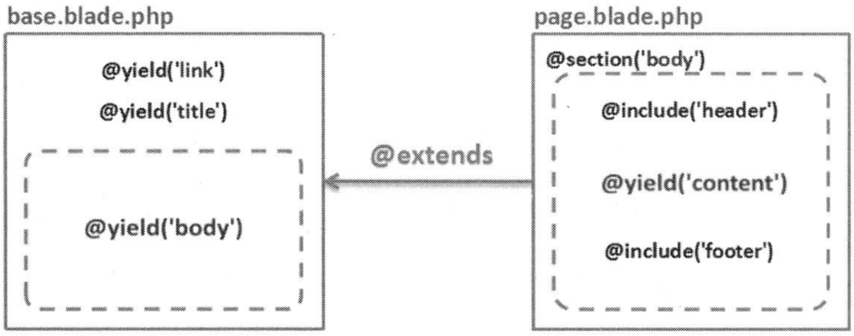

图 21-90

（1）基础页面：base.blade.php。

（2）基本框架页面：page.blade.php。

（3）页头页面：header.blade.php。

（4）页脚页面：footer.blade.php。

（5）注册页面：register.blade.php。

注册页面不包含页头与页脚，继承 base.blade.php。

注册页面的内容放在@section('body')中。

2. 路由设计

（1）路由文件：routes/web.php。

（2）用户注册路由如表 21-13 所示。

表 21-13

路　　由	方　　法	响　　应
/register	GET	显示注册页面
/user/regist	POST	请求 index.blade.php 页面

3. 控制器类

（1）控制器基类：app/Http/Controllers/Controller。

（2）用户控制器类：UserController，继承 Controller 类。

（3）UserController::regist()函数，实现用户注册功能。

4. 模型类

（1）模型基类：use Illuminate\Database\Eloquent\Model。

（2）用户模型类：app/Http/Model/User，继承 Model 类。

21.19.3　实现（跟我做）

1. 创建 Laravel 工程

（1）启动命令行，并进入存放工程的目录。

（2）运行 composer 命令，创建 Laravel 工程 taointerest。命令为 composer create-project laravel/laravel taointerest --prefer-dist。

（3）工程创建完成后的目录结构如图 21-91 所示。

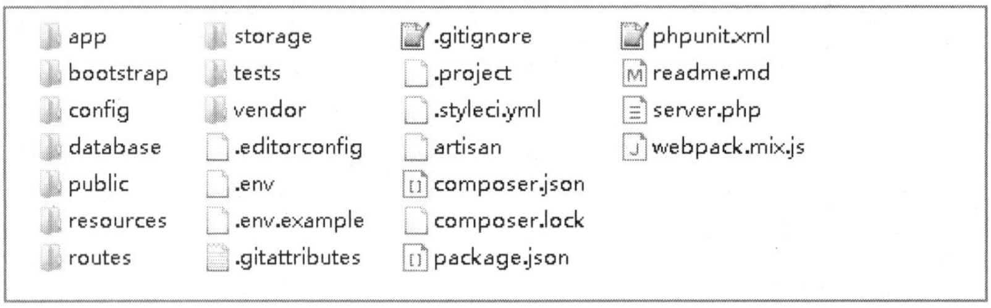

图 21-91

（4）配置 Apache 服务器（xampp/apache/conf/extra/httpd-vhosts.conf）。

```
<VirtualHost *:80>
    DocumentRoot "……/taointerest/public/"
    <Directory "……/taointerest/public/">
        Options Indexes FollowSymLinks MultiViews
        AllowOverride all
        Require all granted
        php_admin_value upload_max_filesize 128M
        php_admin_value post_max_size 128M
        php_admin_value max_execution_time 360
        php_admin_value max_input_time 360
    </Directory>
</VirtualHost>
```

（5）重启 XAMPP 服务器。

（6）在浏览器地址栏输入 http://localhost/，打开如图 21-92 所示的界面。

图 21-92

2. 配置路由

编写 routes/web.php 文件。

（1）进入注册页面（GET）。

```
Route::get("/register", function () {
    return view("register");
});
```

（2）用户注册（POST）。

```
Route::post("/user/regist", "UserController@regist");
```

3. 创建控制器类

（1）进入 taointerest 文件夹，启动命令行。

（2）输入命令：php artisan make:controller UserController。

（3）在 UserController 类中创建 regist()函数。

```
class UserController extends Controller {
    public function regist(Request $request) {
        //
    }
}
```

4. 创建模型类

（1）在 app 文件夹下创建 Model 文件夹。

（2）创建 User 模型类。

```
class User extends Model {
    // 定义模型关联的数据表（一个模型只操作一个表）
    protected $table = 'users';
    // 定义禁止操作的时间
    public $timestamps = false;
}
```

5．编写注册模板

（1）在 resources/views 文件夹下，创建 base.blade.php 文件。

- 编写页面公共内容，在<head>标签中包含公共的样式文件。使用{{URL::asset('样式文件名')}}引入 css 或 js 文件，URL::asset()函数的根目录为 public 文件夹。

```
<!DOCTYPE html>
<html>
    <head>
        <meta charset="utf-8" />
        <link rel="stylesheet" href="{{ URL::asset('bootstrap/css/bootstrap.min
.css') }}" type="text/css">
        <link rel="stylesheet" href="{{ URL::asset('css/common.css') }}" type=
"text/css">
        <script src="{{ URL::asset('js/jquery-3.2.1.min.js') }}"></script>
        <script src="{{ URL::asset('bootstrap/js/bootstrap.min.js') }}"></script>
    </head>
    <body>
    </body>
</html>
```

- 由于子模板文件可能有各自的样式文件，所以在此定义了一个内容片段，用来设置独有的样式文件：@yield('link')。
- 编写<title>标签，定义@yield('title')，继承该模板的子模板可设置各自的 title 内容。
- 定义 body 内容片段：@yield('body')。

```
<!DOCTYPE html>
<html>
<head>
    ……
    @yield('link')
    <title>淘兴趣 -@yield('title')</title>
</head>
<body>
    @yield('body')
</body>
</html>
```

（2）在 resources/views 文件夹下，创建 page.blade.php 文件。

- 继承 base.blade.php 模板文件：@extends('base')。
- 给父模板中@yield('body')注入内容：@section('body')...@endsection。
- 包含模板文件：@include('header')/@include('footer')。
- 定义一个内容片段：@yield('content')。

```
@extends('base')

@section('body')
<header>@include('header')</header>
{{-- 继承后插入的内容 --}}
@yield('content')
<footer>@include('footer')</footer>
@endsection
```

（3）在 resources/views 文件夹下，创建 register.blade.php 模板文件。

- 继承 base 模板。
- 导入注册页面特有的样式文件“css/log_reg.css”。

- 设置 title 为“用户注册”。
- 将原静态页面里<body>标签范围内的内容保留，放到@section('body')中。

```
@extends('base')
@section('link')
<link rel="stylesheet" href="{{URL::asset('css/log_reg.css')}}">
@endsection
@section('title', "用户注册")
@section('body')
……
@endsection
```

- 修改静态页面中的图片文件路径，使用{{URL::asset()}}来获得文件路径。
- 修改<form>标签内容，method 的值为"post"，action 的值为"/user/regist"，由于表单中包含文件，所以需要加上 enctype 属性，其值设为"multipart/form-data"。
- 在表单内任意位置添加 CSRF 字段：{{ csrf_field() }}。

```
<form class="form" method="post" action="/user/regist" enctype="multipart/
form-data">
   {{csrf_field()}}
   ……
</form>
```

- 在“注册”按钮上，添加一个用来显示错误信息的<div>标签。

```
……
@if(isset($message))
<div class="form-group">
   <label>{{$message}}</label>
</div>
@endif
<div class="form-group">
   <input id="reg_btn" type="submit" value="注册" />
</div>
</form>
```

- 定义脚本，验证用户输入的密码与确认密码是否一致。

```
<script type="text/javascript">
   $(function(){
      $("form").submit(function(){
         if($("#password").val() == $("#re_password").val()){
            return true;
         }
         alert("密码不一致");
         return false;
      });
   });
</script>
```

6. 编写注册函数（查询构造器）

（1）编写 app/Http/Controllers/UserController.php 文件中的 UserController::regist()函数。

（2）获得表单中的账号信息，并验证账号是否已存在。

- 调用$request->input(key)函数获得表单中的数据。
- 导入 DB：Illuminate\Support\Facades\DB。
- 使用 where()函数查询是否存在同名的账号，取出返回集的第一个记录。

```
public function regist(Request $request) {
```

```
    // 验证账号是否已存在
    $account = $request->input("account");
    if(DB::table("users")->where("account", $account)->first()){
    throw new Exception("账号已存在");
  }
}
```

（3）由于涉及数据库和文件操作，所以需要使用 try...catch 添加异常处理。

- 异常类 Exception，当账号已存在，则使用 throw 抛出一个异常。
- 在 catch 中捕获 Exception 异常，使用 getMessage()函数取出异常信息，并返回注册页面。

```
public function regist(Request $request) {
    try {
        ……
        if(User::where("account", $account)->first()) {
            throw new Exception("账号已存在");
        }
    } catch(Exception $e) {
        $message = $e->getMessage();
    }
    // 添加失败，返回注册页面
    return view("register", [ "message" => $message ]);
}
```

（4）获得表单中除文件外的用户信息。

```
// 获得表单用户信息
$password = $request->input("password");
$sex = $request->input("sex");
$email = $request->input("email");
$nickname = $request->input("nickname");
$mobile = $request->input("mobile");
$resume = $request->input("resume");
```

（5）获得表单中的图片文件。

- 通过$request->file('img')函数获得图片文件，返回为一个$fileCharater 对象。
- 调用 isValid()函数，验证文件是否有效。若无效，则使用默认的图片（/upload/user_img/default.jpg）。
- 调用 getClientOriginalExtension()函数，获得文件的扩展名。
- 调用 getRealPath()函数，获得上传文件的绝对路径。

```
// 获得 img 图片文件
$fileCharater = $request->file('img');
// 判断文件是否有效
if($fileCharater->isValid()) {
    // 获得文件的扩展名
    $ext = $fileCharater->getClientOriginalExtension();
    // 获得文件的绝对路径
    $realpath = $fileCharater->getRealPath();
    ……
} else {
    $img = "/upload/user_img/default.jpg";
}
```

- 调用 getFilename()函数获得文件名，通过 md5()函数对文件名进行加密，得到新的文件名。

- 调用 move_uploaded_file()函数，将上传的图片文件移动到指定的文件夹下。
- 设置图片的 url。

```
……
if($fileCharater->isValid()) {
    ……
    // 定义文件名
    $filename = md5($fileCharater->getFilename()) . '.' . $ext;
    // 移动图片文件到指定文件夹下
    move_uploaded_file($realpath,public_path() . "/upload/user_img/" . $filename);
    // 设置图片的 url
    $img = "/upload/user_img/" . $filename;
} else {
    $img = "/upload/user_img/default.jpg";
}
```

（6）创建 User 模型类，设置各字段的值。

注意：在密码设置之前，使用 md5()函数进行加密。

```
DB::table("users")->insert([
    "account" => $account,
    "password" => md5($password),
    "sex"=>$sex,
    "email"=>$email,
    "nickname"=>$nickname,
    "mobile"=>$mobile,
    "resume"=>$resume,
    "image"=>$img
]);
```

（7）调用模型类的 save()函数，添加一个用户。

（8）登录成功则显示登录页面，若登录不成功，则设置错误信息，并返回到注册页面。

7. 编写注册函数

（1）编写 app/Http/Controllers/UserController.php 文件中的 UserController::regist()函数。

（2）获得表单中的账号信息，并验证账号是否已存在。

- 调用$request->input(key)函数获得表单中的数据。
- 导入 User 模型类：App\Model\User。
- 使用模型类 where()函数查询是否存在同名的账号，并取出返回集的第一个记录。

```
public function regist(Request $request) {
    // 验证账号是否已存在
    $account = $request->input("account");
    if(User::where("account", $account)->first()) {
        // 账号已存在
    }
}
```

（3）由于涉及数据库和文件操作，所以需要使用 try...catch 添加异常处理。

- 异常类 Exception，当账号已存在，则使用 throw 抛出一个异常。
- 在 catch 中捕获 Exception 异常，使用 getMessage()函数取出异常信息，并返回注册页面。

```
public function regist(Request $request) {
    try {
        ……
        if(User::where("account", $account)->first()) {
```

```
            throw new Exception("账号已存在");
        }
    } catch(Exception $e) {
        $message = $e->getMessage();
    }
    // 添加失败，返回注册页面
    return view("register", [ "message" => $message ]);
}
```

（4）获得表单中除文件外的用户信息。

```
// 获得表单用户信息
$password = $request->input("password");
$sex = $request->input("sex");
$email = $request->input("email");
$nickname = $request->input("nickname");
$mobile = $request->input("mobile");
$resume = $request->input("resume");
```

（5）获得表单中的图片文件。

- 通过$request->file('img')函数获得图片文件，返回为一个$fileCharater 对象。
- 调用 isValid()函数，验证文件是否有效。若无效，则使用默认的图片（/upload/user_img/default.jpg）。
- 调用 getClientOriginalExtension()函数，获得文件的扩展名。
- 调用 getRealPath()函数，获得上传文件的绝对路径。

```
// 获得 img 图片文件
$fileCharater = $request->file('img');
// 判断文件是否有效
if($fileCharater->isValid()) {
    // 获得文件的扩展名
    $ext = $fileCharater->getClientOriginalExtension();
    // 获得文件的绝对路径
    $realpath = $fileCharater->getRealPath();
    ……
} else {
    $img = "/upload/user_img/default.jpg";
}
```

- 调用 getFilename()函数获得文件名，通过 md5()函数对文件名进行加密，得到新的文件名。
- 调用 move_uploaded_file()函数，将上传的图片文件移动到指定的文件夹下。
- 设置图片的 url。

```
……
if($fileCharater->isValid()) {
    ……
    // 定义文件名
    $filename = md5($fileCharater->getFilename()) . '.' . $ext;
    // 移动图片文件到指定文件夹下
    move_uploaded_file($realpath,public_path() . "/upload/user_img/" . $filename);
    // 设置图片的 url
    $img = "/upload/user_img/" . $filename;
} else {
    $img = "/upload/user_img/default.jpg";
}
```

（6）创建 User 模型类，设置各字段的值。

注意：在密码设置之前，使用 md5()函数进行加密。

```
$user = new User();
$user->account = $account;
$user->password = md5($password);
$user->sex = $sex;
$user->email = $email;
$user->nickname = $nickname;
$user->mobile = $mobile;
$user->resume = $resume;
$user->image = $img;
```

（7）调用模型类的 save()函数，添加一个用户。

（8）登录成功则显示登录页面，若登录不成功，则设置错误信息，并返回到注册页面。

21.20 第五阶段 Laravel：用户登录

21.20.1 工作任务

（1）实现用户登录功能。

用户输入账号和密码，登录系统，若验证成功则进入个人中心页面。

登录页面如图 21-93 所示。

图 21-93

（2）在个人中心页面头部显示用户的登录状态。

个人中心页面头部如图 21-94 所示。

用户的登录状态如图 21-95 所示。

（3）若用户未登录，则头部显示“登录”和“注册”两个超链接，如图 21-96 所示。

图 21-94

图 21-95

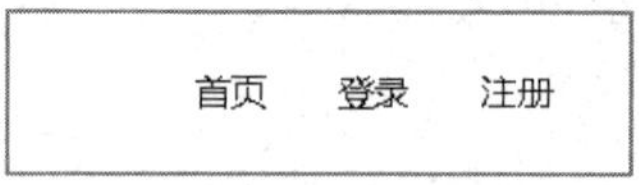

图 21-96

21.20.2 设计思路

1. 页面设计（resources/views）

（1）登录页面：login.blade.php。

登录页面继承 base.blade.php 文件，放到 body 中。

（2）个人中心页面：user_center.blade.php。

个人中心页面继承 page.blade.php 文件，放到 content 中。

2. 路由设计

（1）路由文件：routes/web.php。

（2）用户登录路由如表 21-14 所示。

表 21-14

路　　由	方　　法	响　　应
/	GET	显示个人中心页面
/user	GET	显示个人中心页面
/login	GET	显示登录页面
/user/login	POST	调用 UserController 类的 login()函数
/user/logoff	GET	调用 UserController 类的 logoff()函数

3. 控制器类

（1）控制器类基类：app/Http/Controllers/Controller。

（2）用户控制器类：UserController，继承 Controller 类。

（3）UserController::login()函数，实现用户登录功能。

（4）UserController::logoff()函数，实现用户登出功能。

4. 模型类

（1）模型基类：use Illuminate\Database\Eloquent\Model。

（2）用户模型类：app/Http/Model/User，继承 Model 类。

5. 用户登录状态管理

用户登录后，将用户 id 和账号保存到 Session 中，在页面中，通过判断 Session 中是否包含用户 id 和账号，来判断用户的登录状态。用户登出则清除用户 id 和账号。

21.20.3　实现（跟我做）

1．配置路由

编写 routes/web.php 文件。

（1）进入个人中心页面（GET）。

```
Route::get('/', function(){
    return view("user_center");
    });
Route::get('/user', function(){
    return view("user_center");
    });
```

（2）进入用户登录页面（GET）。

```
Route::get("/login", function () {
    return view("login");
});
```

（3）用户登录（POST）。

```
Route::post("/user/login", "UserController@login");
```

（4）用户登出（GET）。

```
Route::get("/user/logoff", "UserController@logoff");
```

2．编写登录模板

在 resources/views 文件夹下，创建 login.blade.php 模板文件。

- 继承 base.blade.php 模板文件，导入 log_reg.css 文件。

```
@extends('base')

@section('link')
<link rel="stylesheet" href="{{URL::asset('css/log_reg.css')}}">
@endsection

@section('title', "用户登录")

@section('body')
......
@endsection
```

- 编写登录页面的标题。
- 添加 form 表单，method 的值为"post"，action 的值为"/user/login"。

```
@section('body')
<div class="main">
    <div class="d-flex align-items-center justify-content-around">
        <a href="/index"><img src="{{URL::asset('img/logo.png')}}"></a>
        <h1 class="title">淘兴趣<p>关注你感兴趣的人和事</p></h1>
    </div>
    <form class="form" action="/user/login" method="post">
        ......
    </form>
</div>
@endsection
```

- 添加页面内容：CSRF 字段、账号输入框、密码输入框、登录按钮及注册超链接。

若从注册页面跳转到登录页面，会将账号信息转到注册页面。从 request 中获得$account，若存在，则显示到账号输入框中，若不存在，则为空。

```
<form class="form" action="/user/login" method="post">
    {{csrf_field()}}
    <div class="form-group p-2">
        <label for="user">账号:</label> <input type="text" id="account" name=
"account" class="form-control" placeholder="请输入账号"required="required"
value="{{ isset($account) ? $account : '' }}" />
    </div>
    <div class="form-group p-2">
        <label for="user">密码:</label> <input type="password" id="password"name=
"password" class="form-control" placeholder="请输入密码"required="required"
value="" />
    </div>
    <div class="form-group p-2 d-flex align-items-center">
        <input id="log_btn" class="mr-auto" type="submit" value="登录" />
<aid="to_register" href="/register">注册</a>
    </div>
</form>
```

- 在登录按钮上，使用@if 添加一个<div>标签用来显示错误信息。

```
<form class="form" action="/user/login" method="post">
    ……
    @if(isset($message))
    <div class="form-group p-2">
        <label>{{$message}}</label>
    </div>
    @endif
    ……
</form>
```

3．编写 login()函数

（1）编写 app\Http\Controllers\UserController::login()函数。

（2）获得表单中的账号和密码，查询用户。

```
public function login(Request $request) {
    // 获得用户输入的账号和密码
    $account = $request->input("account");
    $password = $request->input("password");
    // 查询用户
    $user = User::where([
        "account" => $account,
        "password" => md5($password)
    ])->first();

}
```

（3）判断$user 对象，若存在，则将用户 id 与用户账号保存到 Session 中，跳转成功重定向到个人中心页面。若不存在，则返回到登录页面。

```
public function login(Request $request) {
    ……
    // 判断用户是否存在
    if($user) {
        // 若用户存在 ，则将用户的 id 和账号信息保存到 Session 中
        session()->put("user.id", $user->id);
        session()->put("user.name", $user->account);
        // 跳转到个人中心页面
        return redirect("/user_center");
```

```
    } else {
        // 若用户不存在，则返回到登录页面并显示错误信息
        return view("login", [
            "message" => "账号或密码不正确"
        ]);
    }
}
```

4. 编写 header 模板

（1）编写 resources\views 文件夹下的 header.blade.php 文件。

（2）当用户未登录时，显示“登录”按钮和“注册”超链接，登录时 href 的值为“/login”，注册时 href 的值为“/register”。

```
<nav class="navbar">
    <a class="navbar-brand" href="/index"><img
    src="{{URL::asset('img/logo.png')}}">淘兴趣</a>
    <form class="form-inline mr-auto" action="search_topics.html">
    <input type="text" class="form-control" /> <input class="btn"
    type="submit" value="搜索" />
    </form>
    <ul class="nav">
        <li class="nav-item"><a class="nav-link active" href="/index">首页
</a></li>
        <li class="nav-item"><a class="nav-link active" href="/login">登录
</a></li>
        <li class="nav-item"><a class="nav-link active" href="/register">注册
</a></li>
    </ul>
</nav>
```

（3）调用 session()->exists()函数判断用户是否登录，并从 Session 中取出账号。然后创建“登出”超链接，href 的值为“/user/logoff”。

```
……
@if(session()->exists("user.name"))
<li class="nav-item">
    <div class="dropdown">
        <button class="btn btn-secondary dropdown-toggle" type="button"
        id="dropdown" data-toggle="dropdown">
        {{session()->get("user.name")}}</button>
        <div class="dropdown-menu">
            <a class="dropdown-item" href="/user/user_center">个人中心</a> <a
            class="dropdown-item" href="my_topic.html">我的趣点</a> <a
            class="dropdown-item" href="my_blogs.html">我的微博</a> <a
            class="dropdown-item" href="/user/logoff">登出</a>
        </div>
    </div>
</li>
@else
……
```

5. 编写个人中心页面模板

（1）在 resources\views 文件夹下创建 user_center.blade.php 文件。

（2）文件继承 page.blade.php 模板文件。

（3）设置 title 值。

（4）将个人中心页面中的 body 处的内容放到@section('content')中。

```
@extends('page')
@section('title', '关注你感兴趣的人和事')

@section('content')
......
@endsection
```

6. 编写 logoff 函数

编写 app\Http\Controllers\UserController::logoff()函数，调用 session()->forget()函数清除用户 id 与账号信息，并跳转到登录页面。

```
public function logoff(Request $request) {
    // 清除会话中保存的用户信息
    session()->forget("user.id");
    session()->forget("user.name");
    // 跳转到首页
    return redirect("/login.html");
}
```